U0253435

国防科技图书出版基金

航天测控通信系统网络技术

Network Technologies of Space TT&C Communication System

陈　刚　孟学军　邵　烽
王巍峰　袁　帅　左　金　编著
姜静波　景　方　漆亚江

国防工业出版社
·北京·

图书在版编目(CIP)数据

航天测控通信系统网络技术/陈刚等编著.—北京:国防
工业出版社,2020.9
ISBN 978-7-118-12118-6

Ⅰ.①航… Ⅱ.①陈… Ⅲ.①航天测控–测量控制网–
通信系统–教材 Ⅳ.①①V556

中国版本图书馆 CIP 数据核字(2020)第 142646 号

※

*国防工业出版社*出版发行

(北京市海淀区紫竹院南路 23 号 邮政编码 100048)
三河市腾飞印务有限公司印刷
新华书店经售

*

开本 710×1000 1/16 印张 19¼ 字数 332 千字
2020 年 9 月第 1 版第 1 次印刷 印数 1—3000 册 定价 96.00 元

(本书如有印装错误,我社负责调换)

国防书店:(010)88540777   书店传真:(010)88540776
发行业务:(010)88540717   发行传真:(010)88540762

致 读 者

本书由中央军委装备发展部**国防科技图书出版基金**资助出版。

为了促进国防科技和武器装备发展,加强社会主义物质文明和精神文明建设,培养优秀科技人才,确保国防科技优秀图书的出版,原国防科工委于1988年初决定每年拨出专款,设立国防科技图书出版基金,成立评审委员会,扶持、审定出版国防科技优秀图书。这是一项具有深远意义的创举。

国防科技图书出版基金资助的对象是:

1. 在国防科学技术领域中,学术水平高,内容有创见,在学科上居领先地位的基础科学理论图书;在工程技术理论方面有突破的应用科学专著。

2. 学术思想新颖,内容具体、实用,对国防科技和武器装备发展具有较大推动作用的专著;密切结合国防现代化和武器装备现代化需要的高新技术内容的专著。

3. 有重要发展前景和有重大开拓使用价值,密切结合国防现代化和武器装备现代化需要的新工艺、新材料内容的专著。

4. 填补目前我国科技领域空白并具有军事应用前景的薄弱学科和边缘学科的科技图书。

国防科技图书出版基金评审委员会在中央军委装备发展部的领导下开展工作,负责掌握出版基金的使用方向,评审受理的图书选题,决定资助的图书选题和资助金额,以及决定中断或取消资助等。经评审给予资助的图书,由中央军委装备发展部国防工业出版社出版发行。

国防科技和武器装备发展已经取得了举世瞩目的成就,国防科技图书承担着记载和弘扬这些成就,积累和传播科技知识的使命。开展好评审工作,使有限的基金发挥出巨大的效能,需要不断摸索、认真总结和及时改进,更需要国防科技和武器装备建设战线广大科技工作者、专家、教授,以及社会各界朋友的热情支持。

让我们携起手来,为祖国昌盛、科技腾飞、出版繁荣而共同奋斗!

国防科技图书出版基金

评审委员会

前　　言

　　航天测控通信系统是航天测控系统各类信息传输的保障平台,也是有效组织和完成各类科学试验任务的承载平台。在航天器进出空间、在轨运行管理,以及容灾抗毁信息支援等任务中,该网络承担着系统连接、信息采集和数据传输等任务,不仅是航天测控系统的主要组成部分,也是促进航天测控系统现代化建设和发展的重要技术基础。

　　随着我国空间站、载人航天、探月等大型航天工程的陆续展开,新一代航天测控通信系统建设拉开了序幕。航天测控通信系统的建设目标是建成一个体系完整、技术先进、安全可靠、灵活可控和运行高效的航天测控系统第三代试验通信系统,实现系统的网络化转型,扩大网络规模,优化网络结构,调整运行策略,拓展业务种类,提升业务服务质量和安全保障能力。

　　全书共分为9章。第1章简要介绍了航天测控通信系统从模拟到 IP 化网络的发展历程;第2章主要介绍了航天测控通信系统中使用的局域网、广域网技术和网络基础配置;第3章主要介绍了航天测控通信系统各类路由技术、路由协议和配置方法;第4章主要介绍了航天测控通信系统中采用的 VPPR、BFD、QoS等可靠性网络技术和配置方法;第5章主要介绍了航天测控通信系统组播技术,包括组播分类、原理和工作机制,重点对指定源组播和任意源到指定源组播的映射进行了阐述;第6章主要介绍了航天测控通信系统采用的网络安全防护技术和关键安全设备的配置方法;第7章主要介绍了航天测控系统网络性能测试评估与线路、设备指标测试方法;第8章主要介绍了航天测控系统测控终端、远程监控、指挥调度和网络实况电视等主要应用系统;第9章主要介绍了航天测控通信系统故障诊断常用工具、故障处置方法、常见故障处理流程和典型故障案例。

　　本书由陈刚、孟学军、邵烽、王巍峰、袁帅、左金、姜静波、景方、漆亚江等同志编著完成。在本书编写过程中得到了西安卫星测控中心宇航动力学国家重点实验室李恒年主任的悉心指导,在此表示衷心感谢!

　　在编写本书时,力求做到深入浅出,通俗易懂,内容新颖。由于作者水平有限,难免有错误或疏漏之处,恳请读者指正和谅解。

编著者

2019 年 5 月

目　　录

Contents

第1章
概述

众所周知,当今社会进入了一个信息化时代,随着大数据、人工智能和5G网络技术的高速发展和广泛应用,特别是随着光通信、卫星通信、区域宽带通信等技术在传输容量、传输安全性等技术层面不断突破,各项技术和业务为测控通信系统的高速发展奠定了坚实的技术基础,并发挥着重要的作用。

1.1 通信系统的任务和作用

在航天测控领域,通信系统是测控系统各类信息传输的基本手段,也是有效组织航天试验任务的重要支撑保障系统。我国航天测控通信系统先后实现了航天领域"飞向太空、返回地面、同步定点、飞船回收、多星管理"的五大跨越。通信系统作为航天测控业务的承载系统,采用多种传输手段把各卫星发射中心、各卫星测控中心以及国内外各固定远端站和活动远端站(以下简称远端站)以及海上测量船连接起来,形成一个陆海天多领域、多频段、全时域的立体通信系统。在各类航天器进出空间、在轨运行管理,以及容灾抗毁信息支援等任务中,通信系统主要承载着系统连接、信息采集和数据交换传输等任务,包括调度指挥、数据传输、时间频率统一、图像传送、国际测控联网、电话联络及日常通信保障等任务。伴随着测控业务的不断发展,通信系统经历了"模拟到数字、窄带到宽带、单点到网络、人工到自动"的飞跃。因此,通信系统不仅是航天测控系统的主要组成部分,也是促进航天测控领域现代化建设的重要基础。

1.2 通信系统建设回顾

通信系统建设和发展是与测控系统同步进行的,并随着测控系统的需求变化和通信技术的不断进步而不断发展。

20世纪50年代,随着第一个卫星试验训练基地的建立,我国基本按照苏联模式建设了第一代航天测控通信系统。场区内部通信手段主要采用明线载波与电缆网,首区与落区之间主要依靠苏联制式设备,采用短波通信传输电报信息与控制信息。远距离通信采用明线载波(即依靠国家干线电路)传输电话与电报业务信息。

20世纪60年代末,随着航天测控技术的发展和计算机的应用,通信系统得到相应发展,开始建立跨场区试验通信系统。依据近地卫星发射试验需要,建立了以小同轴电缆和明线载波通信为主、短波单边带通信为辅的通信系统,承担了测控中心与各发射中心之间,测控中心与各远端站之间的电话、电报以及数据信息的传输任务。

20世纪70年代,测控网二期通信系统工程在1974年基本建设完成。1975年,我国第一颗返回式卫星发射,测控中心具备了连接各发射中心、各远端站之间的指挥、数据等信息传输,保证了卫星发射、运行和回收等阶段的通信需求。1979年,通信系统完成了岸岸之间、岸船之间多种无线设备的研制和改造,建成新一代通信系统,该系统陆上以有线为主,与海上测量船通信以短波单边带为主、海事通信为辅,并用超长波单向传输数据。到了20世纪80年代初期,上述通信系统还陆续圆满完成了"东方红"二号通信卫星和潜艇发射运载火箭等多项大型任务。

20世纪80年代中期至21世纪初,为适应不同种类航天器测控需求,通信系统进入数字化建设阶段。该阶段重点建设卫星通信系统和光缆通信系统。"七五"期间建成了测控中心与各发射中心间的卫星通信网,"八五"期间该卫星通信网完成了测控中心与各远端站间的VSAT卫星通信网建设和地面光纤网建设,同时利用符合国际标准的调制解调器取代专用SCA型数传机,逐步淘汰载波和短波设备。最终实现有线与无线传输相结合,固定用户与移动用户相联通,兼具话音、数据和图像等多种传输功能的多区域、多系统、多业务和多功能大型现代化通信网络,从而大大提高了通信系统的通信能力,使通信系统成为航天测控领域不可或缺的重要组成之一。其建设过程及内容主要包括:

(1)业务信息模拟化传输。20世纪90年代初,通信系统主要采用短波、载波、数字微波和窄带卫通等手段传输数据和模拟调度业务。该阶段属于模拟通信时代,信息内容单一,传输速率低,设备性能不稳定。

(2)系统设备数字化改造。20世纪90年代中期至21世纪初,随着载人航天工程启动,以及微电子技术、计算机技术和通信技术的迅速发展,通信系统建设主要对数据交换和综合业务系统进行了数字化升级改造。DDN网络、帧中继网络、IBS/IDR卫星通信系统等新技术和新装备陆续得到大规模应用,很大程度上提高了通信质量和业务承载能力。至此,通信系统从模拟时代跃进到了数字时代,传输速率、电路质量和综合业务保障能力得到显著提高。

随着"北斗"二代导航卫星和"嫦娥"工程等新世纪大型航天工程的展开,一个基于全新网络技术,具备网络宽带化、业务综合化、指挥可视化、信息安全化和管理自动化的航天测控通信系统,即试验任务 IP 网拉开建设帷幕。

试验任务 IP 网主要由网络平台、业务系统和支撑体系组成。网络平台分为传送层和业务承载层。传送层主要包括光纤信道和卫星信道,负责向业务承载层和业务系统提供传输通道和电路。业务承载层主要由基于 IP 体制的通信网络组成,包括网络交换机、路由器等网络设备,它们与传送层提供的传输通道共同构成了任务网络平台,测控中心与各远端站之间的数据传输采用双平面指定源组播模式,向各业务系统提供信息传输服务;支撑体系主要包括安全防护系统和通信网管系统,贯穿业务系统和网络平台各个层面,是确保系统高效、可靠、安全运行必不可少的组成部分;业务系统的 IP 化改造主要包括指挥话音、图像通信、天地通信、试验数据和时间统一等,各业务系统通过统一网络平台实现互联,为各类信息应用提供支持。

测控通信系统顺应时代发展和技术变革,先后完成了从模拟通信到数字通信,再到网络通信的升级,跨越了从路基通信系统到陆海通信系统的发展历程,逐步形成了布局国内外、联通天地间的现代化立体型航天测控通信系统,为中国和平利用太空资源开辟了一条信息传输的高速通道。

第 2 章
航天测控通信系统网络基础

2.1 局域网络技术

2.1.1 以太网

以太网最初是由美国 Xerox 公司于 1975 年研制成功的,是一种基于总线型拓扑结构的网络,数据率为 2.94Mb/s。1980 年 9 月,由 Xerox、Intel 和 DEC 公司联合提出了第一版以太网规范,该版本网络使用同轴电缆作为网络介质,采用载波多路访问和冲突检测(Carrier Sense Multiple Access with Collision Detect, CSMA/CD)机制,数据传输速率达到 10Mb/s。如今以太网一词更多地指各种采用 CSMA/CD 技术的局域网。

IEEE802 委员会的 802.3 工作组于 1983 年制定了第一个 IEEE 的以太网标准 IEEE802.3,数据率为 10Mb/s。它规定了物理层连线、电信号及介质访问层协议的内容,取代了令牌环网(Token Ring)、FDDI、ARCNET 等局域网标准,是当前应用最普遍的局域网技术。以太网结构如图 2-1 所示。

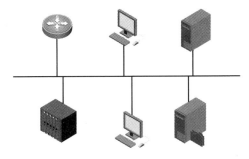

图 2-1 以太网结构示意图

以太网采用广播机制,所有与网络连接的工作站都可以收到网络上传递的数据帧。工作站通过查看包含在帧中的目的地址,确定是否接收。如果证明数据帧是发给自己的,工作站将接收数据并传递给高层协议处理。

以太网电接口有半双工和全双工两种工作方式,可通过自协商模式与其他网络设备协商确定合适的工作方式和速率,从而简化系统的配置和管理。

以太网主要包括 10 兆以太网(Ethernet)、快速以太网(Fast Ethernet)、千兆以太网(Gigabit Ethernet)等三种不同的局域网类型。

(1) 以太网采用同轴电缆作为网络介质,传输速率达到 10Mb/s,使用IEEE802.3 协议。

(2) 快速以太网又称为百兆以太网,采用双绞线作为网络媒体,传输速率达到 100Mb/s,使用 IEEE802.3 的 CSMA/CD 协议。

(3) 千兆以太网又称为吉比特以太网,采用光缆或双绞线作为传输介质,传输速率达到1Gb/s。近年来,吉比特以太网作为最新的高速以太网技术,成为以太网市场的主流。目前以太网的工作范围已经从局域网(校园网、企业网)扩大到城域网和广域网,从而实现了端到端的以太网传输。经过长期实践检验,以太网工作存在以下优势:技术成熟;互操作性良好;不需要帧格式转换,操作管理简单。

CSMA/CD 是一种争用型的介质访问控制协议,该协议应用于 OSI 模型的数据链路层。网络中各工作站处于平等地位,不需要集中控制,不需要提供优先级控制。工作站发送数据前先监听信道是否空闲,若空闲,则立刻发送数据,每发送完一帧,会将已发送的帧暂时保留;同时,边发送边监听,若监听到冲突则立即停止发送,推迟一段时间后再将这个保留帧重新发送一次。

2.1.2 虚拟局域网

2.1.2.1 概述

传统的局域网采用集线器(Hub)建立网络连接,Hub 只有一根总线,一根总线就是一个冲突域。所以,传统的局域网是一个扁平的网络,一个局域网只有一个冲突域。任何一台主机发出的报文都会被同一冲突域中的所有其他机器接收到。随着二层网络的出现,局域网在组网时,逐渐使用网桥(二层交换机)代替Hub。在二层局域网中,每个端口可以看成是一根单独的总线,也就是每个端口都是一个独立的冲突域。使用二层网络可以大大提高单播报文的发送效率,局域网性能得到了极大提升。但是,网络中所有端口仍然处于同一个广播域,网桥在传递广播报文的时候依然要将广播报文复制多份,发送到网络的各个角落。随着网络规模的扩大,网络中的广播报文越来越多,广播报文占用的网络资源越来越多,严重影响网络性能,这就是广播风暴。由于二层网络工作原理的限制,网桥对广播风暴的问题无能为力。为了提高网络效率,一般需要将网络进行分段,即把一个大的广播域划分成几个小的广播域。

虚拟局域网(Virtual LAN,VLAN)作用就是将物理上互联的网络在逻辑上划分为多个互不相干的网络,这些网络之间是无法广播的。VLAN 的实现原理非常简单,通过对交换机进行有效控制,某一 VLAN 成员发出的数据包,交换机只发给同一 VLAN 的其他成员,而不会发给该 VLAN 以外的计算机。即一个 VLAN 就是一个广播域。VLAN 就是在一个网络中,把某些设备划分到一个逻辑组中,这个逻辑组就是一个虚拟局域网。

如图 2-2 所示,就是将所有的计算机划分到了三个逻辑组中,即销售(Sale)、人力资源(HR)和工程(ENG)。这三个组内的计算机在逻辑上属于同一个小组,而物理上却不一定属于同一个小组。这三个逻辑小组就称为 VLAN。在 VLAN 中,无论物理位置如何,都可以划分到同一个逻辑小组中。

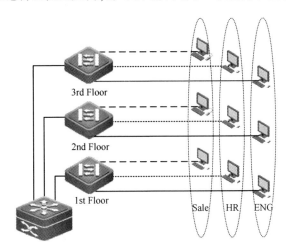

图 2-2　按职能部门划分的 VLAN

2.1.2.2　VLAN 的类型

1. 基于端口的 VLAN

基于端口的 VLAN 是根据以太网交换机的端口来划分的,如交换机的 1~5 端口属于 VLAN1,6~18 属于 VLAN2,19~24 属于 VLAN3。当然,这些属于同一 VLAN 的端口可以不连续,如何配置取决于实际使用需求。

图 2-3 中端口 1 和端口 8 被指定属于 VLAN3,端口 3 和端口 9 被指定属于 VLAN5。主机 A 和主机 C 连接在端口 1、8 上,因此它们就属于 VLAN3;同理,主机 B 和主机 D 属于 VLAN5。

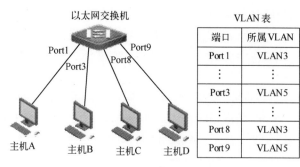

端口	所属VLAN
Port 1	VLAN3
⋮	⋮
Port3	VLAN5
⋮	⋮
Port 8	VLAN3
Port 9	VLAN5

图 2-3　基于端口的 VLAN

如果有多个以太网交换机,可以指定交换机 1 的 1~7 端口和交换机 2 的 5~10 端口为同一 VLAN,即同一 VLAN 可以跨越数个以太网交换机,根据端口划分是目前定义 VLAN 最常用的方法。这种划分方法的优点是定义 VLAN 成员时非常简单,只要将所有的端口都指定到对应的 VLAN 中即可。它的缺点是如果一个 VLAN 所属的用户离开了原来的端口,接入到另一个 VLAN 所属的某个端口,那么就必须重新指定新接口所属的 VLAN。

这种类型的 VLAN 称为静态 VLAN,相对来说容易设置和监控,也是最安全的。目前,此类 VLAN 广泛应用于航天测控通信网中。

2. 基于 MAC 地址的 VLAN

基于 MAC 地址的 VLAN 是根据每个主机的 MAC 地址来划分的,即对所有主机都根据它的 MAC 地址,配置主机属于哪个 VLAN。这种划分方法的最大优点就是当用户物理位置移动时,即从一个交换机换到其他的交换机时,VLAN 不用重新配置,因此,可认为这种根据 MAC 地址的划分方法是基于用户的 VLAN。基于 MAC 地址的 VLAN 如图 2-4 所示。

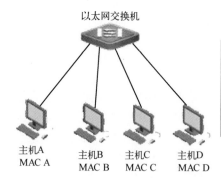

MAC地址	所属VLAN
MAC A	VLAN3
MAC B	VLAN5
MAC C	VLAN3
MAC D	VLAN5

图 2-4　基于 MAC 地址的 VLAN

它的缺点是初始化时,所有用户都必须进行配置。如果用户数很多,配置的工作量将相当大。此外,这种划分方法也导致了交换机执行效率降低,因为在每一个交换机的端口都可能存在多个 VLAN 组的成员,这样就无法限制广播包。另外,对于使用便携式计算机的用户来说,接入点经常更换,需重新配置。

3. 基于协议的 VLAN

基于协议的 VLAN 是根据二层数据帧中协议字段来划分的。通过二层数据中协议字段,可以判断出上层运行的网络协议,如 IP 协议或者是 IPX 协议。如果一个物理网络中运行 IP 和 IPX 等多种协议时,可以采用这种 VLAN 的划分方法。这种类型的 VLAN 在实际中很少用到。基于协议的 VLAN 拓扑如图 2-5 所示。

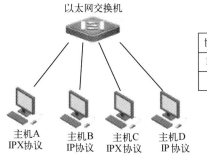

图 2-5　基于协议的 VLAN

4. 基于子网的 VLAN

基于 IP 子网的 VLAN,根据报文中的 IP 地址决定报文属于哪个 VLAN,同一个 IP 子网的所有报文属于同一个 VLAN。这样,可以将同一个 IP 子网中的用户划分在一个 VLAN 中。

图 2-6 表明交换机如何根据 IP 子网来划分 VLAN,主机 A、主机 C 都属于 IP 子网 1.1.1.X,根据 VLAN 的定义,它们属于 VLAN3;同理,主机 B、主机 D 属于 VLAN5。如果主机 C 修改自己的 IP 地址,变成 1.1.1.9,则主机 C 不再属于 VLAN5,而是属于 VLAN3。

利用 IP 子网定义 VLAN 有以下几点优势:

(1) 可以按传输协议划分网段。这对于希望针对具体应用服务来组织用户的网络管理者来说是非常有诱惑力的。

(2) 用户可以在网络内部自由移动而不用重新配置其工作站,尤其是使用 TCP/IP 的用户。

这种划分方法的缺点是效率低,因为检查每一个数据包的网络层地址很费

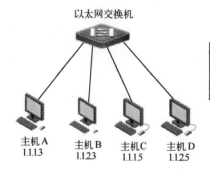

图 2-6　基于子网的 VLAN

时。同时,由于一个端口也可能存在多个 VLAN 成员,对广播报文也无法有效抑制。

2.1.2.3　VLAN 的链路类型

VLAN 中常用的链路类型有接入链路(Access)和干道链路(Trunk),如图 2-7所示。

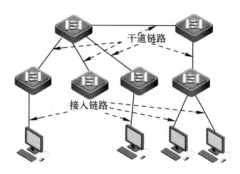

图 2-7　VLAN 的链路类型

接入链路指的是用于连接主机和交换机的链路。通常情况下主机并不需要知道自己属于哪些 VLAN,主机的硬件也不一定支持带有 VLAN 标签的帧。主机要求发送和接收的帧都是没有打上标签的帧。

接入链路属于某一个特定的端口,这个端口属于且只属于一个 VLAN。这个端口不能直接接收其他 VLAN 的信息,也不能直接向其他 VLAN 发送信息。不同 VLAN 的信息必须通过三层路由处理才能转发。

干道链路是可以承载多个不同 VLAN 数据的链路。干道链路通常用于交换机间的互联,或者用于交换机和路由器之间的连接。

数据帧在干道链路上传输的时候,交换机必须用一种方法来识别数据帧属于哪个 VLAN。IEEE802.1q 定义了 VLAN 帧格式,所有在干道链路上传输的帧都是打上标签的帧。通过标签,交换机就可以确定数据帧属于哪个 VLAN。

干道链路和接入链路不同,它不属于任何一个具体的 VLAN。通过配置,干道链路可以承载所有的 VLAN 数据,也可以传输指定 VLAN 的数据。

干道链路虽然不属于任何一个具体的 VLAN,但是可以给干道链路配置一个 pvid(port vlan id) ,也就是端口的虚拟局域网 ID 号,关联到端口收发数据帧时的 VLAN TAG 标记。不论什么原因,只要干道链路上出现了没有带标记的帧,交换机就给这个帧增加带有 pvid 的 VLAN 标记,然后进行处理。

一个 IP 包进入交换机端口时,如果没有带 TAG 标记,且该端口上配置了 pvid,则该数据包就会被打上相应的 TAG 标记。如果进入的 IP 包已经带有 TAG 标记,那么即使端口配置了 pvid 号,交换机一般不会再增加 TAG 标记。pvid 是非标记端口的 VLAN ID 设定。当非标记数据包进入交换机,交换机将检查 VLAN 设定并决定是否进行转发。

2.1.2.4　VLAN 帧在网络中的通信模式

图 2-8 表示了一个局域网环境,网络中有两台交换机,并配置了两个 VLAN。主机和交换机之间的链路是接入链路,交换机之间通过干道链路互相连接。

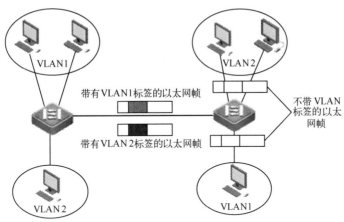

图 2-8　VLAN 帧在网络中的通信

对于主机来说,它并不需要知道 VLAN 的存在。主机发出的报文都是非标记(untagged)报文。交换机接收到这样的报文之后,根据配置规则(如端口信息)判断出报文所属的 VLAN,并进行标记处理。如果报文需要通过另外一台交换机发送,则该报文必须通过干道链路传输到另一台交换机上。为了保证其他交换机正确处理报文的 VLAN 信息,在干道链路上发送的报文都带上了 VLAN 标记。

当交换机最终确定报文发送端口后,会在报文发送给主机之前,将 VLAN 的标记从以太网帧中删除,这样主机接收到的报文都是不带 VLAN 标记的以太网帧。

一般情况下,干道链路上传送的都是标记帧,接入链路上传送的都是非标记帧。优点在于,网络中配置的 VLAN 可以被所有的交换机正确处理,而主机不需要了解 VLAN 信息。

2.1.2.5 VLAN 配置

1. 创建和划分 VLAN

1) 创建 VLAN

vlan vlan-id

命令参数说明:

VLAN 的编号范围为 1~4094。创建 VLAN 时,如果该 VLAN 已存在,则直接进入该 VLAN 视图。如果要批量创建 VLAN,可以先使用 vlan batch 命令批量创建,再使用 vlan vlan-id 命令进入相应的 VLAN 命令视图。

2) 基于端口划分 VLAN

基于端口是最常用的 VLAN 划分方式,适用于规模大、安全需求不高的场景中。基于端口划分的 VLAN 可处理 tagged 报文,也可处理 untagged 报文。当端口收到的报文为 untagged 报文时:在帧上打上标记缺省 VLAN 形成 tagged 帧,通过 MAC 地址表,找到对应出端口。当端口收到的报文为 tagged 报文时:如果端口允许携带该 VLAN ID 的报文通过,则正常转发;如果端口不允许携带该 VLAN ID 的报文通过,则丢弃该报文。

(1) 建立配置任务。基于端口划分 VLAN 的配置思路是:①创建 VLAN;②配置二层以太网端口属性,确定端口类型:Access、Trunk、Hybrid 或 QinQ;③关联端口和 VLAN。

(2) 操作步骤。

vlan vlan-id
quit
interface interface-type interface-number
port link-type {**access** | **hybrid** | **trunk** | **dot1q-tunnel**}
port default vlan vlan-id
port interface-type { interface-number1 [**to** interface-number2] } &<1-10>
port trunk allow-pass vlan {{ vlan-id1 [**to** vlan-id2] } **&<1-10>** | **all**}
port trunk pvid vlan vlan-id
port hybrid untagged vlan {{ vlan-id1 [**to** vlan-id2] } **&<1-10>** | **all**}

port hybrid tagged vlan {{ vlan-id1 [**to** vlan-id2]} **&<1-10> | all**}
port hybrid pvid vlan vlan-id

命令参数说明：

① 缺省情况下，端口属性是 Hybrid 类型。如果二层以太网端口直接与终端连接，该端口类型可以是 Access 类型，也可以是 Hybrid 类型。如果二层以太网端口与另一台交换机设备的端口连接，那么对此端口类型没有限制，可使用任意类型的端口。

② untagged 形式是指端口在发送帧时会将帧中的 Tag 剥掉，适用于二层以太网端口直接与终端连接。tagged 形式是指端口在发送帧时不将帧中的 Tag 剥掉，适用于二层以太网端口与另一台交换机设备的端口连接。

③ 缺省情况下，所有端口加入的 VLAN 和缺省 VLAN 都是 VLAN1。

3）基于 MAC 地址划分 VLAN

基于 MAC 地址划分 VLAN 不需要关注终端用户的物理位置，提高了终端用户的安全性和接入的灵活性。基于 MAC 地址划分的 VLAN 只处理 untagged 报文，对于 tagged 报文处理方式和基于端口的 VLAN 一样。

当接口收到的报文为 untagged 报文时，接口会以报文的源 MAC 地址为根据去匹配 MAC-VLAN 表项。如果匹配成功，则按照匹配到的 VLAN ID 和优先级进行转发。如果匹配失败，则按其他匹配原则进行匹配。

（1）建立配置任务。

① 创建 VLAN。

② 关联 MAC 地址和 VLAN，确定基于哪些 MAC 地址划分 VLAN。

③ 配置二层以太网端口属性。确定端口类型为 Hybrid，允许基于 MAC 地址的 VLAN 通过当前端口。

④（可选）配置 VLAN 划分方式的优先级，确保优先基于 MAC 地址划分 VLAN。

⑤ 使能基于 MAC 地址划分 VLAN，完成基于 MAC 地址划分 VLAN。

（2）操作步骤。

vlan vlan-id
mac-vlan mac-address mac-address [priority priority]
quit
interface interface-type interface-number
port link-type hybrid
port hybrid untagged vlan {{vlan-id1 [to vlan-id2]} &<1-10> | all}
vlan precedence mac-vlan
mac-vlan enable

命令参数说明：

① 参数 mac-address 格式是 H-H-H。其中 H 为 4 位的十六进制数，可以输入 1~4 位，如 00e0、fc01。当输入不足 4 位时，表示前面的几位为 0，如输入 e0，等同于 00e0。MAC 地址不可设置为全 F 或全 0。可选参数 priority 是 MAC 地址对应 VLAN 的 802.1p 优先级。取值范围是 0~7，值越大优先级越高。缺省值是 0。配置过程中，可以指定 MAC 地址对应 VLAN 的 802.1p 优先级，用于当交换机阻塞时，优先发送优先级高的数据包。

② 缺省情况下，优先基于 MAC 地址划分 VLAN。

③ 缺省情况下，未使能基于 MAC 地址划分 VLAN 功能。MAC-VLAN 与 MUX-VLAN、port vlan-stacking untagged 冲突，不允许在同一接口配置。

4）基于子网划分 VLAN

基于子网划分 VLAN 和基于协议划分 VLAN 统称为基于网络层划分 VLAN，可减少手工配置 VLAN 的工作量，也可保证用户自由地增加、移动和修改。基于子网划分 VLAN 适用于对安全需求不高，对移动性和简易管理需求较高的场景。

基于 IP 子网的 VLAN 只处理 untagged 报文，对于 tagged 报文处理方式和基于端口的 VLAN 一样。当设备端口接收到 untagged 报文时，设备根据报文的源 IP 地址或指定网段来确定报文所属的 VLAN，然后将报文自动划分到指定 VLAN 中传输。

（1）建立配置任务。基于 IP 子网划分 VLAN 的配置思路是：

① 创建 VLAN。

② 关联 IP 子网和 VLAN，确定基于哪些子网划分 VLAN。

③ 配置二层以太网端口属性。确定端口类型：Hybrid，允许基于 IP 子网的 VLAN 通过当前端口。

④（可选）配置 VLAN 划分方式的优先级，确保优先选择基于 IP 子网划分 VLAN。

⑤ 缺省情况下，优先基于 MAC 地址划分 VLAN，但是可通过配置改变优先划分的方式。

⑥ 使能基于 IP 子网划分 VLAN，完成基于 IP 子网划分 VLAN。

（2）操作步骤。

```
vlan vlan-id
ip-subnet-vlan [ ip-subnet-index] ip ip-address {mask | mask-length} [priority priority]
quit
interface interface-type interface-number
```

```
port link-type hybrid
port hybrid untagged vlan {{ vlan-id1 [to vlan-id2]} &<1-10> | all}
vlan precedence ip-subnet-vlan
ip-subnet-vlan enable
```

命令参数说明：

① 可选参数 ip-subnet-index 是 IP 子网索引值。子网索引可以由用户指定,也可由系统根据 IP 子网划分 VLAN 的顺序自动编号产生。参数 ip-address 是基于 IP 子网划分 VLAN 依据的源 IP 地址或网络地址,点分十进制格式。可选参数 priority 是 IP 地址或网段对应 VLAN 的 802.1p 优先级。取值范围是 0~7,值越大优先级越高,缺省值是 0。配置过程中,可以指定 IP 地址或网段对应 VLAN 的 802.1p 优先级,用于当交换机阻塞时,优先发送优先级高的数据包。

② 缺省情况下,优先基于 MAC 地址划分 VLAN;缺省情况下,未使能基于 IP 子网划分 VLAN 的功能。

5) 基于协议划分 VLAN

基于子网划分 VLAN 和基于协议划分 VLAN 统称为基于网络层划分 VLAN,可减少手工配置 VLAN 的工作量,也可保证用户自由地增加、移动和修改。

基于协议的 VLAN 只处理 untagged 报文,对于 tagged 报文处理方式和基于端口的 VLAN 一样。当设备端口接收到 untagged 帧时,设备先识别帧的协议模板,然后确定报文所属的 VLAN。如果端口配置了属于某些协议 VLAN,且报文的协议模板匹配其中某个协议 VLAN,则给报文打上该协议 VLAN 的 Tag。如果端口配置了属于某些协议 VLAN,但报文的协议模板和所有协议 VLAN 不匹配,则给报文打端口 PVID 的 Tag。

(1) 建立配置任务。

① 创建 VLAN。

② 关联协议和 VLAN,确定基于哪些协议划分 VLAN。

③ 配置二层以太网端口属性。确定端口类型:hybrid,允许基于协议的 VLAN 通过当前端口,关联接口和协议 VLAN。当有关联的协议进入关联接口时,系统自动为该协议分配已经划分好的 VLAN ID。

(2) 操作步骤。

```
vlan vlan-id
protocol-vlan [protocol-index] {at | ipv4 | ipv6 | ipx {ethernetii | llc | raw | snap} |
mode {ethernetii-etype etype-id1 | llc dsap dsap-id ssap ssap-id | snap-etype etype-
id2}}
```

```
quit
interface interface-type interface-number
port link-type hybrid
port hybrid untagged vlan {{vlan-id1 [to vlan-id2]} &<1-10> | all}
protocol-vlan vlan vlan-id {all | protocol-index1 [to protocol-index2]} [priority priority]
```

命令参数说明：

① 可选参数 protocol-index 是协议模板索引值。协议模板由协议类型与封装格式确定，一个协议 VLAN 可由一个协议模板定义。

② 配置源和目的服务接入点时，需要注意以下几点：dsap-id 和 ssap-id 不能同时设置成 0xaa；dsap-id 和 ssap-id 不能同时设置成 0xe0，0xe0 对应的是 IPX 报文的 llc 封装格式；dsap-id 和 ssap-id 也不能同时设成 0xff，0xff 对应的是 IPX 报文的 raw 封装格式。

③ 参数 vlan-id 必须是基于协议划分的 VLAN ID。可选参数 priority 是协议对应 VLAN 的 802.1p 优先级。取值范围是 0~7，值越大优先级越高，缺省值是 0。配置过程中，可以指定协议对应 VLAN 的 802.1p 优先级，用于交换机阻塞时，优先发送优先级高的数据包。

6）基于策略划分 VLAN

基于策略划分 VLAN 也可称为 Policy VLAN，可实现用户终端的即插即用功能，同时可为终端用户提供安全的数据隔离。基于策略划分 VLAN 分为基于"MAC 地址+IP 地址"组合策略和基于"MAC 地址+IP 地址+接口"组合策略。

基于策略划分 VLAN 是指在交换机上指定终端的 MAC 地址、IP 地址或接口，并与 VLAN 关联。只有符合条件的终端才能加入指定 VLAN。符合策略的终端加入指定 VLAN 后，严禁修改 IP 地址或 MAC 地址，否则会导致终端从指定 VLAN 中退出。

基于策略的 VLAN 只处理 untagged 报文，对于 tagged 报文处理方式和基于端口的 VLAN 一样。当设备端口接收到 untagged 报文时，设备根据用户报文中的 MAC 地址和 IP 地址与配置的 MAC 地址和 IP 地址组合策略来确定报文所属的 VLAN，然后将报文自动划分到指定 VLAN 中传输。

（1）建立配置任务。

① 创建 VLAN。

② 关联 MAC 地址和 IP 地址组合策略和 VLAN，确定基于哪些组合策略划分 VLAN。

③ 配置二层以太网端口属性。确定端口类型：Hybrid，允许基于 MAC 地址

和 IP 地址组合策略的 VLAN 通过当前端口。

（2）操作步骤。

```
vlan vlan-id
policy-vlan mac-address mac-address ip ip-address［interface interface-type interface-
number］［priority priority］
quit
interface interface-type interface-number
port link-type hybrid
port hybrid untagged vlan {{vlan-id1［to vlan-id2］} &<1-10> | all}
```

命令参数说明：

如果不指定参数 interface interface-type interface-number,那么 MAC 地址和 IP 地址组合策略将应用到指定 VLAN 中的所有接口上。否则,MAC 地址和 IP 地址组合策略只应用到指定 VLAN 中指定的接口上。如果要删除被设置为 Policy VLAN 的 VLAN,需要先执行命令 undo policy-vlan 删除 Policy VLAN 后, 才能够删除该 VLAN。

7）检查配置结果

VLAN 划分方式配置成功后,可以查看到基于不同方式划分 VLAN 的表项信息。如哪些 VLAN 基于端口划分,哪些 VLAN 基于 MAC 地址划分等信息。

```
display vlan［vlan-id［verbose］］
display mac-vlan {mac-address {all | mac-address} | vlan vlan-id}
display ip-subnet-vlanvlan {all | vlan-id1［to vlan-id2］}
display protocol-vlanvlan {all | vlan-id1［to vlan-id2］}
display protocol-vlan interface {all | interface-type interface-number}
display policy-vlan {all | vlan vlan-id}
```

2. 配置 VLAN 接口

1）配置 VLANIF 接口

VLANIF 接口是三层逻辑接口,在三层交换机上创建 VLANIF 接口后,可部署三层特性,路由器上无需配置 VLANIF 接口。三层交换技术是将路由技术与交换技术合二为一的技术,在交换机内部实现了路由,提高了网络的整体性能。

三层交换机通过路由表传输第一个数据流后,会产生一个 MAC 地址与 IP 地址的映射表。当同样的数据流再次通过时,将根据此表直接从二层通过而不是三层。为了保证第一次数据流通过路由表正常转发,路由表中必须有正确的路由表项。因此,必须在三层交换机上部署 VLANIF 接口并部署路由协议,实现三层路由可达。

（1）建立配置任务。在创建 VLANIF 接口之前，需准备以下数据：

① VLAN ID。

② VLANIF 接口的 IP 地址。

③（可选）延迟 VLANIF 接口状态变为 Down 的时间。

④（可选）VLANIF 接口的 MTU。

（2）操作步骤。

```
interface vlanif vlan-id
ip address ip-address {mask | mask-length} [sub]
damping time delay-time
```

命令参数说明：

① VLANIF 接口的编号必须对应一个已经创建的 VLAN ID。

② 当 VLAN 中接口状态变为 Down 而引起 VLAN 状态变为 Down 时，VLAN 会向 VLANIF 接口上报 Down 事件，从而引起 VLANIF 接口状态变化。为避免由于 VLANIF 接口状态变化引起的网络振荡，可以在 VLANIF 接口上启动 VLAN Damping 功能。延迟 VLANIF 接口状态变为 Down 的时间可避免由于 VLANIF 接口状态变化而引起的网络振荡，此功能也可称为 VLAN Damping 功能。

③ 当 VLAN 中最后一个处于 Up 状态的成员端口变为 Down 后，启动 VLAN Damping 功能的设备会抑制设定的时间后再上报给 VLANIF 接口。如果在抑制的时间内 VLAN 中有成员接口状态变为 Up，则 VLANIF 接口状态保持 Up 不变。

④ 参数 delay-time 取值范围是 0~20，单位是 s。缺省情况下，抑制时间是 0s，表示关闭 VLAN Damping 功能。

（3）检查配置结果。

```
displayinterface vlanif [vlan-id]
```

2）配置 VLAN 子接口

为了实现 VLAN 内的主机与本 VLAN 以外的主机相互通信，可在路由器或交换机的以太网接口上创建子接口，再在子接口上封装 802.1q。

```
interface {ethernet | gigabitethernet | xgigabitethernet | eth-trunk} interface-number.subinterface-number
ip address ip-address {mask | mask-length} [sub]
control-vid vid dot1q-termination rt-protocol
dot1q termination vid vid
arp broadcast enable
```

命令参数说明：

使能或去使能子接口的 ARP 广播功能,会使该子接口的路由状态发生一次先 Down 再 Up 的变化,从而可能导致整个网络的路由发生一次振荡,影响正在运行的业务。

3. 配置 VLAN TRUNK

如果 VLAN 跨越多个以太网交换机,为了实现不同交换机下同一 VLAN 的用户互通,需要将交换机互连的端口配置为 Trunk 端口或 Hybrid 端口。

如果两台路由器直连,将直连端口配置为 Trunk 端口即可实现跨设备的 VLAN。

如果路由器在同一网段中,不仅连接路由器,还连接服务器等终端设备,将端口配置成 Hybrid 端口即可实现跨设备的 VLAN。

Trunk 端口或 Hybrid 端口是本以太网交换机用来与其他以太网交换机互连的,并且必须是交换式以太网口。

Trunk 端口只可用于连接路由器或交换机,Hybrid 端口既可用于路由器之间、交换机与路由器间连接,也可用于路由器与 PC 机连接。配置 VLAN Trunk 时,根据实际情况选择 Trunk 端口或 Hybrid 端口。

1）建立配置任务

在配置 VLAN Trunk 之前,需准备以下数据:

（1）Trunk 端口或者 Hybrid 端口的端口号。

（2）Trunk 端口或者 Hybrid 端口允许通过的 VLAN ID。

（3）Hybrid 端口出方向不带 Tag 的 VLAN ID。

2）操作步骤

```
interface {ethernet | gigabitethernet | eth-trunk} interface-number
port switch
port link-type trunk
port link-type hybrid
port trunk allow-pass vlan {{vlan-id1 [to vlan-id2]} &<1-10> | all}
```

命令参数说明:

Trunk 端口和 Hybrid 端口均可以允许多个 VLAN 的帧通过,从而实现跨交换机的 VLAN 中所有端口的互通。

3）检查配置结果

```
display vlan [vlan-id [statistics | verbose]] [| count] [| {begin | exclude | include}
regular-expression]
display port vlan [interface-type interface-number] [| count] [| {begin | exclude |
include} regular-expression]
```

4）配置示例

（1）查看 VLAN 类型,是否使能广播功能,是否使能 MAC 地址学习功能等信息。

```
display vlan 2 verbose
```

（2）查看允许 VLAN 通过的接口号、端口所属的缺省 VLAN、链路类型和端口允许通过的 VLAN 号。

```
display port vlan
```

4. 配置 VLAN 聚合

VLAN 聚合(VLAN Aggregation)主要用于解决多个 VLAN 占用多个 IP 地址的问题。VLAN 聚合的原理是一个 Super-VLAN 和多个 Sub-VLAN 关联,Super-VLAN 内不能加入物理端口,但可以创建对应的 VLANIF 接口,VLANIF 接口下可以配置 IP 地址。Sub-VLAN 可以加入物理端口,但不能创建对应的 VLANIF 接口,所有 Sub-VLAN 内的端口共用 Super-VLAN 的 VLANIF 接口 IP 地址,这既减少了一部分子网号、子网缺省网关地址和子网定向广播地址的消耗,又实现了不同广播域使用同一子网网段地址,消除了子网差异,增加了编址的灵活性,减少了闲置地址浪费。从而在保证了各个 Sub-VLAN 作为一个独立广播域实现了广播隔离的同时,将使用普通 VLAN 浪费掉的 IP 地址节省下来。

1）建立配置任务

在配置 VLAN 聚合之前,需准备以下数据:

（1）Sub-VLAN 的 VLAN ID 及其包含的端口编号。

（2）Super-VLAN 的 VLAN ID。

（3）VLANIF 接口的 IP 地址和掩码。

2）操作步骤

```
interface interface-type interface-number
port link-type access
quit
vlan vlan-id
port interface-type {interface-number1 [ to interface-number2]} &<1-10>
vlan vlan-id
aggregate-vlan
access-vlan {vlan-id1 [ to vlan-id2]} &<1-10>
interface vlanif vlan-id
ip address ip-address {mask | mask-length} [ sub]
arp-proxy enable
arp-proxy inter-sub-vlan-proxy enable
```

命令参数说明：

（1）vlan-id 与第 4 条命令 Sub-VLAN 中的 vlan-id 必须使用不同的 VLAN ID。

（2）Super-VLAN 中不能包含任何物理端口，VLAN1 不能配置为 Super-VLAN。

（3）如果要将多个 Sub-VLAN 批量加入到 Super-VLAN 中，必须保证这些 Sub-VLAN 没有创建对应的 VLANIF 接口。

（4）由于只能创建 Super-VLAN 对应的 VLANIF 接口，Sub-VLAN 不允许创建对应的 VLANIF 接口。因此，参数 vlan-id 是创建 Super-VLAN 时指定的 VLAN ID。

（5）VLANIF 接口的 IP 地址所在的网段应包含各 Sub-VLAN 用户所在的子网段。

（6）普通 VLAN 实现方式中，VLAN 间的主机可以通过各自不同的网关进行三层转发达到互通的目的。但是 VLAN 聚合方式下，同一个 Super-VLAN 内的主机使用的是同一个网段的地址和共用同一个网关地址。即使是属于不同的 Sub-VLAN 的主机，由于它们同属一个子网，彼此通信时只会做二层转发，而不会通过网关进行三层转发。实际上不同的 Sub-VLAN 的主机在二层是相互隔离的，这就造成了 Sub-VLAN 间无法通信。

（7）为了实现 Sub-VLAN 间相互通信以及 Sub-VLAN 与其他网络的互通，需要利用 ARP Proxy 功能。在创建好 Super-VLAN 和对应的 VLANIF 接口后，用户需要开启设备的 ARP Proxy 功能，Super-VLAN 利用 ARP Proxy 可以进行 ARP 请求和响应报文的转发与处理，从而实现 Sub-VLAN 之间的三层互通。

3）检查配置结果

display vlan [vlan-id [statistics ∣ verbose]] [∣ count] [∣ {begin ∣ exclude ∣ include} regular-expression]

display interface vlanif [vlan-id]

4）配置示例

（1）查看 VLAN 类型：

display vlan 2 verbose

（2）查看 VLANIF 接口物理状态、链路协议状态、IP 地址和掩码等信息：

display interface vlanif 2

5. 配置 VLAN 内端口隔离

当需要限制某些端口在同一 VLAN 内不能直接互通时，可以配置 VLAN 内的端口隔离。VLAN 内被隔离的端口如果要互通,必须通过三层路由实现。通过这样的方式,可以实现 VLAN 内部用户的灵活管理和监控。隔离 VLAN 内端口的方法有两种:一是在端口上使能 VLAN 内隔离状态;二是在 VLAN 视图配置要隔离的端口。

1) 建立配置任务

在配置 VLAN 内的端口隔离之前,需准备以下数据:

(1) VLAN 的编号。

(2) VLAN 内要隔离的端口号。

(3) VLANIF 接口的 IP 地址和子网掩码。

2) 操作步骤

(1) 在端口上配置 VLAN 内隔离:

interface {ethernet | gigabitethernet | eth-trunk} interface-number

port switch

port default vlan vlan-id

port isolate-state enable vlan {vlan-id1 [to vlan-id2]} &<1-10>

配置 VLAN 内隔离时,VLAN 内应包含该端口。

(2) VLAN 视图下配置端口隔离:

vlan vlan-id

port isolate {{interface-type interface-number} &<1-10>|all}

(3) 使能 VLAN 内 ARP 代理:

interface vlanif vlan-id

ip address ip-address {mask | mask-length} [sub]

arp-proxy inner-sub-vlan-proxy enable

命令参数说明:

VLANIF 接口的 IP 地址应与 VLAN 内主机的 IP 地址在同一个网段。不同 VLANIF 接口的 IP 地址应该在不同的网段,这样不同 VLAN 的用户之间才具有可达的路由。

6. 配置 VLAN 内端口组隔离

当需要在 VLAN 内隔离一组端口与另一组端口的报文时,可以配置 VLAN 内的端口组隔离。将需要隔离的端口分别加入不同的隔离组,不同隔离组的端口间将不能互通。

1) 建立配置任务

在配置 VLAN 内的端口隔离之前,需准备以下数据:

(1) VLAN 的编号。

（2）VLAN 内要隔离的端口号及隔离组编号。

2）操作步骤

interface {gigabitethernet | eth-trunk} interface-number
port switch
port-isolation group group-id

3）检查配置结果

display port-isolation group {group-id | brief} [| count] [| {begin | exclude | include} regular-expression]

4）配置示例

display port-isolation group 4　　　//查看指定端口隔离组的信息
display port-isolation group brief　　//查看所有端口隔离组的信息

7. 清除 VLAN 报文统计信息

在用户视图下执行清除 VLAN 报文统计信息后，以前的信息将无法恢复。

reset vlan statistics [vid] vlan-id
reset vlan statistics interface interface-type interface-number subinterface -number

2.2　广域网技术

2.2.1　高级数据链路控制协议

2.2.1.1　概述

高级数据链路控制协议（High-Level Data-Link Control Protocol，HDLC）是一个在同步网上传输数据，面向比特的数据链路层协议，它是由国际标准化组织（International Standard Organization，ISO）根据 IBM 公司的同步数据链路控制规程（Synchronous Data Link Control，SDLC）扩展开发而成的。

20 世纪 70 年代初，IBM 公司率先提出了面向比特的同步数据链路控制规程 SDLC。随后，美国国家标准学会（American National Standards Institute，ANSI）与国际标准化组织均采纳并发展了 SDLC，并分别提出了自己的标准，ANSI 的高级通信控制过程（Advanced Data Control Procedure，ADCP），ISO 的高级数据链路控制规程 HDLC。标准 HDLC 协议族中的协议均运行于同步串行线路之上。

2.2.1.2　特点

HDLC 是位于数据链路层的协议之一，其工作方式可支持半双工、全双工传

送,具有点到点、点到多点结构,主要特点包括以下几个方面:

(1) HDLC 是面向比特的数据链路控制协议的典型代表,该协议不依赖于任何一种字符编码集。

(2) 数据报文可透明传输,用于实现透明传输的"0 比特插入法",易于硬件实现。

(3) 全双工通信,不必等待确认便可连续发送数据,有较高的数据链路传输效率。

(4) 所有帧均采用 CRC 校验,对信息帧进行顺序编号,可防止漏收和重发,传输可靠性高。

(5) 传输控制功能与处理功能分离,具有较大的灵活性和较完善的控制功能。

(6) HDLC 定义了一个特殊标识,是一个 8 位的比特序列 01111110,用它来指明帧的开始和结束。同时,为保证标志的唯一性,在数据传送时,除标志位外,采取了"0 比特插入法",即发送端监视比特流,每当发送了连续 5 个"1"时,就插入一个附加的"0",从而实现透明传输。

2.2.1.3　帧格式

HDLC 帧格式包括地址域、控制域、信息域和帧校验序列。着重于对分段成物理块或包的数据进行逻辑传输,块或包由起始标志引导并由终止标志结束,也称为帧。所有面向比特的数据链路控制协议均采用统一的帧格式,不论是数据还是控制信息均以帧为单位传送。每个帧的前后部分均有一个标志码 01111110,用作帧的起始、终止指示及帧的同步。标志码不允许在帧的内部出现,以免引起歧义。为保证标志码的唯一性又兼顾帧内数据的透明性,可采用"0 比特插入法"来解决,即在发送端监视除标志码以外的所有字段,当连续发现 5 个"1"出现时,便在其后插入一个"0",然后继续发送后续的比特流。在接收端,同样监视起始标志码以外的所有字段,当连续发现 5 个"1"出现后,若其后为一个比特"0"则自动删除,并恢复原来的比特流;若发现连续 6 个"1",则可能是插入"0"发生差错变成的"1",也可能是收到了帧的终止标志码。后两种情况,可以进一步通过帧的检验序列加以区分。

HDLC 的帧格式如图 2-9 所示。

| 标志 | 地址 | 控制 | 数据 | 帧校验序列 | 标志 |

图 2-9　HDLC 帧格式

在 HDLC 中,数据和控制报文均以帧的标准格式传送。其完整的帧由标志字段(F)、地址字段(A)、控制字段(C)、信息字段(I)、帧校验序列字段(FCS)等组成。

1. 标志字段(F)

标志字段为 01111110 的比特模式,用于标志帧的起始和前一帧的终止。标志字段也可以作为帧与帧之间的填充字符。通常,在没有数据帧传送需求时,信道仍处于激活状态,在这种状态下,发送方不断地发送标志字段,便可认为一个新的帧传送已经开始。

2. 地址字段(A)

地址字段的内容取决于所采用的操作方式。每一个从站和组合站都被分配一个唯一的地址。命令帧中的地址字段携带的是对方的地址,而响应帧中的地址字段携带的是本端的地址。某个地址也可分配给若干个站,这种地址称为组地址,利用一个组地址传输的帧能被组内所有拥有该组地址的站接收。当一个站或组合站发送响应时,仍应当使用它唯一的地址。可以用全"1"地址来表示包含所有站的地址,称为广播地址。规定全"0"地址为无站地址,仅作为测试。

3. 控制字段(C)

控制字段用于构成各种命令和响应,实现对 HDLC 链路的监视和控制。该字段是 HDLC 帧的关键。发送方利用控制字段通知被寻址的接收方执行约定的操作。相反,接收方用该字段作为对命令的响应,报告已完成的操作或状态的变化。控制字段中的第一位或第一、第二位表示传送帧的类型,HDLC 帧中有信息帧(I 帧)、监控帧(S 帧)和无编号帧(U 帧)三种不同类型的帧。控制字段的第五位是 P/F 位,即轮询/终止(Poll/Final)位。

4. 信息字段(I)

信息字段可以是任意的二进制比特串。比特串长度未作限定,其上限由 FCS 字段的缓冲器容量来决定,国际上用得较多的是 1000~2000b。下限可以为 0,即无信息字段。

5. 帧校验序列字段

帧校验序列字段(Frame Check Sequence,FCS)可以使用 16 位 CRC,校验两个标志字段之间的整个帧的内容。

2.2.2　点到点协议

2.2.2.1　概述

点到点协议(Point-to-Point Protocol,PPP),是在点到点链路上承载网络层数据包的链路层协议,主要用于在全双工同/异步链路上支持点到点的数据传输。PPP 协议是在串行线路 IP 协议(Serial Line IP,SLIP)的基础上发展起来的。SLIP 协议只支持异步传输方式,无协商过程,且只能承载 IP 协议这一种网络层报文,缺陷明显,在网络发展过程中,逐渐被 PPP 协议取代。从 1994 年 7 月至今,PPP 协议本身并没有大的改变,但因为它具有很多其他链路层协议无法比拟的特性,所以应用越来越广泛。

2.2.2.2　特点

PPP 协议具有以下特点:

帧结构简单。PPP 协议的帧,不需要纠错,不需要序号,也不需要流量控制,只需要接收方每收到一个帧,就进行 CRC 检验。如果 CRC 检验正确,就收下这个帧;反之,就丢弃这个帧。

(1) 封装成帧。PPP 协议规定了特殊的字符作为帧定界符(即标志一个帧的开始和结束的字符),以便接收端从收到的比特流中能准确地找出帧的开始和结束位置。

(2) 透明性。PPP 协议能够保证数据传输的透明性。

(3) 支持多种网络层协议。PPP 协议能够在同一条物理链路上同时支持多种网络层协议(如 IP 和 IPX 等)的运行。当点对点链路连接的是局域网或路由器时,PPP 协议同时支持在该局域网或路由器上运行的各种网络层协议。

(4) 支持多种类型链路。PPP 协议能够在多种类型的链路上运行。

(5) 差错检测。PPP 协议对接收端收到的帧进行检测,并立即丢弃有差错的帧。

(6) 检测连接状态。PPP 协议能够及时自动检测出链路是否处于正常工作状态。

(7) 最大传送单元。PPP 协议可以设置每一种类型的点对点链路最大传送单元(MTU)的标准默认值(1500B)。当高层协议发送的分组超过 MTU 的数值时,PPP 就要丢弃这样的帧,并返回差错。

(8) 完成数据压缩及网络层地址协商。

(9) 提供验证协议(PAP、CHAP),更好地保证了网络的安全性。

PPP 处于 TCP/IP 协议栈的第二层,主要有三类协议族:链路控制协议族(LCP)、网络控制协议族(NCP)和 PPP 扩展协议族。其中,链路控制协议族主要用于建立、拆除和监控 PPP 数据链路,同时协商一些链路属性;网络控制协议族主要用于协商在该数据链路上所传输的网络层数据包的类型以及网络层协议自身的一些属性(如 IPCP 要协商 IP 地址);PPP 扩展协议族主要提供对 PPP 功能的进一步支持,如用于网络安全方面的验证协议(PAP 和 CHAP)。

PPP 协议内部严格分为链路控制层(LCP)与网络控制层(NCP)两层,这种分层控制机制有力保障了 PPP 协议的易扩充性。

2.2.3　多通道协议

多通道协议(Multilink PPP,MP)是出于增加带宽的考虑,将多个 PPP 通道捆绑使用产生的。将多个 PPP 通道捆绑成一条 PPP 链路使用,从网络层看就只是一个逻辑通道、一条 PPP 链路,又称为多通道协议链路。多通道协议除了增加带宽的作用外,还具备链路层负载分担的作用,并通过分片减小传播时延。为满足大数据量传输需求,在航天测控通信网中,通常将多个 2Mb/s 链路捆绑使用。

多通道协议方式下链路协商过程如下:

多通道协议对 PPP 进行验证,得到对方的用户名。如果在链路控制层协商中得知对端也工作在多通道协议方式下,则根据用户名找到为该用户指定的虚拟接口模板,并以该虚拟模板的各项网络控制层参数(如 IP 地址等)为参数进行网络控制层协商,物理接口配置的网络控制层参数不起作用。网络控制层协商通过后,即可建立多通道协议链路,用更大的带宽传输数据。

2.2.3.1　配置 MP-Group 进行 MP 绑定

MP 绑定可实现将路由器上多个串口捆绑成一个逻辑接口使用,当采用 MP-Group 方式进行 MP 绑定时,要求:加入 MP-Group 组的接口与 MP-Group 接口所在的槽位相同,即二者编号中的槽号部分必须相同;可以加入 MP-Group 的接口只能为物理接口或通道化形成的同步串口,不能为逻辑接口;绑定到同一 MP-Group 中的物理接口,其绑定方式必须相同;两端用于互通的 MP-Group 中捆绑的物理接口数量必须相同;本端同一个 MP-Group 中绑定了多个物理接口,这些物理接口直连的对端接口也必须被绑定到同一 MP-Group 中。

1. 建立配置任务

(1) 在配置采用 MP-Group 进行 MP 绑定基本任务之前,需完成以下任务:

① 连接接口并配置接口的物理参数,使接口的物理层状态为 Up。

② 配置接口的链路层协议为 PPP。

(2) 在配置采用 MP-Group 进行 MP 绑定基本任务之前,需准备以下数据:

① 路由器接口编号。

② MP-Group 接口编号。

(3) MP-Group 接口的 IP 地址和子网掩码。

2. 操作步骤

```
interface mp-group number
undo discriminator
ip address ip-address {mask | mask-length}
quit
interface interface-type interface-number
ppp mp mp-group number
restart
```

命令参数说明:

(1) 缺省情况下,终端标识符协商处于使能状态。只有当两端 MP-Group 的终端标识符配置相同时,端口的状态才可能 Up。如果配置不同,则配置 undo discriminator 的一端发送参数中不携带终端标识符,但同意对端的终端标识符参数。如果对 MP-Group 接口执行 undo discriminator 命令,必须对 MP-Group 中的子通道执行 shutdown、undo shutdown 后配置才能生效。

(2) 当把接口绑定到 MP-Group 时,如果接口的 LCP 状态是 Opened,必须重启该接口。这样可以保证 PPP 协议重新协商,使接口成功绑定到 MP。否则不必重新启动该接口,因为 PPP 协议会自动协商。为了使 PPP 协议重新协商,以保证所有接口成功绑定到 MP,建议配置完成后,对所有接口统一重启。

(3) 当在接口视图下执行命令 undo ppp mp 成功后,接口解除 MP 绑定关系。此时不需要重启接口,因为 PPP 协议会自动协商,直到接口的链路协议状态变为 Up。只是从执行命令 undo ppp mp 成功,到接口的链路协议状态变为 Up 需要一段时间(约 40s)。

3. 检查配置结果

```
display ppp mp [interface interface-type interface-number]
display interface mp-group [number] [| {begin | exclude | include} regular-expres-
sion]
display interface brief [| {begin | include | exclude} regular-expression]
```

4. 配置示例

```
display ppp mp                    //查看 MP 的绑定信息
display interface mp-group        //查看 MP-Group 接口的状态信息
display interface brief | include 1/0/1
                                 //查看 MP-Group 接口及其成员接口的物理状态、链
                                   路协议状态、带宽利用率及错误报文数等简要信息
```

2.2.3.2　配置 MP-Group 参数

当对接口进行 MP 绑定之后,为了优化链路通道,可根据实际情况配置 MP 的参数。主要包括 MTU 和 MRRU 值、捆绑链路数的上限阈值、捆绑链路数的下限阈值、端口振荡抑制功能和 MP 分片等。

1. 建立配置任务

在配置 MP-Group 参数之前,需准备以下数据:

(1) MP-Group 的 MTU 和 MRRU 值。

(2) MP 捆绑链路数的上、下限阈值。

(3) MP 捆绑链路抑制检测时间、允许振荡的最大次数和解除抑制的时间限制。

(4) MP 出报文进行分片的最小报文长度。

2. 操作步骤

```
interface mp-group number
mrru mrru
mtu mtu
ppp mp max-bind max-bind-number
ppp mp threshold-least least-link-number
ppp mp damping [detect-time detect-time flapping-count flapping-count damping-time damping-time]
fragment-threshold threshold (NE40E) 或 ppp mp min-fragment size (NE20E)
undo ppp mp reorder-window
ppp mp reorder
```

命令参数说明:

(1) 最大接收重组单元(Max-Receive-Reconstructed Unit,MRRU)是 MP 需协商的参数,用于确认对端接收分片报文重组后的最大报文尺寸,以便对 IP 报文进行分片(该参数在 NE40E 路由器上配置)。

(2) MTU 单位为 B,取值范围 328~1500,缺省值为 1500。

(3) 在链路不稳定的情况下,如果 MP 内可用的链路数过少,MP 的带宽将得不到保证。可以通过配置 MP 捆绑链路下限阈值,来保证 MP 的最小带宽;同时,当 MP 内可用的链路数过少时,如果存在带宽更大的备份链路,也能保证流量能够发生切换。

(4) MP 捆绑链路抑制功能会抑制震荡频繁的链路,直到该链路的稳定性达到要求后,才会解除抑制,保证 MP 带宽的稳定性。

(5) 如果只执行 ppp mp damping 命令,不指定后面的可选参数,将采用各

029

可选参数的缺省值。即如果在30s内,捆绑链路的震荡次数达到1次,该捆绑链路将会被抑制。捆绑链路被抑制后,只有连续保持Up状态的时间达到60s才能被解除抑制。缺省情况下,MP不使能捆绑链路抑制功能。

(6)为提高小报文转发性能,可在MP-Group接口下使能MP分片重组功能。缺省情况下,使能对MP报文的分片进行重组功能。

(7)当MP-Group接口中绑定了多个捆绑链路时,捆绑链路的物理特性和分片报文的大小可能存在差异,会导致报文到达接收方的顺序和发送顺序不一致。对于IP报文,失序报文可以根据IP首部的片偏移字段自动进行重组。

(8)但是当对报文的顺序有严格要求,而对失序报文没有有效重组机制时,MP报文失序可能会导致网络性能严重下降甚至网络变为不可用。例如,基于MP的ATM信元透传和基于MP的IPHC压缩。在这些场景中,需要配置MP报文保序功能来保证接收报文的顺序。

3. 检查配置结果

display current-configuration interface [interface-type [interface -number]]
display ppp mp [interface interface-type interface-number]

4. 配置示例

display current-configuration interface mp-group 1/0/1
//查看MP-Group接口的配置信息

display ppp mp interface mp-group 1/0/1

2.2.4 E1 接口

2.2.4.1 概述

20世纪60年代,数字系统出现后,脉冲编码调制(Pluse Code Modulation,PCM)、时分多路复用(Time-Division Multiplexing,TDM)技术在通信系统中得到了广泛的应用,并一直持续到今天。在PDH中,以两种基本的PCM通信系统作为基础,一种是由ANSI推荐的T1,另一种是国际电信联盟电信标准化部(International Telecommunication Union Telecommunication Standardization Sector,ITU-T)推荐的E1。T1主要在北美地区得到广泛使用(日本采用的J1,与T1基本相似),而欧洲地区以及中国使用的则是E1。脉冲编码如图2-10所示。

E1&T1最初主要用在话音通信中,是用一路数字信号承载多路话音信号,但是随着通信技术的发展,它们也开始更多地用在数据通信上。而语音信号初始时是模拟信号,并不能直接插入到E1&T1的时隙中,必须首先完成模数转换,PCM就是用于实现数模转换的。它通常包含抽样、量化和编码三个过程。

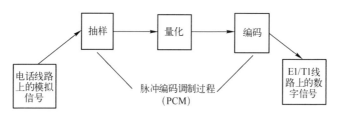

图 2-10　脉冲编码示意图

首先,要把模拟信号变成时间轴上离散信号,抽样定律表明,对于频带限制在 0~f Hz 的低频信号来说,在信号的最高频率分量的每一个周期内起码抽样两次。也就是说,抽样速率 $f_s \geqslant 2f$ Hz,就可以用抽样所得的离散信号完全代替原来的信号。对于 0.3~3.4kHz 的语音信号,若抽样频率 $f_s \geqslant 8000$ Hz,就能用这些离散的样值取代原来连续的语音信号。

连续信号经抽样后,要将离散信号编成对应的数字码组,现在一般常用的量化方法有两种:一是北美地区和日本的 μ 律压扩(15 折线法分段);二是欧洲地区和中国采用的 A 律压扩(13 折线法分段)。T1 系统采用 μ 律压扩方法,有 24 个时隙。E1 系统采用 A 律压扩,有 32 个时隙。

将量化后的数据进行编码,就实现了将模拟信号变化成 64kb/s 标准速率的 PCM 信号了,我们通常称其为 DS0。量化后的信号并不能直接传输,必须经过 TDM,将 DS0 信号复接在 E1 或 T1 的 DS1 帧中,即将 64kb/s 的低速信号复接成 2.048Mb/s(E1)或 1.544Mb/s(T1)的高速信号再进行传输。

根据时分复用的概念,将时间分成若干时隙(Time Slot,TS)。第一个时隙 TS1 传送第一路信号,第二个时隙传送第二路信号等。这些组合信号构成了一个帧,在下一帧仍按原规则依次传送各路信号。实际上数字复接有两种不同的帧结构,一种是每路分配一个短时隙,每时隙送 1b(比特)码字,因而称这种复接为比特复接;另一种每路分配一个较长的时隙,每时隙传送由若干比特组成的码字,称这种复接为码组复接。

E1&T1 采用的是码组复接,其结构如图 2-11 所示(以 E1 为例,E1 与 T1 的区别仅仅是时隙不同而已,T1 有 24 个时隙,而 E1 有 32 个时隙),链路速率可达 $8 \times 32 \times 8000 = 2.048$ (Mb/s)。

2.2.4.2　E1 的帧结构

E1 采用的是帧同步方式,固定用 0 时隙来传送帧同步信号。T1 采用的则是比特同步方式。

E1 相当于一个不分时隙、数据带宽为 2M 的接口,其逻辑特性与同步串口相同,支持 PPP、帧中继等链路层协议,支持 IP 网络协议。E1 有成帧、成复帧与

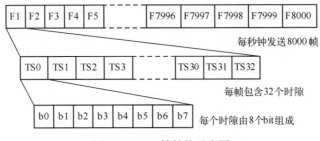

图 2-11 E1 帧结构示意图

非成帧三种方式,在成帧的 E1 中,第 0 时隙用于传输帧同步数据,其余 31 个时隙用于传输有效数据;在成复帧的 E1 中,除了第 0 时隙外,第 16 时隙用于传输信令,只有第 1 到第 15,第 17 到第 31 共 30 个时隙用于传输有效数据;在非成帧的 E1 中,所有 32 个时隙都可用于传输有效数据。

在 E1 信道中,8bit 组成一个时隙,32 个时隙组成一个帧(F),16 个帧组成一个复帧(MF)。在一个帧中,TS0 主要用于传送帧定位信号(FAS)、循环冗余校验(CRC-4)和帧对端警告指示;TS16 主要传送随路信令(CAS)、复帧定位信号和复帧对端警告指示;TS1~TS15、TS17~TS31 用于传送话音或数据等信息,称为净荷。TS0 和 TS16 称为开销。如果采用外公共信道信令(CCS),TS16 就失去了传送信令的用途,该时隙也可用来传送信息。

目前,使用 E1 的三种方法如下:

(1) 将整个 2Mb/s 作为一条链路,应用于分组传输设备。

(2) 将 2Mb/s 用作若干个 64kb/s 组合使用,如 128kb/s、256kb/s 链路等。

(3) 将一条 E1 作为 32 个 64kb/s 使用,其中时隙 0 和时隙 16 用于传送帧定位信号及信令,其他 30 个时隙用作传输话音信息。

2.2.4.3 E1 接口配置

当 E1 形成的物理接口只能工作在净通道模式或非通道化模式时,称为 E1 接口;当 E1 形成的物理接口只能工作在净通道模式或通道化模式时,称为 CE1 接口。目前,航天测控通信网路由器主要使用 E1 接口连接 2M 电路作为广域网接入,在实际应用中,可对多条 2M 电路采用 MP-Group 进行 MP 绑定,以增加广域网带宽。

1. 配置 E1 接口

当 E1 接口工作在净通道模式下时,也称为非成帧模式。此时,所有时隙作为一个通道使用,通道中的所有比特都是数据。它相当于一个不分时隙、数据带宽为 2.048Mb/s 的接口,其逻辑特性与同步串口相同。它支持 PPP、HDLC、FR、LAPB 和 X.25 等链路层协议,支持 IP 等网络协议。

当 E1 接口工作在非通道化模式下时,也称为成帧模式。此时,可以对接口进行时隙绑定,但是只能进行一次捆绑,绑定出一个通道。例如,捆绑时隙 1 和时隙 2 形成一个带宽为 128kb/s 的串口,则剩下的时隙不能再被捆绑,即不管一次捆绑几个时隙,只能捆绑一次,绑定成一个串口。其逻辑特性与同步串口相同,支持 PPP、HDLC、FR、LAPB 和 X.25 等链路层协议,支持 IP 等网络协议。

配置 E1 接口主要包括配置 E1 接口的同步串口、线路编解码格式、接口的时钟模式、帧格式和电缆模式。

1) 建立配置任务

在配置 E1 接口之前,需准备以下数据:

(1) 路由器 E1 接口编号。

(2) 接口时隙捆绑形成的通道号。

(3) 接口捆绑为 channel-set 的时隙编号或时隙范围。

2) 操作步骤

```
controller E1 controller-number
using {E1 | CE1}
code {ami | hdb3}
clock {master | slave}
channel-set set-number timeslot-list slot-list
cable {long | short}
```

命令参数说明:

(1) E1 工作模式是指净通道模式,CE1 工作模式是指非通道化模式。

(2) E1 接口支持两种线路编解码格式,交替传号反转码(Alternate Mark Inversion,AMI)与 3 阶高密度双极性码(High Density Bipolar of Order 3,HDB3)。

(3) 缺省情况下,E1 接口采用 HDB3 码。

(4) AMI 码是一种基本的线路码,信号交替反转,编译码电路简单且便于观察误码情况,得到广泛应用。但是,当用 AMI 码来获取定时信息时,由于它可能出现连续多个"0",会造成提取定时信号的困难。

(5) HDB3 码保留了 AMI 码所有的优点,还克服了 AMI 码如果连续"0"过多对提取定时钟不利的缺点,因此 CCITT 建议把 HDB3 码作为 PCM 传输系统的线路码型。

(6) 当 E1 接口作为同步串口使用时,同样也有 DTE 和 DCE 两种工作方式,需要选择时钟模式。主时钟模式使用内部时钟信号,从时钟模式使用线路提供的时钟信号。当两台路由器的 E1 接口直接相连时,应配置一端作为主时钟(Master),另一端作为从时钟(Slave);当路由器的 E1 接口与传输设备连接时,路由器的 E1 接口应作为从时钟,使用传输设备提供的时钟信号。

(7) 只有 E1 接口工作在非通道化模式下,才支持 channel-set 捆绑,只能对时隙进行一次捆绑,绑定出一个通道,通道号固定为 1。

(8) 只有当 E1 接口卡使用 75Ω 同轴电缆时,cable 命令才有作用,其他情况均不能通过该命令改变电缆模式。

(9) E1 接口卡使用 75Ω 同轴电缆时,采用 cable 的缺省值 short 即可满足一般工程要求,如果同轴电缆长度超过 150m,请配置为长距模式 long,否则可能导致端口无法进入物理 Up 状态。

3) 检查配置结果

display interface serial [interface-number] [| {begin | exclude | include} regular-expression]

display controller E1 [controller-number]

4) 配置示例

display controller E1 1/0/0　　　　//查看 E1 接口的工作模式和状态
display interface serial 6/0/0:2　　//查看 channel-set 配置及接口状态信息

2. 配置 CE1 接口

当 CE1 接口工作在净通道模式(非成帧模式)时,相当于一个不分时隙、数据带宽为 2.048Mb/s 的接口,其逻辑特性与同步串口相同。支持 PPP、HDLC、LAPB 和 X.25 等链路层协议,支持 MP 和 MFR 捆绑,支持 IP 等网络协议。

当 CE1 接口工作在通道化模式(成帧模式)时,在物理上分为 32 个时隙,对应编号为 0~31。可任意捆绑为 $N \times 64$kb/s 的逻辑通道。其中时隙 0 用于传送帧同步信号,不能被捆绑。其余的 31 个时隙可以被任意地分成若干组(channel-set),每组时隙捆绑以后作为一个接口使用,其逻辑特性与同步串口相同。支持 PPP、HDLC、LAPB 和 X.25 等链路层协议,支持 MP 和 MFR 捆绑,支持 IP 等网络协议。

1) 建立配置任务

在配置 CE1 接口之前,需准备以下数据:

(1) 路由器 CE1 接口编号。

(2) CE1 接口时隙捆绑形成的通道号。

(3) CE1 接口捆绑为 channel-set 的时隙编号或时隙范围。

2) 操作步骤

controller E1 controller-number

using {E1 | CE1}

code {ami | hdb3}

```
clock {master | slave}
frame-format {crc4 | no- crc4}
channel-set set-number timeslot-list slot-list
cable {long | short}
```

命令参数说明：

（1）E1 工作模式是指净通道模式，CE1 工作模式是指通道化模式。缺省情况下，CE1 接口工作在通道化模式。

（2）如果要将接口从 CE1 模式切换到 E1 模式，需要执行相应的 undo 命令删除 CE1 模式下的所有配置，再执行 using E1 命令。如果要将接口从 E1 模式切换到 CE1 模式，需要删除 E1 模式及同步串口下的所有配置，不需删除同步串口的相关配置，执行 using CE1 命令或 undo using 命令。

（3）CE1 接口支持两种线路编解码格式：AMI 和 HDB3。缺省情况下，CE1 接口的线路编解码格式为 HDB3。通信两端的 CE1 接口必须采用相同的码型。

（4）缺省情况下，CE1 接口为从时钟模式。当 CE1 接口作为同步串口使用时，同样也有 DTE 和 DCE 两种工作方式，需要选择时钟模式。CE1 接口有两种时钟模式。主时钟模式使用内部时钟信号，从时钟模式使用线路提供的时钟信号。

（5）当两台路由器的 CE1 接口直接相连时，应配置一端作为主时钟，另一端作为从时钟；当路由器的 CE1 接口与传输设备连接时，路由器的 CE1 接口应作为从时钟，使用传输设备提供的时钟信号。

（6）缺省情况下，CE1 接口采用 no-CRC4 的帧格式。只有 CE1 接口工作在通道化模式下，才可以配置接口的帧格式。

（7）只有 CE1 接口工作在通道化模式下，才支持 channel-set 捆绑。

（8）CE1 接口卡使用 75Ω 同轴电缆时，采用 cable 的缺省值 short 即可满足一般工程要求，如果同轴电缆长度超过 150m，请配置为长距模式 long，否则可能导致端口无法进入物理 Up 状态。

2.2.5　POS 接口

2.2.5.1　概述

POS（Packet Over SONET/SDH），又称 IP Over SONET/SDH，即通过 SDH 提供的高速传输通道直接传送 IP 分组。POS 实际上并不是一种全新的技术，而是对传统 IP 网络概念的顺延，是一种在 SONET/SDH 上承载 IP 和其他数据包的传输技术。它完全兼容传统的 IP 协议体系，将长度可变的数据包直接映射进

SONET/SDH 同步载荷中,使用 SONET/SDH 物理层传输标准,提供一种高速、可靠、点到点的数据连接,速率可达到吉比特每秒量级。可以应用于二层、三层的交换机和路由器。传输过程如图 2-12 所示。

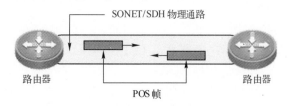

图 2-12　POS 帧传输过程

POS 技术主要应用于骨干网,该网络主要由大容量的路由器经高速光纤传输通道连接而成。网络连接关系如图 2-13 所示。

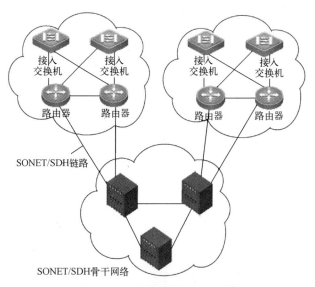

图 2-13　网络连接图

同步光学网络(Synchronous Optical Network,SONET)是 ANSI 定义的同步传输体制,包含一组以 STS-1(51.840Mb/s)为基数的速率,如 STS-3(155.520Mb/s)、STS-9(466.560Mb/s)、STS-12(622.080Mb/s)、STS-18(933.120Mb/s)、STS-24(1,244.160Mb/s)、STS-36(1,866.240Mb/s)、STS-48(2,488.320Mb/s)。

同步数字系列(Synchronous Digital Hierarchy,SDH)是 CCITT 定义的,它使用了 SONET 速率的一个子集。POS 端口的基本速率是 STM-1(155.520Mb/s),

以 4 的倍数递增如 STM-4(622.080Mb/s)、STM-16(2,488.32Mb/s)。

POS 端口常用速率如表 2-1 所列。

表 2-1　POS 端口常用速率

SONET 级别	SDH 级别	速率/（Mb/s）	用　　途
STS-3	STM-1	155.52	访问 ISP、帧中继网
STS-12	STM-4	622.08	ISP 骨干网、帧中继网
STS-48	STM-16	2488.32	提供线路服务的 ISP/OC-48 骨干网
STS-192	STM-64	9953.28	骨干网

2.2.5.2　特点

1. 带宽利用率高

POS 协议主要优点是能够高效地利用带宽资源,这对于广域骨干网是极为重要的。对于广域网来说,基于 POS 协议的网络带宽比基于其他协议的网络带宽高出 25%~30%。

基于 POS 协议的方案,需要将 IP 包封装入 PPP 帧中,然后将 PPP 帧直接映射到 SDH 的净荷区;基于 ATM 协议的方案,需要首先将 IP 包按照 RFC1483 规范完成封装,形成长度为 53B 的基本信息单元,然后映射到 SDH 的净荷区。前者相当于每 1500B(PPP 帧的缺省信息域长度)净荷产生 7B 开销(PPP 帧的开销),后者相当于每 48B 荷产生 5B 开销。所以,从效率的角度讲,基于 POS 方案无疑比基于其他方案的带宽利用率要高的多。

2. 模型扩展性好

基于 POS 协议的方案实际上仍是通过路由器组建网络,只是将路由器接口升级到千兆级,路由器间的连接也由专线升级到 SDH 的速率等级,因此基于 POS 协议的网络与基于 IP 协议的路由器网络一样,具有良好的扩展性。

2.2.5.3　数据的封装

SONET/SDH 是物理层的协议,负责在信道上透明传送比特流;IP 是网络层的协议,负责数据包的寻址和路由。根据 OSI 七层模型,二者之间还需要一个链路层协议来进行帧的定位和纠错。由于 SONET/SDH 是由点对点传输通道组成的,所以采用 PPP 作为链路层的协议。POS 协议栈如图 2-14 所示。

POS 数据封装主要分为两步:将 IP 包封装入 PPP 帧中;将 PPP 帧放入 SDH 的虚容器中。POS 帧结构如图 2-15 所示,封装过程如图 2-16 所示。

2.2.5.4　POS 接口配置

POS 将长度可变的数据包直接映射进 SONET 同步载荷中,使用 SONET 物理层传输标准,提供了一种高速、可靠、点到点的数据连接。POS 接口一般在路

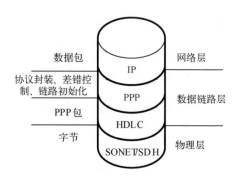

图 2-14　POS 协议栈

帧头标志	地址域	控制域	协议标志	信息域	填充域	帧校验序列	帧头标志

图 2-15　POS 帧结构

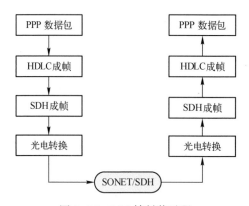

图 2-16　POS 帧封装过程

由器上使用。

NE80E/40E 提供多种速率的 POS 接口,从速率上分为 4 类,使用的信号等级分别是 STM-1(155Mb/s)、STM-4c(622Mb/s)、STM-16c(2.5Gb/s)和 STM-64c(10Gb/s)。NE20/20E 只提供一种速率的 POS 接口,速率为 STM-1(155Mb/s)。

1. 建立配置任务

在配置 POS 接口之前,需准备以下数据:

(1) POS 接口 IP 地址。

(2) POS 接口的链路层协议。

(3) POS 接口的时钟模式。

(4) POS 接口的开销字节。

(5) POS 接口的帧格式。

（6）POS 接口的加扰功能。

（7）POS 接口的 CRC 校验字长度。

（8）POS 接口的 MTU。

2. 操作步骤

```
interface pos interface-number

ip address ip-address {mask | mask-length}

link-protocol {ppp | hdlc| fr [ietf | nonstandard]}

clock {master | slave}

flag j0 {64byte-or-null-mode j0-value | 16byte-mode j0-value | 1byte-mode j0-value | peer}

flag j1 {64byte-or-null-mode j1-value | 16byte-mode j1-value | 1byte-mode j1-value | peer}

flag c2 c2-value

frame-format {sdh | sonet}

scramble

crc {16 | 32}

mtu mtu
```

命令参数说明：

（1）POS 接口的链路层协议可以配置为 PPP、HDLC、FR、ITEF 和 Nonstandard。

（2）POS 接口支持两种时钟模式。主时钟模式使用内部时钟信号,从时钟模式使用线路提供的时钟信号。

（3）与同步串口有 DTE 和 DCE 两种工作方式相仿,POS 也需要选择时钟模式。当两台路由器的 POS 接口直接相连或通过 WDM（Wavelength Division Multiplexing）相连时,应配置一端使用主时钟模式,另一端使用从时钟模式;当路由器的 POS 接口与交换设备连接时,交换设备为 DCE,使用内部时钟信号,而路由器的 POS 接口为 DTE,时钟应设为从时钟模式。

（4）SONET/SDH 提供丰富的开销字节,用以提供不同层次的监控功能。第 5、6、7 条命令中,再生段踪迹字节 J0 属于段开销字节（Section Overhead）,用于检测两个端口之间的连接在段层次上的连续性;通道踪迹字节 J1（Higher-Order VC-N Path Trace Byte）,用于检测两个端口处于持续连接状态;信号标记字节 C2 属于高阶通道开销（Higher-Order Path Overhead）字节,用于指示虚拟容器 VC（Virtual Container）帧的复接结构和信息净负荷的性质。

（5）如果 POS 接口连接的是 SONET 链路,执行 frame-format sonet 命令,依据 SONET 标准配置 POS 接口的成帧格式。

（6）如果 POS 接口连接的是 SDH 链路,执行 frame-format sdh,依据 SDH 标准配置 POS 接口的成帧格式。

（7）缺省情况下，POS 接口的帧格式为 SDH。

（8）POS 接口支持对载荷数据的加扰功能，以避免出现过多连续的 1 或 0，便于接收端提取线路时钟信号。缺省情况下，使能对载荷的加扰功能。

（9）POS 接口支持两种 CRC 校验字长度：16b 和 32b。缺省情况下，CRC 校验字长度为 32b。10G POS 接口不支持配置 CRC 校验字长度。

（10）POS 接口的 MTU 用于 IP 网络协议在该接口上收发报文时的组建和拆分。MTU（Maximum Transmission Unit）单位为 B，MTU 取值范围为 46~9600。缺省情况下，为 4470B。

3. 检查配置结果

display interface pos [interface-number] [| {begin | exclude | include} regular-expression]
display interface brief [| {begin | include | exclude} regular-expression]
display pos interface [pos interface-number]

4. 配置示例

display interface pos 1/0/0　//查看 POS 接口的物理状态、链路协议状态、时钟模式等信息
display interface brief | include Pos
　　　　　　　　　　　//查看 POS 接口的物理状态、链路协议状态、带宽利用率
　　　　　　　　　　　及错误报文数等简要信息
display pos interface pos 1/0/0 //查看 POS 接口的物理层信息

↘ 2.3　端口镜像技术

镜像是将网络设备中某个端口（镜像端口）接收或发送的报文，复制一份到指定端口（观测端口），然后发送到报文分析设备上。用户通过分析报文分析设备"捕获"的报文了解镜像端口的数据情况。镜像功能主要用于收集报文，网络故障定位或网络安全分析。

镜像分为端口镜像和流镜像。端口镜像和流镜像中均有观察端口和镜像端口。观察端口是连接监控主机的端口，用于输出从镜像端口或流镜像端口所复制过来的报文。镜像端口是被观察的端口。从镜像端口流经的所有报文（对端口镜像）或匹配流分类规则的报文（对流镜像）都将被复制到观察端口。

本地端口镜像。当需要分析或监控路由器和交换机上流经某接口的报文，且监控设备与观察端口直接相连时，可以配置本地端口镜像功能，将端口的流量镜像到专门的报文分析设备进行分析。

远程端口镜像。当需要分析或监控设备上流经某端口的报文，而监控设备

与观察端口之间跨越二层网络或三层网络时,可以配置远程端口镜像功能,将故障设备的报文通过隧道传输到报文分析设备进行分析。

华为网络设备中,不同的路由器和交换机配置方法与命令不同。

1. NE80E/40E 路由器本地端口镜像

1) 配置命令

```
interface interface-type interface-number
port-observing observe-index observe-index
quit
slot slot-id
mirror to observe-index observe-index
interface interface-type interface-number
port-mirroring inbound/outbound [ cpu-packet ]
```

参数说明:

(1) 可以作为本地观测端口的接口包括 GE 接口及其子接口、Eth-trunk 接口及其子接口、POS 接口、IP-Trunk 接口。

(2) 当物理接口作为观测端口时,观测端口的索引号必须与该接口所在的接口板的槽位号一致。当逻辑接口作为观测端口时,使用的索引号必须是没有被其他观测端口使用的索引号。

(3) NE80E/40E 每个接口板上支持一个物理接口作为观测端口,整机支持 32 个逻辑接口作为观测端口。

(4) 当此接口板上有接口进行镜像时,报文就会被镜像到这个整板镜像的观测端口上。执行此命令后,此观测索引对应的观测端口将作为整个接口板的观测端口,这个观测端口被称为整板镜像的观测端口。当此接口板上有接口进行镜像时,报文就会被镜像到这个整板镜像的观测端口上。整板镜像的观测端口可以配置在本接口板上,还可以配置在其他接口板上。

(5) 可以作为本地镜像端口的接口包括 GE 接口及其子接口、POS 接口、FR 子接口、串行接口、MP-Group 接口。

(6) 只有接口板 LPUA、LPUF-10、LPUG 和 LPUH 的 GE 接口和 POS 接口支持对上送 CPU 报文进行单独镜像。

2) 检查配置结果

```
display port-mirroring interface [ interface-type interface-number ㅣ slot slot-id ]
display port-observing interface [ interface-type interface-number ㅣ slot slot-id ]
display port-observing observe-index observe-index
display port-observing slot [ slot-id ]
```

3）配置示例

display port-mirroring interface	//路由器上所有镜像端口的配置信息
display port-observing interface	//路由器上所有观测端口的配置信息
display port-observing observe-index	//路由器上所有观测端口索引配置信息
display port-observing slot	//接口板上观测端口的配置

2. NE20E 路由器本地端口镜像配置

1）配置命令

observing-port observing-port

port-mirroring mirroring-port｛ingress｜egress｜both｝observing-port

参数说明：

（1）观测端口必须为高速以太网端口，包括 GE 和 FE，且镜像端口不能是 RPU 板上的以太网端口。NE20/20E 只能配置一个观测端口，被配置为观测端口的接口会中断与其直连的链路业务，除非删除该端口上观测端口的配置。观测端口为 Down 状态时，在观测端口下查看到的实时统计信息无意义。

（2）镜像端口可以是 FE、GE、POS、高速 ATM、IPSec、16CT1、16CE1 的主接口，不支持子接口作为镜像端口。在建立端口镜像过程中，用于被分析报文的端口，称为镜像端口。配置观测端口时，该端口必须已经使用 observing-port 命令使能。

2）检查配置结果

display port-mirroring

display observing-port

3. S9300/S5300 交换机本地端口镜像配置

1）配置命令

observe-port［observe-port-index］**interface** interface-type interface-number

interface interface-type interface-number

port-mirroring to observe-port observe-port-index｛inbound｜outbound｝

参数说明：

（1）observe-port-index 为本地观察端口的索引，默认值为 1。

（2）若本地镜像端口为 Eth-trunk 类型，需要预先使用命令 interface eth-trunk trunk-id 创建 Eth-trunk。若已经配置 Eth-trunk 为镜像端口，则不能再单独配置其成员接口为镜像端口。若已经配置 Eth-trunk 下某成员接口为镜像端口，则不能再配置 Eth-trunk 为镜像端口。

2）检查配置结果

display observe-port

display port-mirroring

display port-mirroring interface

4. NE80E/40E 路由器远程端口镜像配置

1）配置命令

interface interface-type interface-number

port-observing identifier id [description regulation]

quit

mirror instance instance-name

remote-destination ip-address **identifier** id [tunnel-policy policy-name]

slot slot-id

observe-server server-ip-address server-port-number **source ip** source-ip-address [vpn-instance vpn-instance-name | packet-length packet-length | dscp dscp] *

interface interface-type interface-number

port-mirroring instance-name inbound [cpu-packet]

port-mirroring instance instance-name outbound

port-mirroring remote {inbound | outbound}

命令参数说明：

（1）可以作为远端观测端口的接口包括 GE 接口及其子接口、Eth-trunk 接口及其子接口、POS 接口、IP-Trunk 接口。

（2）id 是远端镜像的镜像标识，整数形式，取值范围是 1~64。regulation 是对某个镜像流的描述信息，字符串形式，取值范围是 1~31。

（3）指定流量被镜像的远端路由器，可以通过镜像实例指定远端镜像路由器，也可以通过在接口板上配置 IP 地址和端口号指定远端镜像路由器。

（4）通过镜像实例指定远端镜像路由器：在镜像实例中指定远端镜像路由器的 Loopback 接口地址和观测端口 ID，通过在远端镜像端口引用此镜像实例实现；通过在接口板上配置 IP 地址和端口号指定远端镜像路由器。

（5）在镜像端口所在的接口板上，指定远端镜像路由器的 IP 地址和端口号。远端镜像的目的 IP 地址必须是观测端口所在路由器的 Loopback 接口的 IP 地址，并且镜像端口所在的路由器的路由可通过 tunnel 到达此 Loopback 接口。此命令只能在镜像端口所在的接口板上配置，并且只有接口板 LPUF-22 支持此功能。

（6）只有接口板 LPUA、LPUF-10、LPUG 和 LPUH 的 GE 接口和 POS 接口支持对上送 CPU 报文进行单独镜像。

2）检查配置结果

display port-mirroring interface [interface-type interface-number | slot slot-id]

display port-observing interface [interface-type interface-number |slot slot-id] **display mirror instance** [instance-name] [slot slot-id]

3）配置示例

display port-mirroring interface   //路由器上所有镜像端口的配置信息
display port-observing interface   //路由器上所有观测端口的配置信息
display port-observing interface   //指定观测端口的配置信息
display port-observing interface   //指定接口板上所有的观测端口的配置信息
display mirror instance   //路由器上所有镜像实例的配置信息

5. S9300 交换机远程端口镜像配置

1）操作步骤

observe-port [observe-port-index] **interface** interface-type interface-numberdestination-ip dest-ip-address source-ip source-ip-address [dscp dscp-value | vlan vlan-id]

observe-port [observe-port-index] **interface** interface-type interface-number vlan vlan-id

interface interface-type interface-number

port-mirroring to observe-port observe-port-index {both | inbound | outbound}

命令参数说明：

observe-port-index 为观察端口的索引,必须与配置的观察端口的索引相同,若远端镜像端口为 Eth-trunk 类型,需要预先使用命令 interface eth-trunk trunk-id 创建 Eth-trunk。若已经配置 Eth-trunk 为镜像端口,则不能再单独配置其成员接口为镜像端口。若已经配置 Eth-trunk 下某成员接口为镜像端口,则不能再配置 Eth-trunk 为镜像端口。

2）检查配置结果

display observe-port
display port-mirroring

3）配置示例

display port-mirroring interface   //查看路由器上所有镜像端口的配置信息
display port-observing interface   //查看路由器上所有观测端口的配置信息
display mirror instance   //查看路由器上所有镜像实例的配置信息

2.4　基本网络配置

2.4.1　基本命令

1. 设备名称配置

sysname host-name	//设置网络设备命名

命令参数说明:

host-name 为该设备自定命名。

2. 进入和退出系统视图

system-view	//从用户视图进入系统视图
quit	//从系统视图返回到用户视图
return	//从任意的非用户视图返回到用户视图

3. 系统状态信息查询

display version	//显示系统版本
display clock	//显示系统时钟
display users	//显示终端用户
display saved-configuration	//显示起始配置信息
display current-configuration	//显示当前配置信息
display this	//显示当前视图的运行配置

2.4.2　RouterID 配置

2.4.2.1　配置全局 RouterID

RouterID 可以看作是一个变量,全局模式下,可以通过手动配置给这个变量赋一个值。

router id router-id

命令参数说明:

RouterID 的取值格式为点分十进制,范围为 0.0.0.0 ~ 255.255.255.255;缺省情况下,在没有配置任何接口时,路由管理的 RouterID 一般是 0.0.0.0。

在不进行手动配置的情况下,路由器采用选举的方式是为 RouterID 赋一个缺省值,选举规则如下:

(1) 从活动的 loopback 接口地址中优先选取 IP 地址最大的作为路由器的 RouterID。

(2) 如果路由器未设置 loopback 接口,或者没有活动的 loopback 地址,将选择物理接口 IP 地址中最大的地址为 RouterID。

（3）为了确保 RouterID 的稳定性，一旦通过选举产生了全局的 RouterID，无论是否有更高优先级的 IP 地址产生（如新配置了 loopback 接口地址或者比现有被选为 RouterID 更大的 IP 地址等），都不会重新选举全局 RouterID，只有被选举为全局 RouterID 的 IP 地址本身发生变化（如接口被删除或 IP 地址被删除等），才会重新选举。

2.4.2.2 配置 OSPF 进程的 RouterID

OSPF 任意进程都必须有一个非零的 RouterID，OSPF 进程使用的 RouterID 可以手动配置或者使用缺省的 RouterID。如果既没有手动配置又没有符合规则的缺省 RouterID 可供使用，则 OSPF 进程处于休眠状态，不运行任何协议功能。OSPF 进程中的 RouterID 在且仅在 OSPF 应用中优先于其他方式产生的 RouterID，对全局的 RouterID 不产生影响。OSPF 进程中手动配置的 RouterID 具有最高优先级，其配置方法如下：

> **ospf** [process-id | **router-id** router-id]

命令参数说明：

process-id 是 ospf 的进程号，取值格式为整数，取值范围是 1–65535；router-id 的取值格式为点分十进制，范围为 0.0.0.0–255.255.255.255。

在启动 OSPF 进程的同时，可以指定该进程的 RouterID。

（1）在 OSPF 进程中若不进行 RouterID 的手动配置，系统将自动选举一个接口 IP 地址作为缺省 RouterID 使用。

（2）若采用缺省 RouterID，当多个 OSPF 进程属于同一个 VPN 实例时，每个进程会使用相同的 RouterID。为了避免由于组网不当造成相同自制系统中 RouterID 冲突的情况，建议对相同 VPN 实例下的多个 OSPF 进程手工配置不同的 RouterID。

（3）为保证 OSPF 协议在运行过程中的稳定性，当 OSPF 进程正在使用的 RouterID 被修改或者删除时，OSPF 进程还是会继续使用该 RouterID。如果用户希望新的 RouterID 生效，必须通过重启 OSPF 进程来实现。

2.4.3 登录配置

2.4.3.1 登录用户配置

目前登录网络设备进行配置一般有两种方式：通过 Console 口进行本地配置；通过 Telnet 或 SSH 远程配置。

验证用户使合法用户能登录并使用网络设备，非法用户不能通过验证而不能使用。用户登录后，会进入用户模式，不同级别的用户对设备具有不同的操作权限。华为网络设备支持三种验证方式：

（1）身份授权统计（Authentication Authorization Accounting，AAA）验证：需要设置用户名和密码。

（2）密码验证（password）：不需要设置用户名，但一定要设置密码，否则将不能通过控制台（Console）接口登录路由器。

（3）不验证（none）：不需要设置用户名和密码，登录路由器时也不进行验证。

1. 配置验证用户的方式

authentication-mode {password | none | scheme}

//设置进行用户验证

undo authentication-mode   //恢复用户验证的缺省方式

命令参数说明：

none 表示不验证用户身份。关键字 password 表示验证不需用户名，只需口令字。scheme 表示使用用户名加密码。

2. 配置用户名及口令

set authentication password {cipher | simple} password

//设置 password 方式验证的口令

undo set authentication password

//取消 password 验证的口令

local-user user-name [**password** {cipher | simple} password]

//设置进行 Scheme 本地验证的用户名和口令

Undo local-user user-name   //取消用户

命令参数说明：

cipher 表示配置密文密码，simple 表示配置明文密码。

3. 设置用户的优先级

user privilege level level   //设置用户界面的优先级

undo user privilege level   //恢复用户界面缺省的优先级

local-user user-name **level** level   //设置用户优先级

undo local-user user-name **level**   //恢复用户优先级的默认值

命令参数说明：

（1）CON 口的优先级缺省为 3，其他用户界面的优先级缺省为 0。

（2）level 代表用户的优先级，其范围是 0~3。0 级别最低，3 级别最高。在配置用户以后，用户默认的优先级为 3。

（3）如果配置的验证方式为不验证或采用 password 验证，则用户登录到系统后所能访问的命令级别由用户界面的优先级确定。如果配置的验证方式需要用户名和口令,则用户登录系统后所能访问的命令级别由用户的优先级确定。

2.4.3.2　虚拟终端配置

虚拟终端(Virtual Teletype Terminal, VTY)是一种网络设备的连接方式,一般情况下,VTY 线路启用后并不能直接使用,必须对其进行配置后,才能允许用户登录。

在配置接口的 VTY 之前,需实现网管端和设备之间路由可达。

用户登录路由器时,其所能访问的命令级别取决于自身优先级与用户界面对应级别的配置,如果两种级别同时配置,则根据用户级别对应的权限访问系统。例如:用户 Tom 的级别是 3,而 VTY 0 用户界面配置的登录用户缺省级别为 1,则 Tom 从 VTY 0 登录系统时,可以使用 3 级及以下的命令;如果没有单独为用户 Tom 配置级别,则从 VTY 0 登录系统时只能使用 1 级及以下的命令。

1. 设置密码验证

user-interface {ui-number | **vty** first-number [last-number]}
authentication-mode {password | none | scheme}
set authentication password {**cipher** | **simple**} password

2. 设置不对用户验证

user-interface {ui-number | **vty** first-number [last-number]}
authentication-mode none

命令参数说明:

ui-number 是用户接口编号,first-number 为首位用户编号,last-number 为末位用户编号;

first-number 与 last-number 共同决定了最大用户数,最大用户数 = (last-number)-(first-number);

配置 password 验证方式,必须设置验证密码,否则不能登录。

使用配置不验证方式后,用户将直接登录进入系统,无需经过身份验证。这样会降低系统的安全性,建议不要采用该方式。

3. 其他情况

(1) 当配置 VTY 用户界面最大个数为 0 时,任何用户(包括网管用户)都无法登录到路由器。

(2) 如果要配置的 VTY 用户接口的最大数小于当前的最大数量,则不需要其他配置。

（3）如果要配置的 VTY 用户接口的最大数量大于当前的最大数量,就需要为新增加的用户接口配置验证方式和密码。

4. 配置示例

例如,原 VTY 用户编号为 0～4 共 5 个,现在要增加 10 个用户。即用户个数增加为 15,新增用户编号为 5～14。新增用户采用密码验证,密码为 123456。

```
user-interface maximum-vty 15
user-interface vty 5 14
authentication-mode password
set authentication password cipher 123456
```

2.4.3.3　远程登录配置

1. Telnet 登录配置

用户终端建立与交换机的 Telnet 连接之前,需要首先确保交换机的 Telnet 服务功能已经启用。

telnet server enable	//启用 Telnet 服务
telnet server port port-number	//配置 Telnet 服务监听端口号

命令参数说明:

port-number 监听端口号,取值范围为 23 或 1025～55535。缺省端口号为 23。

2. SSH 登录配置

Telnet 登录方式采用 TCP 协议进行明文传输并且缺乏安全认证方式,易遭受 DoS、主机 IP 地址欺骗和路由欺骗等恶意攻击。采用 SSH 登录方式时,客户端与网络设备之间需经过协商,使用 RSA(Revest-Shamir-Adleman,这是开发这种算法的三个人的名字)加密算法密钥认证,建立安全的传输连接,以确保网络设备配置数据安全。

rsa loacl-key-pair create	//生成本地 RSA 主机密钥对
stelnet server enble	//启用 Stelnet 服务功能

1）配置 SSH 用户密码验证

aaa	//进入 AAA 认证视图
local-user user-name **password dcipher** password	
	//配置用户名和登录密码
local-user user-name **service-type terminal** ssh	
	//配置用户登录方式为 SSH
local-user user-name **level** level	//配置用户级别

命令参数说明：

password 密码区分大小写；level 取值范围为 0~15。

2）配置 SSH 用户

```
ssh user user-name                    //创建 SSH 用户
ssh user user-name authentication-type password
                                       //配置 SSH 用户验证方式为密码认证
ssh user user-name service-type stelnet
                                       //配置 SSH 用户登录方式为 Stelnet
```

2.4.4　简单网络管理协议配置

简单网络管理协议（Simple Network Management Protocol，SNMP）是能够有效地管理网络，并且方便网络管理人员学习和操作的新型网络管理协议，具备简单易用性并提供良好的扩展性。

航天测控通信网使用华为网络设备，支持 SNMPv1、SNMPv2c 和 SNMPv3。目前，使用 SNMPv2c 协议。本章节以 SNMPv2c 协议为例，介绍其配置。

1. 配置 SNMPv2c 基本功能

```
snmp-agent
snmp-agent sys-info version v2c
snmp-agent community {read | write} community-name
```

2. 配置 SNMPv2c 基于团体名的访问控制

```
snmp-agent
snmp-agent sys-info version v2c
acl acl-number
rule [ rule-id ] {deny | permit} source { source-ip-address source-wildcard | any}
snmp-agent community {read | write} community-name acl acl-number
```

3. 配置 SNMPv2c 基于 MIB 视图的访问控制

```
snmp-agent
snmp-agent sys-info version v2c
snmp-agent mib-view {excluded | included} view-name oid-tree
snmp-agent community {read | write} community-name mib-view view-name
```

4. 配置发送 Trap 的功能

```
snmp-agent trap enable [ trap-type[ trap-list ] ]
snmp-agent target-host trap address udp-domain ip-address [ udp-port port-number]
[ vpn-instance vpn-intance-name ] params securityname security-string [ v1 | v2c | v3
```

[**authentication** | **privacy**]]

snmp-agent mib-view { **excluded** | **included** } view-name oid-tree

snmp-agent community { **read** | **write** } community-name **mib-view** view-name

5. 配置示例

1）配置 SNMP 访问控制功能

进入系统,启动 SNMP Agent,配置版本为 SNMPv2c。

snmp-agent sys-info version v2c

设置团体名和访问权限。

snmp-agent community read public acl 2000

snmp-agent community write private acl 2000

2）配置访问控制列表

acl 2000

rule permit source1. 1. 1. 1 0

3）配置 Trap 功能

snmp trap enable feature-name bulkstat trap-name

snmp-agent target-host trap address udp-domain 1. 1. 1. 1 params securityname public v2c

4）配置 SNMP 维护信息

设置管理员联系方法和路由器物理位置。

snmp-agent sys-info contact Mr. Wang-Tel:21657

snmp-agent sys-info location telephone-closet,2rd-floor

5）配置 NMS

在网管站中安装华为网管软件 iManager N2000 DMS（Datacomm network Management System,数通网络管理系统）组合包,并在网管软件中进行 SNMP 协议的配置,之后就可以实现对路由器的管理。

6）查看告警信息

当有告警信息产生时,执行命令 display trapbuffer 查看告警信息。

2.4.5　接口配置

2.4.5.1　接口基础配置

在配置接口工作方式和路由等高级配置前,需要对接口进行基础配置。接口的基础配置包括进入接口、配置接口描述信息、启动和关闭接口、配置接口 Up/Down 响应抑制时间等。

1. 进入接口视图

与接口有关的各种命令都必须在相应的接口视图下使用,对接口进行基本配置前,需要进入接口视图。

1) 建立配置任务

进入接口前,需准备以下数据:

(1) 接口类型。

(2) 接口编号。

2) 操作步骤

interface interface-type interface-number

命令参数说明:

interface-type 为接口类型。

interface-number 为接口编号。

2. 查看接口下所有命令及配置接口描述

维护的接口较多时,需要对接口进行描述,以便能够准确快速地识别接口,便于管理。操作命令如下:

Interface interface-typeinterface-number

description interface-description

命令参数说明:

interface-description 为接口的描述信息,字符串长度范围是 1~242。

1) 检查配置结果

display interface description

2) 配置示例

display interface description GigabitEthernet2/0/2

3. 启动/关闭接口及配置接口响应抑制时间

1) 启动/关闭接口

物理接口闲置没有连接电缆时,可关闭该接口,以防止由于干扰导致接口异常;需要使用关闭的接口时,启动相应的接口。缺省情况下,接口处于打开状态。

Interface interface-typeinterface-number

shutdown

undo shutdown

2) 配置接口 Up/Down 响应抑制时间

为避免由于接口状态频繁变化而引起的震荡,当接口状态发生变化时,系统会在接口状态变化后的一段间隔后,才响应接口的状态变化,这段时间间隔就是接口 Up/Down 响应抑制时间。

（1）建立配置任务。在配置接口响应抑制之前,需要准备以下数据：

① 接口类型和接口编号。

② 接口 Up/Down 响应抑制时间间隔。

（2）操作步骤。

Interface interface-typeinterface-number

carrier up-hold-time interval

carrier down-hold-time interval

命令参数说明：

interval 为接口状态变化响应抑制时间,整数形式,单位为 ms,取值范围是 0~86400000。

（3）检查配置结果。

display current-configuration [[interface-type [interface-number] | **slot** slot-id [**card** card-number]]

（4）配置示例。查看到配置的接口 Up/Down 响应抑制时间。

display current-configuration interface GigabitEthernet 1/0/0

4. 配置接口流量统计时间间隔

当需要设置统计接口流量的时间间隔,以方便用户统计接口流量和速率时,可以通过配置接口流量统计功能,设置接口的时间间隔。

在系统视图和接口视图下都可以配置接口流量统计时间间隔,从而实现灵活统计全部接口或部分接口的流量速率。

1）建立配置任务

在配置接口流量统计之前,需要准备以下数据：

（1）接口类型和接口编号。

（2）接口流量统计时间间隔。

2）操作步骤

subinterface traffic-statistics enable

set flow-stat interval interval

interface interface-typeinterface-number

subinterface traffic-statistics enable

set flow-stat interval interval

命令参数说明：

缺省情况下,主接口具有流量统计功能。对于逻辑接口 VLANIF,需要在 VLAN 视图下,执行命令 statistic enable,使能接口流量统计功能。

新的时间间隔将在原时间间隔超时后生效,流量显示将在新的时间间隔生效后第二个周期更新。

3) 检查配置结果

display current-configuration configuration system
display interface [interface-type [interface-number]]

4) 配置示例

(1) 查看接口的入/出方向的流量统计数值。

display interface gigabitethernet 2/0/1.1

(2) 查看配置的接口流量统计时间间隔。

display current-configuration configuration system

(3) 查看成功配置全局接口流量统计时间间隔后,间隔是默认值的所有接口统计流量的时间间隔都变为全局接口流量统计时间间隔。

display interface Eth-Trunk

5. 配置接口告警功能

当链路上产生大量的错误告警时,系统会因处理各种告警而降低性能。通过设置告警阈值,系统只有在超过阈值后才会产生告警信息,然后采取必要的故障处理措施,保证正常业务流量传输。

1) 建立配置任务

在配置接口告警功能之前,需要准备以下数据:

(1) 接口类型和接口编号。

(2) CRC、SDH、Input-rate 和 Output-rate 四类告警的门限值。

2) 配置命令

snmp-agent trap enable port { crc-error | sdh-error | input-rate | output-rate | broad-cast-threshold }
interface interface-type interface-number
trap-threshold crc-error threshold **interval-second** interval-value
trap-threshold sdh-error threshold interval-second interval-value
trap-threshold input-rate ratio
trap-threshold output-rate ratio

命令参数说明:

如果使能接口 CRC 错误阈值告警,设置阈值告警类型为 crc-error。如果使能接口 SDH 错误阈值告警,设置阈值告警类型为 sdh-error。如果使能接口输入带宽利用率阈值告警,设置阈值告警类型为 input-rate。如果使能接口输出带宽利用率阈值告警,设置阈值告警类型为 output-rate。如果使能接口广播抑制告警,设置告警类型为 broadcast-threshold。

支持以上所有阈值告警功能的接口类型有 ATM、POS、10G-WAN 接口。支持 input-rate 和 output-rate 阈值告警功能的接口类型有 ATM、POS、10G-WAN、Ethernet 和 GE。

threshold 是 CRC 错误告警阈值的门限值,值为整数形式,取值范围是 1~65535。interval-value 是错误告警的时间间隔,其值为整数形式,取值范围是 1~65535。

ratio 是带宽利用率的阈值。其值为整数形式,取值范围是 1~100。

缺省情况下,CRC 错误告警的门限值为 3,产生错误告警的时间间隔值为 10s;SDH 错误告警的门限值为 3,产生错误告警的时间间隔值为 10s;input-rate 输入带宽利用率为 100;output-rate 输出带宽利用率为 100。

3）检查配置结果

display current-configuration[[interface-type [interface-number] | **slot** slot-id [**card** card-number]]

4）配置示例

（1）查看 POS6/0/0 接口的 crc-error、sdh-error、input-rate 和 output-rate 四类告警的门限值。

display current-configuration interface pos 6/0/0

（2）查看 GigabitEthernet3/0/0 接口的 input-rate 和 output-rate 两类告警的门限值。

display current-configuration interface GigabitEthernet3/0/0

6. 配置维护接口基础

（1）维护接口的基础配置主要包括清除统计信息、监控接口信息、调试接口等。

（2）清除统计信息。当需要清除网管或命令 display interface 显示的接口统计信息时,可以在用户视图下选择执行以下命令,通过清除接口的统计信息使接口重新开始统计流量。

reset counters interface [interface-type [interface-number]]
reset counters if-mib interface [interface-type [interface-number]]
reset counters if-mib interface [interface-type [interface-number]]

reset cpu-packet statistics interface interface-type interface-number **pvc** vpi/vci

reset cpu-packet statistics interface interface-type interface-number **vlan** vlan-id

reset cpu-packet statistics slot { **all** |slot-id }

（3）监控接口信息。查看接口当前的状态信息和描述信息，以及收发报文的统计信息。

display interface [interface-type [interface-number] | **slot** slot-number] [| { **begin** | **exclude** | **include** } regular-expression]

display interface-statistics { interface-type interface-number } **&<1-5>** [**interval** interval] [**times** times]

display interface brief [| { **begin** | **include** | **exclude** } regular-expression]

display ip interface [interface-type interface-number]

display ip interface brief [interface-type [interface-number]]

display ip interface brief [**slot** slot-number [**card** card-number]]

display ip interface brief [**ip-configured** [**except** interface-type]]

display cpu-packet statistics slot { **all** |slot-number }

display cpu-packet statistics interface interface-type interface-number **all**

display cpu-packet statistics interface interface-type interface-number **pvc** vpi/vci

display cpu-packet statistics interface interface-type interface-number **vlan** vlan-id

（4）调试接口。在出现接口运行故障时，在用户视图下执行 debugging 命令对接口进行调试，查看调试信息，并定位故障原因。

2.4.5.2　以太网接口配置

以太网电接口有半双工和全双工两种工作方式，具有自协商模式，可以与其他网络设备协商确定工作方式和速率，自动选择最合适的工作方式和速率，从而简化系统的配置和管理。GE/FE 光电接口可以根据网络环境，通过在接口上插接 GE 光模块，支持 GE 光接口特性；通过在单板上插接 FE 光模块，支持 FE 光接口特性；也可以通过在单板使用电接口模块，支持 10M/100M/1000M 自适应电接口特性。

1. 配置以太网接口模式与速率

1）配置以太网接口工作模式

以太网光接口只能工作在全双工模式下。与 Hub 相连时，以太网电接口应选择工作在半双工方式下（因为 Hub 只能工作在半双工方式下）；与交换式 LAN Switch 相连时，以太网电接口可以选择工作在全双工或半双工方式。配置时注意与对端设备的模式相同。对于 GE 电接口，工作速率 1000Mb/s 与半双工模式是互斥的，不能同时配置。GE 电接口，自协商模式使能，工作速率在 1000Mb/s 的情况下，不能配置单、双工模式，也不能取消自协商模式。GE 电接口，工作速率在 10Mb/s 或 100Mb/s 的情况下,可以配置单双工模式和自协商模式。如果 GE 光接口使能自动协商,那么链路两端必须同时处于自动协商模式下。

Interface interface-type interface-number
duplex { **full** | **half** | **auto** }

命令参数说明:

full 表示全双工模式,half 表示半双工模式,auto 表示自适应模式。

2)配置以太网接口自协商功能

接口的自协商模式是接口根据另一端设备的连接速度和双工模式,自动把它的速度调节到最高的工作水平,即线路两端能具有的最快速度和双工模式,自协商模式需要与对端设备接口保持一致。

Interface interface-typeinterface-number
negotiation

3)配置以太网电接口网线类型

电接口可识别的网线类型可以分为交叉网线和直通网线两种,通过设置接口网线类型,适应连接不同网线。

Interface interface-typeinterface-number
mdi { **across** | **auto** | **normal** }

命令参数说明:

across 表示接口可识别交叉网线;normal 表示接口可识别直通网线;auto 表示自动识别网线,即与该接口实际连接的网线类型既可以使用直通网线也可以使用交叉网线。缺省情况下,以太网电接口自动识别所连接网线的类型。

4)配置以太网电接口速率

以太网光接口不需要配置速率,只有以太网电接口可配置接口速率。

interface { **ethernet** | **gigabitethernet** }interface-number
speed { **10** | **100** | **auto** }

命令参数说明:

缺省情况下,当以太网接口工作在非自协商模式时,它的速率为接口支持的最大速率。当以太网接口配置速率与其默认速率不同时,会自动取消自协商模式。

2. 配置以太网接口最大帧长及最大传输单元

1)配置以太网接口二层允许通过的最大帧长

interface interface-typeinterface-number
jumboframe enable [value]

命令参数说明：

value 为允许通过以太网接口的最大帧长,缺省情况下系统允许最大长度为 9216B 的帧通过以太网接口。

2）配置以太网接口最大输单元

最大传输单元(Maximum Transmission Unit, MTU)是指以太网接口三层所能通过的最大数据包大小。

```
Interface interface-type interface-number(路由器)
interface vlanif vlan-id(交换机)
mtu mtu
```

命令参数说明：

MTU 单位为 B,以太网接口 MTU 的取值范围与具体设备有关,缺省值均为 1500。VLANIF 接口 MTU 的取值范围为 128~9216。

3. 查询以太网接口配置

```
display ip interface brief gigabitethernet 1/1/0
                //查看接口的物理状态和链路协议状态
display interface gigabitethernet 1/1/0
                //查看接口 IP 地址、子网掩码的配置情况
```

4. 配置以太网接口二层模式

1）配置以太网接口二层模式与三层模式切换

以太网接口可以工作在两种模式:路由式接口模式(三层模式)和交换式接口模式(二层模式)。缺省情况下,路由器、交换机的以太网接口均工作在三层模式。可通过配置切换两种工作模式。

```
interface interface-type interface-number
port switch
undo port switch
```

2）配置以太网接口的二层链路类型

以太网接口的二层链路类型包括 Access、Trunk、Hybrid 和 dot1q-tunnel。

Access:该接口只能属于 1 个 VLAN,一般用于连接计算机。

Trunk:该接口可以属于多个 VLAN,可以接收和发送多个 VLAN 报文,一般用于交换机与路由器之间,或路由器之间的连接。

Hybrid:该接口可以属于多个 VLAN,可以接收和发送多个 VLAN 报文,可以用于交换机与路由器之间,或路由器之间连接,也可以用来连接用户的计算机。

dot1q-tunnel:该接口使能了 Q-in-Q 功能。

Hybrid 接口和 Trunk 接口的不同之处：Hybrid 接口可以允许多个 VLAN 报文发送时不打标签，而 Trunk 接口只允许缺省 VLAN 报文发送时不打标签。

port switch

port link-type｜ access｜hybrid｜trunk｜dot1q-tunnel｜

3）配置以太网接口 802.1p 优先级

在 VLAN Tag 字段中有三个比特用于表示报文的 802.1p 的优先级，可以实现基于 802.1p 优先级控制。

port switch

port priority priority-value

命令参数说明：

priority-value 为整数形式，取值范围为 0~7，缺省情况下，接口的 802.1p 优先级为 0。

5. 配置以太网接口隔离、环回等功能

1）以太网接口环回功能配置

进行某些检查测试时，需要配置以太网接口的环回功能。

loopback internal

命令参数说明：

缺省情况下，以太网接口环回功能处于关闭状态。

2）配置以太网接口重启最小时间间隔

shutdown interval interval-value

命令参数说明：

缺省情况下，接口关闭和启动的最小时间间隔为 0s。

3）配置以太网接口端口组

port-group port-group-name

group-member interface-type interface-number

4）使能流量控制

flow-control

命令参数说明：

缺省情况下，以太网接口的流量控制开关处于关闭状态。对端设备接口也需要打开流量控制开关才能实现流量控制。

5）使能流量控制自协商功能

千兆以太网接口支持流量控制自协商功能，快速以太网接口不支持此功能。

```
interface gigabitethernet interface-number
flow-control negotiation
```

命令参数说明：

缺省情况下，以太网接口的流量控制自协商功能处于关闭状态。对端设备接口也需要配置流量控制自协商才能实现流量控制自协商功能。

6）使能端口隔离功能

端口隔离可以实现同一 VLAN 内不同端口报文之间的二层隔离。

```
port-isolate mode { l2 | all }
interface interface-type interface-number
port-isolate enable [ group group-id ]
am isolate interface-type interface-number [ to interface-number ]
```

命令参数说明：

（1）缺省情况下，端口隔离模式为二层隔离、三层互通。

（2）同一端口隔离组的端口之间互相隔离，不同端口隔离组的端口之间不隔离。如果不指定 group-id 参数时，默认加入的端口隔离组为 1。

（3）接口 A 配置与接口 B 单向隔离，即接口 A 发送的报文不能到达接口 B，但从接口 B 发送的报文可以到达接口 A。

7）使能电缆检测功能

电缆检测功能可用于检测接口所连的电缆是否存在故障。当电缆状态正常时，检测信息中的长度是指该电缆的总长度。当电缆状态非正常时，检测信息中的长度是指从本端口到故障位置的长度。

```
virtual-cable-test
```

命令参数说明：

测试结果不能保证对所有厂商生产的网线都准确，测试结果仅供参考。执行本命令时，可能会在短时间内影响该接口的业务正常使用。建议将对端端口关闭或拔掉对端端口的网线，以免对端信号对测试结果产生影响。

8）配置接口的 Link-flap 保护功能

网线故障或主备倒换等问题会引起接口状态频繁 Up/Down 变化，从而导致网络拓扑结构的频繁变化。如果接口配置了某些二层协议（如 STP 协议），端口将会发送 TC 协议报文来更新 ARP 表项，如果 ARP 表项更新不够及时，会导致用户网络业务中断，影响用户通信。

配置接口的 Link-flap 保护功能能解决此问题。配置该功能后，设备在收到端口 Up/Down 消息时，查看端口振荡的次数和间隔时间，在指定时间内 Up/

Down 振荡次数达到了设定值时,将该端口关闭,以保护网络正常。使能该功能后,默认 10s 接口状态变化 5 次,接口就会被关闭。

```
interface interface-type interface-number
port link-flap protection enable
port link-flap interval interval-value
port link-flap threshold threshold-value
```

命令参数说明:

(1) 缺省情况下,没有使能接口的 Link-flap 保护功能;缺省情况下,接口的 Link-flap 检测时间为 10s;缺省情况下,接口的 Link-flap 振荡次数为 5 次。

(2) 默认情况下,接口被关闭后不会自动恢复,只能由网络管理人员使用 undo shutdown 命令手动恢复。如果用户希望被关闭的接口可以自动恢复,则可以通过在系统视图下执行 error-down auto-recovery cause link-flap 命令使能接口状态自动恢复为 Up 的功能,并设置接口自动恢复为 Up 的延时时间,使被关闭的接口经过延时时间后能够自动恢复。

2.4.5.3　IP 性能配置

1. 配置接口 IP 地址

为使接口运行 IP 业务,需要为接口配置 IP 地址。路由器或交换机的每个接口可以配置多个 IP 地址,其中一个为主 IP 地址,其余为从 IP 地址。一般情况下,一个接口只需配置一个主 IP 地址,但特殊情况下需要配置从 IP 地址。例如,一台终端通过一个接口连接了一个物理网络,但该物理网络的所有终端分别属于 2 个不同的 C 类网络,为与网络中所有终端通信,就需要在该接口上配置一个主 IP 地址和一个从 IP 地址。

航天测控通信网属于独立专网,IP 地址规划采用无差别域间路由(Classless Inter-Domain Routing,CIDR)方法,未使用自然掩码(Natural Mask),不存在 A~E 的自然网络分类。

1) 建立配置任务

在配置接口的 IP 地址之前,需准备以下数据:

(1) 接口的编号。

(2) 接口的主 IP 地址和子网掩码。

(3) (可选)接口的从 IP 地址和子网掩码。

2) 配置命令

```
interface interface-type interface-number
ip addressip-address { mask | mask-length }
ip addressip-address { mask | mask-length } sub
```

命令参数说明：

一个接口只能有一个主 IP 地址,当配置主 IP 地址时,如果接口上已经有主 IP 地址,则原主 IP 地址被删除,新配置的地址成为主 IP 地址。

配置接口的从 IP 地址的操作是可选的操作。

3）检查配置结果

display ip interface ［ brief ］［ interface-type ［ interface-number ］］
display interface ［ interface-type ［ interface-number ］］

2. 配置接口通过协商获得 IP 地址

网络之间通过 PPP 链路连接时,采用 PPP 方式接入的用户,可以利用 PPP 协议的地址协商功能,客户端的接口通过协商从服务器端获得 IP 地址。

1）建立配置任务

在配置接口通过协商获得 IP 地址之前,需准备以下数据：

（1）服务器端与客户端连接的接口编号。

（2）服务器端地址池的编号或为客户端分配的 IP 地址。

（3）在使用地址池时需要确定地址池的 IP 地址范围。

（4）客户端与服务器端连接的接口编号。

2）操作步骤

（1）在服务器端配置协商获得 IP 地址。在服务器端指定一个地址池或一个 IP 地址后,可以为客户端分配 IP 地址。

aaa
ip pool pool-number start-address ［ end-address ］
quit
interface interface-type interface-number
remote address ｜ ip-address ｜ pool ［ pool-number ］｝
restart

命令参数说明：

① 在只有一个客户端的情况下,可以不必配置地址池,而直接为客户端分配指定的 IP 地址。

② pool-number 为指定地址池编号,整数形式,取值范围是 0~99。start-address 指定地址池的起始 IP 地址。end-address 指定地址池的结束 IP 地址。如果在定义 IP 地址池时不指定结束 IP 地址,则该地址池中只有一个 IP 地址,即起始 IP 地址。

③ 接口通过协商自动获得 IP 地址的功能只可用于 PPP 封装的接口。

④ 如果服务器端对客户端进行认证,则缺省从客户所属域的地址池中分配

地址。如果服务器端不对客户端进行认证,但需要为客户端分配 IP 地址,则从系统地址池中分配地址。为对端分配的 IP 地址或地址池不能与本地路由器或交换机的 IP 地址冲突。

(2) 在客户端配置协商获得 IP 地址。在客户端使能接口的 IP 地址可协商功能后,客户端可以从服务器端获得 IP 地址。

> **interface** interface-type interface-number
> **ip address** ppp-negotiate

命令参数说明:

若接口封装了 PPP,本端接口还未配置 IP 地址而对端已有 IP 地址时,可为本端接口使能接口的 IP 地址协商功能,使本端接口接受 PPP 协商产生的由对端分配的 IP 地址。

在配置接口通过协商获得 IP 地址时,有以下几点需要注意:

① 因为 PPP 支持 IP 地址的协商,所以只有当接口封装了 PPP 时,才能设置接口 IP 地址的协商,当 PPP 协议状态为 Down 时,协商产生的 IP 地址将被删除。

② 配置接口 IP 地址协商后,不需再给该接口配 IP 地址,IP 地址由协商获得。若接口原来配有地址,原 IP 地址将被删除。

③ 配置接口 IP 地址协商后,不能再为该接口配置从 IP 地址。

④ 配置接口 IP 地址协商后,再次配置该接口协商,原协商产生的 IP 地址将被删除,接口再次协商获得 IP 地址。

⑤ 在协商地址被删除后,接口将处于无地址状态。

3. 配置接口借用 IP 地址

IP 地址借用就是在本接口没有 IP 地址的情况下,可以通过借用其他接口的 IP 地址获得 IP 地址。在有些应用环境下,为了节约 IP 地址资源,需要配置某个接口借用其他接口的 IP 地址。有时某个接口只是偶尔使用,这种情况也可配置该接口借用其他接口的 IP 地址,而不必让其一直占用一个单独的 IP 地址。

在配置接口借用 IP 地址时,借用方不能为以太网接口;被借用方接口的地址本身不能为借用来的地址;被借用方的地址可以借给多个接口;如果被借用接口有多个 IP 地址,则只能借用主 IP 地址;如果被借用接口没有配置 IP 地址,则接口借用到的 IP 地址为 0.0.0.0;虚拟的 Loopback 接口的 IP 地址可被其他接口借用,但 Loopback 接口不能借用其他接口的地址。

1) 建立配置任务

在配置接口借用 IP 地址之前,需准备以下数据:

(1) 被借用接口的编号及其 IP 地址和掩码。

（2）借用接口的编号。

2）操作步骤

```
interface vlanif vlan-id
ip address ip-address { mask | mask-length }
interface tunnel interface-number
ip address unnumbered interface interface-type interface-number
```

命令参数说明：

（1）配置接口的主 IP 地址除了使用 ip address 命令外，也可以是通过协商获得的 IP 地址。

（2）封装了 PPP、HDLC、帧中继的接口以及 ATM 接口、Tunnel 接口可借用以太网口或其他接口的 IP 地址。

4. 配置出接口 IP 报文强制分片功能及 ICMP 属性

1）配置出接口 IP 报文强制分片功能

可通过配置对出接口的 IP 报文进行强制分片。

```
vlan vlan-id
quit
interface vlanif vlan-id
clear ip df
```

命令参数说明：

清除 DF 的功能对从接口发出的报文有效，因此需在发送报文的接口上进行配置；缺省情况下，接口不对出方向的 IP 报文进行强制分片。

2）配置 ICMP 属性

通过控制 ICMP 报文接收功能和发送功能，可以防止针对 ICMP 报文的攻击。缺省情况下，系统 ICMP 报文接收功能、ICMP 重定向报文发送功能和系统 ICMP 主机不可达报文发送功能是打开的，而接口板 FibMiss 报文上送功能、ping 快回功能是关闭的。

只有 fib-miss-report enable 和 icmp host-unreachable send 同时使能，系统才能发送 ICMP 主机不可达报文。如果关闭 ICMP 主机不可达报文发送功能，则在任何情况下都不会再发出 ICMP 主机不可达报文。

若关闭系统接收 ICMP 报文功能，则在任何情况下都不会接收 ICMP 报文。

```
icmp receive
fib-miss-report enable
icmp-reply fast
icmp ttl-exceeded drop { slot slot-id | all }
```

> **icmp with-options drop** ｛ slot slot–id ｜ all ｝
> **icmp unreachable drop**
> **icmp port-unreachable send**
> **icmp host-unreachable send**
> **interface** interface–type interface–number
> **interface vlanif** vlan–id
> **icmp redirect send**
> **icmp host-unreachable send**

命令参数说明：

（1）使能 ping 快回功能后，以下三种情况下都会快速应答 ICMP Echo 报文：设备上没有到 ping 发起端的 ARP 时也能快速应答 ICMP Echo 报文，但是不能触发设备学习 ping 发起端的 ARP；设备上没有到发起端的路由表项；设备收到的 ICMP Echo 报文校验和错误。

（2）icmp host–unreachable send（系统视图）和 icmp host–unreachable send（接口视图）的关系如下：

① 当在系统视图下使能 ICMP 主机不可达报文的发送功能时，所有接口的 ICMP 主机不可达报文的发送功能都被关闭。即使在接口视图下使能了该功能，该接口也不会向外发送 ICMP 主机不可达报文。

② 当在系统视图下使能 ICMP 主机不可达报文的发送功能时，因为接口的 ICMP 主机不可达报文的发送功能默认是使能状态，所以所有接口都可以向外发送 ICMP 主机不可达报文。这时可以通过 undo icmp host–unreachable send（接口视图）命令关闭指定接口的 ICMP 主机不可达报文的发送功能。

5. 配置 TCP 属性

可以配置的 TCP 属性包括：

（1）通过设置两个 TCP 定时器，可以控制 TCP 的连接时间。

① SYN–Wait 定时器：当发送 SYN 报文时，TCP 启动 SYN–Wait 定时器，若 SYN–Wait 超时前未收到回应报文，则 TCP 连接将被终止。

② FIN–Wait 定时器：当 TCP 的连接状态由 FIN_WAIT_1 变为 FIN_WAIT_2 时启动 FIN–Wait 定时器，若 FIN–Wait 定时器超时前仍未收到 FIN 报文，则 TCP 连接被终止。

（2）通过配置 TCP 的滑动窗口的大小，可以配置 TCP 的 Socket 接收和发送缓冲区的大小 window–size，提高网络的性能。

如果在系统视图下多次配置 TCP 的各个属性，只有最后一次配置生效。

1）配置命令

tcp timer syn-timeout interval
tcp timer fin-timeout interval
tcp window window-size

2）检查配置结果

display tcp status [[**task-id** task-id] [**socket-id** socket-id] | [**local-ip** ipv4-address] [**local-port** local-port-number] [**remote-ip** ipv4-address] [**remote-port** remote-port-number]]
display tcp statistics

3）配置示例

```
display tcp status          //查看 TCP 连接状态信息
display tcp statistics       //查看 TCP 流量统计信息
```

6. 配置 IP 报文转发的负载分担方式

IP 报文转发的负载分担方式分为等价负载分担和非等价负载分担两种。等价负载分担(Equal Cost Multiple Path,ECMP),是指如果到达目的地有多条等价路径,则流量在这些等价路径上平均分配,不会考虑链路带宽的差异。这容易使带宽较小的路径造成拥塞。非等价负载分担(Unequal Cost Multiple Path,UCMP),是指如果到达目的地有多条带宽不同的等价链路,则流量会根据带宽按比例分担到每条链路上。这样,所有链路可根据带宽不同而分担不同比例的流量,使负载分担更合理。

当按流 flow 进行负载分担时,进行报文转发会根据报文的协议类型、源 IP 地址及掩码、目的 IP 地址及掩码、源端口范围和目的端口范围等采用 Hash 算法计算出一个值,根据这个值选择一条链路进行转发。当按包 packet 进行负载分担时,转发的报文会从多条链路中按包选择不同链路进行转发。缺省情况下,IP 报文转发按流 flow 进行负载分担。

1）建立配置任务
在配置 IP 报文转发的负载分担之前,需准备以下数据:
（1）接口的类型编号。
（2）接口的 IP 地址和子网掩码。
2）配置命令

load-balance { flow | packet } [all | slot slot-id]
load-balance ip-enhance { all | slot slot-id }
interface interface-type interface-number
load-balance unequal-cost enable

shutdown、undo shutdown

load-balance unequal-cost enable

命令参数说明：

（1）flow 表示 IP 报文转发按流进行负载分担,packet 表示 IP 报文转发按包进行负载分担。

（2）执行 load-balance ip-enhance 命令后,设备所有接口板按照 IP 报文的五元组(协议类型、源 IP 地址、目的 IP 地址、源端口、目的端口),对接收到的报文进行负载分担。若不使能该命令,设备按照 IP 报文的四元组(源 IP 地址、目的 IP 地址、源端口、目的端口),对接收到的报文进行逐流负载分担。

（3）当出接口为 MP 接口时,不能通过命令 load-balance ip-enhance ｛ all ｜ slot slot-id ｝来配置逐包负载分担,此时需要通过策略路由来实现此功能。

（4）如果到达目的地有多条带宽不同的等价物理链路,则流量会根据带宽按比例分担到每条物理链路上。这样所有链路可根据带宽不同而分担不同比例的流量,使负载分担更合理。由于接口使能非等价负载分担之后要 shutdown 和 undo shutdown 接口,会使流量中断。因此通常情况下使用全局非等价负载分担。

（5）只有在设备上到达同一目标地址的所有等价路由的出接口上都使能了 UCMP 功能,且触发了 FIB 表项重新下刷,各链路才可以实现接口非等价负载分担。如果其中任一接口没有使能 UCMP 功能,即使触发了 FIB 表项重新下刷,各链路仍进行等价负载分担。接口非等价负载分担只支持基于物理主接口的配置,不支持基于全局和逻辑接口的配置。

（6）通过命令行在物理接口上使能/去使能 UCMP 功能,并不立即触发路由或 FIB 重新下刷。只有 FIB 重新下刷后,UCMP 配置才能生效。

（7）可通过重启本设备中已经改变了非等价负载分担配置(使能/去使能)的任一接口来触发路由重新计算,FIB 表项重新下刷,从而使 UCMP 配置生效。

（8）重新启动接口只是触发 FIB 表项重新下刷的一种方法,还可以通过改变接口的 IP 地址等方式触发 FIB 表项重新下刷,从而使 UCMP 配置生效。

（9）如果到达目的地有多条带宽不同的等价物理链路,则流量会根据带宽按比例分担到每条物理链路上。这样,所有链路可根据带宽不同而分担不同比例的流量,使负载分担更合理。使能全局负载分担之后,不需要关闭和重启接口,因此不会产生流量中断。

（10）默认情况下,系统不使能全局非等价负载分担功能。

（11）支持非等价负载分担功能的接口有 Ethernet 接口、GigabitEthernet 接口、POS 接口、IP-Trunk 接口、ATM 接口、Serial 接口、MP 接口、Eth-trunk 接口、

TE Tunnel 接口。对于 TE Tunnel 接口,在使能 UCMP 功能后,带宽值不能从 0 变为其他,或者由其他变为 0,但可以是其他非零值之间的变化。为了防止用户不断进行功能启动、关闭,从而对设备产生严重影响,启动和关闭非等值负载分担功能的配置间隔不得小于 5min。

3）检查配置结果

```
display fib [ slot-id ]
display fib acl acl-number [ verbose ]
display fib [ slot-id ] destination-address1 [ desinationt-mask1 ] [ longer ] [ verbose ]
display fib [ slot-id ] destination-address1 destination-mask1 destination-address2 desti-
nation-mask2 [ verbose ]
display fib ip-prefix prefix-name [ verbose ]
display fib interface interface-type interface-number
display fib next-hop ip-address
display fib [ slot-id ] statistics
display fib [ slot-id ]
```

4）配置示例

查看转发信息表摘要信息。

```
display fib
display fib acl 2010
```

7. 清除 IP 性能统计信息

可在用户视图下执行 reset 命令清除 IP 性能统计信息,清除 IP/TCP/UDP 的统计信息后,以前的统计信息将无法恢复。

```
reset ip statistics [ interface interface-type interface-number | slot slot-id ]
reset ip socket monitor [ task-id task-id socket-id socket-id ]
reset tcp statistics
reset udp statistics
reset rawlink statistics
reset rawip statistics
```

第3章
航天测控通信系统路由技术

➤ 3.1 路由

3.1.1 概述

路由是指导 IP 数据包发送的路径信息,即路由器从一个接口上收到数据包,根据数据包的目的地址定向转发到另一个接口的过程。路由器提供了网络互联的机制,实现将一个数据包从一个网络发送到另一个网络的目的。

网络中路由器进行路由选择时,根据所收数据报头的目的地址选择一个合适的路径(通过某一个网络),将数据包传送到下一个路由器,路径上最末端路由器负责将数据包送至目的主机。常用的路由类型有静态路由、默认路由和动态路由三种。

1. 静态路由

以手工方式将路由添加到每台路由器的路由表中的方式就是静态路由。当网络的拓扑结构或链路状态发生变化时,网络管理员需要手工修改路由表相关的静态路由信息。在组网结构比较简单的网络中,只需配置静态路由就可以使路由器正常工作,使用静态路由可以改进网络的性能,并可为重要的应用保证带宽。

静态路由优点是对设备性能的消耗低、转发效率高、安全性好、不占用网络带宽,缺点是操作维护量大、对复杂网络环境适应性低。在航天测控通信网中,主要配置于网络拓扑结构相对简单、带宽资源有限的广域链路中。静态路由配置如下:

ip route-static ip-address | mask | mask-length | [interface-type interface-number]
[nexthop-address] [preference value] [reject | blackhole] [tag tag-value] [de-
scription string]

undo ip route-static ip-address ｜ mask ｜ mask-length ｝ ［ interface-name ］［ nexthop-address ］［ preference value ］

命令参数说明：

（1）ip-address：目的 IP 地址,用点分十进制格式表示;mask：掩码;mask-length：掩码长度。由于要求 32 位掩码中的"1"必须是连续的,因此点分十进制格式的掩码也可以用掩码长度 mask-length 来代替(掩码长度是掩码中连续"1"的位数)。

（2）interface-type interface-number：指定该静态路由的出接口类型及接口号。

（3）nexthop-address：指定该静态路由的下一跳 IP 地址(点分十进制格式)。

（4）preference-value：为该静态路由的优先级别,范围 1~255;到同一目的地址、下一跳相同、preference 不同的两条静态路由是两条完全不同的路由,系统会优先选择 preference 值小(即优先级较高)的作为当前路由,在配置静态路由时如果不指定优先级,则缺省为 60。对优先级的不同配置,可以灵活应用路由管理策略。例如,配置到达相同目的地的多条路由,如果指定相同优先级,则可实现负载分担,如果指定不同优先级,则可实现路由备份。

（5）undo ip route-static 命令可以删除到同一目的地址、下一跳相同的所有静态路由,而 undo ip route-static preference 命令可以删除指定 preference 的静态路由。

（6）reject：指明为不可达路由;blackhole：指明为黑洞路由。如果没有指明 reject 或 blackhole,则缺省为可达路由。

（7）当目的 IP 地址和掩码均为 0.0.0.0 时,就是缺省路由。查找路由表失败后,根据缺省路由进行包的转发。

（8）在配置静态路由时,可指定发送接口,也可指定下一跳地址,具体采用哪种方法,需要根据实际情况而定。对于支持网络地址到链路层地址解析的接口或点到点接口,可以指定发送接口,也可以指定下一跳地址;对于 NBMA 接口,如封装 X.25 或帧中继的接口、拨号口等,支持点到多点,这时除了配置 IP 路由外,还需在链路层建立二次路由,即 IP 地址到链路层地址的映射,这种情况下配置静态路由不能指定发送接口,应配置下一跳 IP 地址。

（9）在某些情况下(如链路层封装 PPP),配置路由器的时候可能根本就不知道对端地址,这时可以指定发送接口;在指定发送接口后,当对端地址更改时此路由器的配置就不需要修改了。

（10）tag tag-value：静态路由 tag 值,用于路由策略。

（11）description string：静态路由描述信息。

删除全部静态路由命令如下：

delete static-routes all

使用此命令可以删除配置的全部静态路由，包括缺省路由。

2. 默认路由

默认路由也称为缺省路由，它也是一种静态路由。简单地说，缺省路由就是在没有找到匹配的路由表入口项时才使用的路由。即仅当没有合适的路由时，缺省路由才被使用。在路由表中，缺省路由以到网络 0.0.0.0(掩码为 0.0.0.0)的路由形式出现。如果报文的目的地址不能与路由表的任何入口项相匹配，那么该报文将选取缺省路由。如果没有缺省路由且报文的目的地址不在路由表中，那么该报文被丢弃。默认路由配置如下：

ip route-static 0.0.0.0 { 0.0.0.0 | 0 } { interface-type interface-number | nexthop-address } [preference value] [tag tag-value] [description string]

undo ip route-static 0.0.0.0 { 0.0.0.0 | 0 } { interface-type　interface-number | nexthop-address } [preference value]

3. 动态路由

动态路由使用协议查找网络并更新路由表的配置，它需要占用较多的路由器 CPU 处理时间和网络连接带宽。

在航天测控通信网中，主要使用静态路由和动态路由两种路由机制。其中，远端站的汇聚交换机与中心核心交换机之间采用静态路由机制；中心核心交换机内侧与远端站汇聚交换机内侧，均采用了开放最短路径优先协议（Open Shortest Path First，OSPF）的动态路由机制。

3.1.2　路由表

路由器通过路由表转发数据包。每个路由器中都保存着一张路由表，表中每条路由项都指明了数据包到达某子网或主机选择的路由器物理出口，即转发路径中的下一个地址。路由表中包含了下列关键项：

（1）目的地址（Destination）：标识 IP 包的目的地址或目的网络。

（2）网络掩码（Mask）：与目的地址共同标识目的主机或路由器所在网段的 IP 地址。将目的地址和网络掩码"逻辑与"后可得到目的主机或路由器所在网段的地址。例如，目的地址为 8.1.1.100，掩码为 255.0.0.0 的主机或路由器所在网段的地址为 8.0.0.0。掩码由若干个连续"1"构成，既可以用点分十进制表示，也可以用掩码中连续"1"的个数来表示。

（3）输出接口（Interface）：标识 IP 包应由路由器的哪个端口转发出去。

（4）下一跳 IP 地址（Nexthop）：标识 IP 包转发路径中的下一个路由器接口

地址。

在所有视图下执行 display 命令可以显示配置后静态路由信息,用户可以通过查看显示信息验证配置的效果。

1. 路由表的显示命令

display ip routing-table

display ip routing-table verbose

display ip routing-table ip-address〔 mask 〕〔 longer-match 〕〔 verbose 〕

display ip routing-table ip-address1 mask1 ip-address2 mask2〔 verbose 〕

display ip routing-table acl acl-number〔 verbose 〕

display ip routing-table ip-prefix ip-prefix-number〔 verbose 〕

display ip routing-table protocol protocol〔 inactive ∣ verbose ∣ vpn-instance vpn-instance-name 〕

display ip routing-table radix

display ip routing-table〔 vpn-instance vpn-instance-name 〕 statistics

reset ip routing-table〔 vpn-instance vpn-instance-name 〕 statistics protocol protocol-type

命令参数说明:

(1) display ip routing-table 用来查看路由表的摘要信息。该命令以摘要形式显示路由表信息,每一行代表一条路由,内容包括目的地址/掩码长度、协议、优先级、度量值、下一跳、输出接口。使用 display ip routing-table 命令仅能查看到当前被使用的路由,即最佳路由。

(2) display ip routing-table acl 命令用来查看通过指定基本访问控制列表过滤的路由。此命令主要用于路由策略的跟踪显示,根据所输入的基本访问控制列表编号,显示通过该过滤规则的路由。该命令只适用于查看通过基本访问控制列表过滤规则的路由。acl-number:通过数字引用的基本访问控制列表的编号,取值范围为 2000~2999。verbose:当使用该参数时,显示通过过滤规则的、处于 active 状态和 inactive 状态的路由的详细信息。如果不使用该参数,将只显示通过过滤规则,且处于 active 状态的路由的摘要信息。

(3) display ip routing-table ip-address 命令用来查看指定目的地址的路由信息。ip-address:目的 IP 地址,点分十进制格式。mask:IP 地址掩码,点分十进制格式或以整数形式表示的长度,当用整数时,取值范围为 0~32。longer-match:自然掩码范围内匹配的所有目的地址路由。verbose:当使用该参数时,显示处于 active 状态和 inactive 状态的路由的详细信息;如果不使用该参数,将只显示处于 active 状态的路由的摘要信息。使用不同的可选参数,命令的输出也不相同。

（4）display ip routing-table ip-address1 ip-address2 命令用来查看指定目的地址范围内的路由信息。ip-address1、ip-address2：目的 IP 地址，点分十进制格式。ip-address1 和 ip-address2 共同确定一个地址范围，显示该地址范围内的路由。mask1、mask2：IP 地址掩码，点分十进制格式或以整数形式表示的长度。verbose：当使用该参数时，显示处于 active 状态和 inactive 状态的路由的详细信息。如果不使用该参数，将只显示处于 active 状态的路由的摘要信息。

（5）display ip routing-table ip-prefix 命令用来查看通过指定前缀列表过滤的路由。如果指定的前缀列表不存在，当使用了 verbose 参数时将显示所有 active 及 inactive 路由的详细信息，不使用 verbose 参数则只显示所有 active 路由的摘要信息。ip-prefix-name：前缀列表名称。verbose：当使用该参数时，显示通过过滤规则的、处于 active 状态和 inactive 状态的路由的详细信息。如果不使用该参数，将只显示通过过滤规则且处于 active 状态的路由的摘要信息。

（6）display ip routing-table protocol 命令用来查看指定路由协议的路由信息。protocol：该参数有以下多种可选值：direct 显示直连路由信息，static 显示静态路由信息，bgp 显示 BGP 路由信息，isis 显示 IS-IS 路由信息，ospf 显示 OSPF 路由信息，ospf-ase 显示 OSPF ASE 路由信息，ospf-nssa 显示 OSPF NSSA 路由信息。inactive 显示处于 inactive 状态的路由信息，如果不使用该参数，则显示处于 active 和 inactive 状态的路由信息。verbose：当使用该参数时，显示路由的详细信息，如果不使用该参数，将只显示路由的摘要信息。

（7）display ip routing-table statistics 命令用来查看路由的统计信息，路由的统计信息包括路由总数目，协议添加、删除路由数目、打上 deleted 标志没有删除的路由、active 路由、inactive 路由数目。

（8）display ip routing-table verbose 命令查看路由表的全部详细信息，包括未激活的和无效的路由。当带关键字 verbose 时显示全部路由表的详细信息。先显示用于路由状态描述的符号，然后输出整个路由表的统计数字，最后依次输出每条路由的详细描述。

（9）reset ip routing-table 命令用来清除路由表信息。protocol protocol-type：指定协议类型，包括所有协议，如 BGP、直连路由、ISIS、OSPF、OSPF_ASE、OSPF_NSSA、RIP、静态路由等可选项。

2. 配置示例

```
display ip routing-table              //查看当前路由表的摘要信息
display ip routing-table acl 2001     //查看通过基本访问控制列表 ACL 2001 过滤
                                         的、处于 active 状态的路由的摘要信息
```

display ip routing-table acl 2001 verbose	//查看通过基本访问控制列表 acl2001 过滤的 active 和 inactive 的路由的详细信息
display ip routing-table 169.0.0.0	//在自然掩码范围内有相应路由,查看摘要信息
display ip routing-table 169.253.0.0	//在自然掩码范围内没有相应的路由和摘要信息
display ip routing-table 169.0.0.0 verbose	//在自然掩码范围内有相应路由,查看详细信息
display ip routing-table 169.253.0.0 verbose	//在自然掩码范围内没有相应的路由(只显示最长匹配的路由),查看详细信息
display ip routing-table 1.1.1.0 24 2.2.2.0 24	//查看目的地址从 1.1.1.0 到 2.2.2.0 范围内的路由信息
display ip routing-table ip-prefix abc2	//查看通过前缀列表 abc2 过滤的 active 路由的摘要信息
display ip routing-table ip-prefix abc2 verbose	//查看通过前缀列表 abc2 过滤的 active 和 inactive 路由的详细信息
display ip routing-table protocol direct	//查看所有直连路由的摘要信息
display ip routing-table protocol static	//查看静态路由表
display ip routing-table statistics	//查看路由的统计信息
display ip routing-table verbose	//查看路由表的全部详细信息

3.1.3 路由的优先级及开销

1. 路由的优先级

到达相同的目的地,不同的路由协议可能会发现不同的路由,但并非这些路由都是最优的。事实上,在某一时刻,到达某一目的地的当前路由仅能由唯一的路由协议来决定。各路由协议(包括静态路由)都被赋予了一个优先级,这样,当存在多个路由信息源时,具有较高优先级的路由协议发现的路由将成为最优路由,并被加入路由表中。

华为路由器路由的缺省优先级如表 3-1 所列,数值越小优先级越高。其中,"0"表示直接连接的路由,"255"表示任何来自不可信源端的路由。除了直接路由(DIRECT)外,各动态路由协议的优先级都可根据用户需求,手工进行配置,每条静态路由的优先级都可以不相同。

表 3-1 华为路由器的缺省优先级表

路由协议或路由种类	相应路由的优先级
DIRECT	0

(续)

路由协议或路由种类	相应路由的优先级
OSPF	10
STATIC	60
RIP	100
IBGP	130
OSPFASE	150
EBGP	170
UNKNOWN	255

2. 路由的开销

路由的开销(metric)标识出了到达这条路由所指目的地址的代价,通常路由的开销值会受到线路延迟、带宽、线路占有率、线路可信度、跳数、最大传输单元等因素的影响,不同的动态路由协议会选择其中的一种或几种因素来计算开销值(如 RIP 用跳数来计算花费值)。该开销值只在同一种路由协议内具有比较意义,不同的路由协议之间的路由开销值没有可比性,也不存在换算关系。静态路由的开销值为 0。

↘ 3.2　路由协议

3.2.1　概述

路由协议就是在路由指导 IP 数据包发送过程中事先约定好的规定和标准。路由协议的功能是用来确定数据包的转发路径,类似于地图导航,在网络中起到路径寻址的作用。

路由信息在相邻路由器之间传递,确保所有路由器知道其他路由器的路径。路由协议创建了路由表,描述了网络拓扑结构,路由协议与路由协同工作,执行路由选择和数据包转发功能。衡量路由协议性能优劣的指标主要有:

(1)正确性:能够正确找到最优的路由,且无自环。

(2)收敛性:当网络拓扑结构发生变化后,能够迅速在自治系统中作相应的路由改变。

(3)开销量:协议自身的开销(内存、CPU、网络带宽)最小。

(4)安全性:协议自身不易受攻击,有安全机制。

(5)普适性:适应各种拓扑结构和规模的网络。

3.2.2 路由协议分类

自治系统(Autonomous System,AS)是一组共享相似路由策略并在单一管理域中运行的路由器的集合。一个自治系统可以是一些运行单个内部网关协议(Interior Gateway Protocol,IGP)的路由器集合,也可以是一些运行不同路由选择协议但都属于同一个组织机构的路由器集合。不管是哪种情况,外部都将整个自治系统看作是一个实体。

每个自治系统都有一个唯一的自治系统编号,这个编号是由因特网授权的管理机构分配的。它的基本思想就是希望通过不同的编号来区分不同的自治系统。自治系统的编号范围是 1～65535,其中 1～65411 是注册的因特网编号,65412~65535 是专用网络编号。

按照工作区域,路由协议可分为内部网关协议和外部网关协议(Extensive Gateway Protocol,EGP)。内部网关协议用于在同一个自治系统中的路由器间交换路由选择信息,路由信息协议(Routing Information Protocol,RIP)和中间系统到中间系统协议(Intermediate System to Intermediate System,IS-IS)都属于内部网关协议。外部网关协议用于在自治系统之间通信,主要使用路由策略和路由过滤等控制路由信息在自治域间的传播,应用的一个实例是边界网关协议(Border Gateway Protocol,BGP)。按照路由的寻径算法和交换路由信息的方式,路由协议也可分为距离矢量协议和链路状态协议。

1. 距离矢量协议

距离矢量协议通过判断距离查找到达远端网络的最佳路径。数据包每通过一台路由器,称为一跳。使用最少跳数到达网络的路由协议被认为是最佳路由。矢量表明指向远端网络的方向。距离矢量协议包括 RIP 和 BGP。

2. 链路状态协议

链路状态协议,也称为最短路径优先协议,使用它的路由器分别创建 3 个独立的表,其中一个表用来跟踪与之相连接的邻居,一个用来判定整个互联网络的拓扑,而另一个用于路由选择。链路状态路由协议相比距离矢量路由选择协议,知道更多的网络状态。链路状态协议把包含它们自己链路状态的更新定期发送到网络上的其他所有路由器。链路状态协议包括 OSPF 和 IS-IS。

3.2.3 路由协议的相互引入

为了在同一个互联网中支持多种路由协议,必须在这些不同的路由协议之间共享路由信息。例如,从 RIP 学到的路由信息可能需要引入到 OSPF 协议中去。这种在不同路由协议间交换路由信息的过程称为路由引入。路由引入可以是单向的(如将 RIP 引入 OSPF),也可以是双向的(如 RIP 和 OSPF 互相引入)。执行路由引入的路由器一般位于不同自治系统或者不同路由域的边界。华为路由器的 VRP 支持将一种路由协议发现的路由引入(import-route)到另一种路由协议中,每种协议都有相应的路由引入机制。

由于各路由协议的算法不同,不同的协议可能会发现不同的路由,因此各路由协议之间存在如何共享各自发现结果的问题。不同路由协议之间的开销不存在可比性,也不存在换算关系,所以在引入路由时必须重新设置引入路由的 Metric 值,或者使用系统默认的数值。

3.3　最短路径优先协议

3.3.1　概述

互联网工程任务组(Internet Engineering Task Force,IETF)于 1988 年提出的开放最短路径优先协议(Open Shortest Path First,OSPF)是一个基于链路状态的动态路由协议。

在自治系统中每一台运行 OSPF 的路由器收集各自的接口/邻接信息建立链路状态,通过洪泛算法在整个系统中广播自己的链路状态,使整个系统内部维护一个同步的链路状态数据库,根据这一数据库,路由器计算出以自己为根,其他网络节点为叶的一根最短的路径树,从而计算出自己到达系统内部路由器的最佳路由。

1. OSPF 报文头

OSPF 协议的报文头如图 3-1 所示。

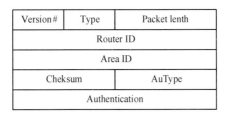

图 3-1　OSPF 报文头

Version#:OSPF 版本号,占 1 个字节,当前版本 2。

Type:OSPF 报文类型,包括 Hello、DD、LSR、LSU 和 LSAck 等五种报文。

Packet Length:包长字段,占 2 个字节。它是指整个报文(包括 OSPF 报头部分和后面各报文内容部分)的字节长度。

Router ID：用于数据报文的源地址,以 IP 地址来表示。

Area ID：区域 ID 字段,占 4 个字节,指定发送报文的路由器所对应的 OSPF 区域号,标识报文属于哪个区域。

Checksum：校验和字段,占 2 个字节,对整个报文校验。包括 OSPF 报文头部和各报文具体内容,但不包括 64 位的认证字段(Authentication)。

AuType：认证类型字段,占 2 个字节,"0"表示无需认证,"1"表示明文认证,"2"表示 MD5 密文认证。

Authentication：认证字段,占 8 个字节,具体值根据不同认证类型而定,认证类型为不认证时,此定段没有数据;认证类型为明文认证时,此字段为认证密码;认证类型为 MD5 密文认证时,此字段为 MD5 摘要信息。

2. OSPF 五种协议报文

1) Hello 报文(Hello Packet)

Hello 报文是最常用的一种报文,由开启 OSPF 的路由器周期性地向邻接路由器发送,使用的组播地址为 224.0.0.5。DR(Designated Router)和 BDR(Backup Designated Router)发送和接收报文使用的组播地址是 224.0.0.6。Hello 报文内容包括一些定时器的数值、DR、BDR,以及报文已知的邻居。根据 RFC2328 的规定,要保持网络邻居间的 Hello 时间间隔一致。Hello 时钟的值与路由收敛速度、网络负荷大小成反比。缺省情况下,P2P、Broadcast 类型接口发送 Hello 报文的时间间隔为 10s;P2MP、NBMA 类型接口发送 Hello 报文的时间间隔为 30s。

2) DD 数据库描述报文(Database Description Packet)

DD 报文用于描述本地链路状态数据库(Link State DataBase,LSDB)的情况,两台设备在邻接关系初始化时,进行数据库的同步。报文内容包括 LSDB 中每一条链路状态通告(Link StateAdvertisement,LSA)的摘要(LSA 的 Head,通过该 Head 可以唯一标识一条 LSA)。这样做是为了减少路由器之间传递的数据量,因为 LSA 的 Head 只占一条 LSA 的整个数据量的一小部分,根据 HEAD,对端路由器就可以判断出是否已经有了这条 LSA。DD 报文有两种,一种是空 DD 报文,用来确定 Master/Slave 关系(避免 DD 报文的无序发送),确定 Master/Slave 关系后,才发送有路由信息的另一种 DD 报文,收到有路由信息的 DD 报文后,比较自己的数据库,若发现对方的数据库中有自己需要的数据,则向对方发送 LSR 报文,请求对方给自己发送数据。DR/BDR 选举的过程将在 3.3.3 节详细描述。

3）LSR 链接状态请求报文（Link State Request Packet）

向对端请求本端没有或对端更新的 LSA。当两台路由器互相交换 DD 报文后，知道对端路由器中哪些 LSA 是本地 LSDB 没有的，以及哪些 LSA 是已经失效的，则需要发送一个 LSR 报文，向对方请求所需的 LSA。

4）LSU 链路状态更新报文（Link State Update Packet）

LSU 报文是应 LSR 报文的请求，用来向对端路由器发送所需的 LSA 或者泛洪自己更新的 LSA，内容是多条 LSA 完整内容的集合，LSU 报文内容包括此次共发送的 LSA 数量和每条 LSA 的完整内容。

5）LSAck 链路状态应答报文（Link State Acknowledgment Packet）

LSAck 报文是路由器在收到对端发来的 LSU 报文后所发出的确认应答报文，内容是需要确认的 LSA 头部（一个报文可对多个 LSA 进行确认）。

3.3.2　网络类型

OSPF 以本地路由器邻接网络的拓扑结构为基础计算路由，通过 LSA 描述网络拓扑。每台路由器将自己邻接的网络拓扑描述出来，传递给所有其他路由器。

根据链路层协议类型，OSPF 将网络分为以下四种类型。

（1）广播类型（Broadcast）：当链路层协议是 Ethernet、FDDI、Token Ring 时，OSPF 缺省认为网络类型是 Broadcast。在该类型的网络中，通常以组播形式发送 Hello 报文、LSU 报文和 LSAck 报文；以单播形式发送 DD 报文和 LSR 报文。

（2）非广播多路访问（Non Broadcast MultiAccess，NBMA）类型：当链路层协议是帧中继、ATM 或 X. 25 时，OSPF 缺省认为网络类型是 NBMA。在该类型的网络中，以单播形式发送协议报文（Hello 报文、DD 报文、LSR 报文、LSU 报文、LSAck 报文）。

（3）点到多点（Point-to-MultiPoint，P2MP）类型。没有一种链路层协议会被缺省为是 P2MP 类型，它必须由其他网络类型强制更改。常用做法是将非全连通的 NBMA 改为点到多点的网络。在该类型的网络中，以组播形式（224. 0. 0. 5）发送 Hello 报文，以单播形式发送其他协议报文（DD 报文、LSR 报文、LSU 报文、LSAck 报文）。

（4）点到点（Point-to-Point，P2P）类型。当链路层协议是 PPP、HDLC 和 LAPB 时，OSPF 缺省认为网络类型是 P2P。在该类型的网络中，以组播形式（224. 0. 0. 5）发送协议报文（Hello 报文、DD 报文、LSR 报文、LSU 报文、LSAck 报文）。

3.3.3　DR/BDR 的选举过程

在广播网络和 NBMA 网络中,任意两台路由器之间都要传递路由信息。如果网络中有 n 台路由器,则需要建立 $n\times(n-1)/2$ 个邻接关系,这使得任何一台路由器的路由变化都会导致多次传递,浪费带宽资源。为解决这一问题,OSPF协议定义了指定路由器(Designated Router,DR),所有路由器都只将信息发送给DR,由 DR 将网络链路状态广播出去。

如果 DR 由于某种故障而失效,则网络中的路由器必须重新选举 DR,并与新的 DR 同步。这需要较长的时间,在这段时间内,路由的计算有可能不正确。为了能够缩短此过程,OSPF 提出了备份指定路由器(Backup Designated Router,BDR)的概念。

BDR 实际上是 DR 的备份,在选举 DR 的同时也选举出 BDR,BDR 和本网段内的所有路由器建立邻接关系并交换路由信息。DR 失效后,BDR 会立即成为 DR,同时还需要重新选举出一个新的 BDR。

除 DR 和 BDR 之外的路由器(DR Other)之间将不再建立邻接关系,也不再交换任何路由信息。这样就减少了广播网络和 NBMA 网络上各路由器之间邻接关系的数量。

3.3.4　邻接关系建立过程

在 OSPF 中,邻居(Neighbors)和邻接(Adjacencies)是两个不同的概念。

OSPF 路由器启动后,便会通过 OSPF 接口向外发送 Hello 报文。收到 Hello报文的 OSPF 路由器会检查报文中所定义的一些参数,如果双方一致就会形成邻居关系。

为了交换路由信息,邻居路由器之间首先要建立邻接关系,并不是每两个邻居路由器之间都能建立邻接关系,需根据网络类型而定。只有当双方成功交换DD 报文,并交换 LSA 之后,才形成真正意义上的邻接关系。

在讨论邻接关系建立过程之前,首先要弄清 OSPF 的邻居状态机。OSPF 共有 8 种邻居状态机,分别是 Down、Attempt、Init、2 - way、Exstart、Exchange、Loading、Full。

Down:邻居会话的初始阶段,表明在邻居失效时间间隔内没有收到来自邻居路由器的 Hello 数据包。

Attempt:该状态只适用于 NBMA 类型的接口,处于本状态时,定期向那些手工配置的邻居发送 Hello 报文。

Init:收到 Hello 报文后的状态为 Init。本状态表示已经收到了邻居的 Hello

报文,但是该报文中列出的邻居中没有包含自己的 Router ID(对方并没有收到本地路由器发的 Hello 报文)。

2-way:若收到的 Hello 报文中包含自己的 Router ID,则状态为 2-way,如果没有包含自己的 Router ID 就是 1-way。本状态表示双方互相收到了对端发送的 Hello 报文,建立了邻居关系。如果形成邻居关系就进入 Exstart 状态,否则邻居状态机就停留在此状态。

Exstart:在此状态下,路由器和它的邻居之间通过互相交换 DD 报文(该报文并不包含实际的内容,只包含一些标示位)来协商发送时的主从关系,并确定 DD 的序列号。

Exchange:主从关系协商完毕后开始交换 DD 报文,此时状态为 Exchange,路由器将本地的 LSDB 用 DD 报文来描述,并发给邻居。

Loading:DD 报文交换完成即 Exchange done,此时状态为 Loading,路由器发送 LSR 报文,向邻居请求对方的 DD 报文。

Full:此状态下,邻居路由器的 LSDB 中所有的 LSA 本路由器全都有了,即本路由器和邻居建立了邻接(adjacency)状态。

OSPF 在不同链路上,邻接关系建立的过程不同,分为广播链路、NBMA 链路、点到点链路和点到多点/虚连接链路。

1. 广播链路邻接关系的建立

广播链路邻接关系建立过程如图 3-2 所示。

在广播网络中,DR、BDR 和网段内的每一台路由器都形成邻接关系,但 DR Other 之间只形成邻居关系。

(1) 当一台路由器刚加入该网段时,发送 Hello 报文到组播地址 224.0.0.5,与每台路由器建立邻居关系。

(2) 从形成邻居后到 Exstart 状态,路由器会等待一段时间(Waittime,缺省等于 Dead Interval),以判断该网段上的 DR 和 BDR。如果该网段已经有 DR,那么新加入的路由器直接承认 DR,即使自身的优先级最高也不进行 DR 的重新选举。

(3) 新加入的路由器与该网段内的 DR、BDR 进行 DD 报文的交换。DD 报文的序号由 Master 决定,每交换完成一个 DD 报文后序号加 1,主从关系由路由器的 Router ID 大小决定。所有报文交换完毕后,将报文字段中的 M 位置零,表示这是最后一个报文。DD 报文采用单播发送。

(4) 在 DD 报文交换过程中,路由器知道从 DR 获取哪些 LSA、有哪些 LSA 需要更新,这时发送 LSR 报文,请求相关的 LSA。DD 报文交换完成后,即 Exchange done,此时状态为 Loading。

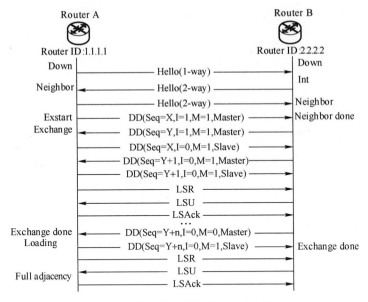

图 3-2　广播链路邻接关系建立过程

（5）DR 向提交 LSR 的路由器发送所需的 LSA,随后这些路由器向 DR 回复 LSAsk,确认收到 LSA。

（6）路由器交换完 DD 报文并更新所有的 LSA 后,邻接关系建立完成。

2. NBMA 链路邻接关系的建立

NBMA 链路上邻接关系建立过程如图 3-3 所示。

在点到点、点到多点和虚连接的链路上,邻接关系的建立过程和广播链路一样,不同之处在于不需要选举 DR 和 BDR,DD 报文是组播发送的。

（1）当接口 UP 后会转到 p2p 状态,试图与邻居路由器形成邻接关系。发送 Hello 报文的时间间隔为 Hello Interval。

（2）当接口收到 Hello 报文后状态转为 Int,这点与广播链路和 NBMA 链路不同。

（3）后续过程同广播链路邻接建立。

3. 邻接关系建立的条件

在上述邻居状态机的变化中,有两处决定是否建立邻接关系：

（1）与邻居的双向通信初次建立时。

（2）网段中的 DR 和 BDR 发生变化时。

如果不形成邻接,邻居状态就保持 2-way。

当至少满足以下一种情况时,就会形成邻接关系：

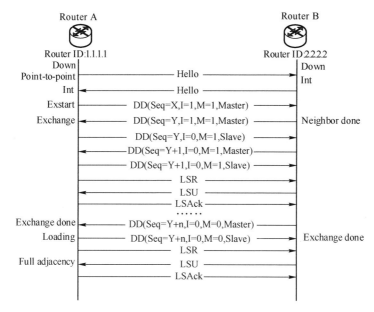

图 3-3　点到点/点到多点链路上邻接关系建立过程

（1）链路类型为点到点。

（2）链路类型为点到多点。

（3）链路类型为虚连接。

（4）路由器自身为 DR。

（5）路由器自身为 BDR。

（6）邻居路由器为 DR。

（7）邻居路由器为 BDR。

3.3.5　OSPF 配置

OSPF 路由协议优点是维护量小、复杂网络环境适应性强、路由学习收敛迅速，缺点是带宽占用高、对网络设备性能要求高、安全性相对较低。在航天测控通信网中，主要配置于网络拓扑结构较为复杂，带宽资源较为充裕的局域网络中。

在各项配置中，必须先启动 OSPF 并指定接口与区域号后，才能配置其他的功能特性。而配置与接口相关的功能特性不受 OSPF 是否启动的限制。需要注意的是，在关闭 OSPF 后，原来与 OSPF 相关的接口参数也同时失效。

1. OSPF 配置命令

> **ospf** [process-id [[router-id router-id]]
> **undo ospf** [process-id]
> **area** [area-id]
> **undo area** [area-id]
> **network** [ip-address] [wildcard-mask]
> **undo network** [ip-address] [wildcard-mask]
> **preference** [value]
> **undo preference**
> **silient-interface** [interface-type] [interface-number]
> **undo silent-interface** [interface-type] [interface-number]
> **import-route protocol** [cost cost] [type 1 | 2] [tag tag-value] [route-policy policy-name]
> **undo import-route protocol** [cost cost] [type 1 | 2] [tag tag-value] [route-policy policy-name]

配置命令参数说明：

（1）OSPF 支持多进程，一台路由器上启动的多个 OSPF 进程之间由不同的进程号区分。OSPF 进程号在启动 OSPF 时进行设置，它只在本地有效，不影响与其他路由器之间的报文交换。

（2）process-id：OSPF 进程号，取值范围为 1~65535。如果不指定进程号，将使用缺省进程号 1。

（3）router-id：OSPF 进程使用的 Router ID，点分十进制形式。

（4）ospf 命令用来启动 OSPF 进程，undo ospf 命令用来关闭 OSPF 进程。缺省情况下，系统不运行 OSPF 协议。

（5）如果在启动 OSPF 时不指定进程号，将使用缺省的进程号 1；关闭 OSPF 时不指定进程号，缺省关闭进程号 1。

（6）在同一个区域中的进程号必须一致，否则会造成进程之间的隔离。

（7）当在一台路由器上运行多个 OSPF 进程时，建议用户使用以上命令中的 router-id 为不同进程指定不同的 Router ID。

（8）OSPF 协议将自治系统划分成不同的区域（Area），在逻辑上将路由器分为不同的组。在区域视图下可以进行区域相关配置。

（9）area-id：区域的标识，可以是十进制整数（取值范围 0~4294967295）或 IP 地址格式。

（10）区域 ID 可以采用十进制整数或 IP 地址形式输入，但显示时使用 IP 地址形式。在配置同一区域内的 OSPF 路由器时，应注意：大多数配置数据都应该对区域统一考虑,否则可能会导致相邻路由器之间无法交换信息,甚至导致路由信息的阻塞或者产生路由环。

（11）一台路由器可能同时属于不同的区域(这样的路由器称作 ABR),但一个网段只能属于一个区域。缺省情况下,接口不属于任何区域。

（12）为了在一个接口上运行 OSPF 协议,必须使该接口的主 IP 地址落入该命令指定的网段范围。如果只有接口的从 IP 地址落入该命令指定的网段范围,则该接口不会运行 OSPF 协议。

（13）ip-address:接口所在网段地址。

（14）wildcard:为 IP 地址通配符屏蔽字,类似于 IP 地址的掩码取反之后的形式。但配置时,可以按照 IP 地址掩码的形式配置,系统会自动将其取反。

（15）value:OSPF 协议路由的优先级,取值范围为 1~255,缺省情况下,OSPF 协议的优先级为 10。

（16）如果要使 OSPF 路由信息不被某一网络中的路由器获得,可禁止在相应接口上发送 OSPF 报文,缺省情况下,允许所有接口收发 OSPF 报文。

（17）将运行 OSPF 协议的接口指定为 Silent 状态后,该接口的直连路由仍可以发布出去,但接口的 OSPF 呼叫报文将被阻塞,接口上无法建立邻居关系。这样可以增强 OSPF 的组网适应能力,减少系统资源的消耗。

（18）不同的进程可以禁止同一接口发送 OSPF 报文,但 silent-interface 命令只对本进程已经使能的 OSPF 接口起作用,不对其他进程的接口起作用。

（19）由于网络上除了运行 OSPF 协议可能同时运行其他路由协议,就存在各个路由协议之间路由信息共享的问题,因此需要在 OSPF 配置引入外部路由。缺省情况下,不引入其他协议的路由信息。

（20）protocol:指定可引入的源路由协议,目前可为 direct、static、rip 与 bgp。引入的协议是指除本路由协议以外的其他路由协议,cost 为指定引入路由的 cost 值,route-policy policy-name 为引入路由时使用的策略;tag-value 为 OSPF 在引入其他协议路由时设定引入路由标记域;type 为指定 OSFP 在引入其他协议路由时的路由类型。type 1 为自治系统第一类外部路由;type 2 为自治系统第二类外部路由。

（21）路由协议可以通过引入其他协议路由信息的方式来共享对方的路由信息,在引入其他协议路由信息时,可以通过对一个路由策略的引用过滤掉不期望的路由信息,实现有选择的引入。进行引入操作的目的路由协议的路由权值与被引入的源路由协议的路由权值一般不能相互转换,这时就需要为引入的路由指定一个路由权值。

2. 配置重启 OSPF 进程

reset ospf [statistics] { all | process-id }

命令参数说明：

如果对路由器先执行 undo ospf,再执行 ospf 来重启 OSPF 进程,路由器上原来的 OSPF 配置会丢失。而使用 reset ospf all 命令,可以在不丢失原有 OSPF 配置的前提下重启 OSPF。

(1) statistics:重新初始化 OSPF 进程的统计信息,process-id 为 OSPF 进程号。重新启动指定进程号的 OSPF,all 为重新启动所有进程的 OSPF 参数。

(2) reset ospf all 命令用来重启 OSPF 的所有 OSPF 进程。使用 statistics 参数清除统计数据。

(3) reset ospf process-id 命令用来重启 OSPF 相应的进程,使用 statistics 参数清除统计数据。

使用 reset ospf 命令重启 OSPF,可以获得如下效果:

(1) 可以立即清除无效的 LSA,而不必等到 LSA 超时。

(2) 如果改变了 Router ID,该命令的执行会导致新的 Router ID 生效。

(3) 重新选举 DR、BDR。

(4) 重启前的 OSPF 配置不会丢失。

(5) 删除原有 OSPF 路由。

(6) 重启 OSPF 进程后,将生成相应的路由及全新的 LSA,并发布新的 LSA。执行该命令后,系统将要求用户确认是否重启 OSPF 协议。

3. OSPF 的显示命令

display ospf[process-id] **brief**
display ospf [process-id] **cumulative**
display ospf [process-id] **peer** [brief]
display ospf [process-id] **nexthop**
display ospf [process-id] **routing**
display ospf [process-id] **interface** [interface-type interface-number]
display ospf [process-id] **error**
display debugging ospf

在完成上述配置后,在所有视图下执行 display 命令可以显示配置后 OSPF 的运行情况,用户可以通过查看显示信息验证配置的效果,在用户视图下执行 debugging 命令可对 OSPF 进行调试。

4. 配置示例

ospf	//启动 OSPF 协议的运行
ospf120	//启动进程号为 120 的 OSPF 进程
area 0	//进入区域 0 视图
network 10. 110. 36. 0. 0 0. 0. 0. 255	//指定主 IP 地址在 10. 110. 36. 0 网段内的接口运行 OSPF 协议
preference 160	//指定 OSPF 的优先级为 160
reset ospf all	//重启 OSPF 所有进程
reset ospf 200	//重启 OSPF 进程 200
import–route static	//在 OSPF 中引入静态路由

第4章
航天测控通信系统可靠性技术

4.1 虚拟路由冗余协议

4.1.1 概述

虚拟路由冗余协议(Virtual Router Redundancy Protocol,VRRP)是一种容错协议,它将几台路由设备联合组成一台虚拟的路由设备。当主机的下一跳设备出现故障时,VRRP 可以通过一定的机制,将业务及时切换到其他设备,从而保持通信的连续性和可靠性,解决了局域网主机访问外部网络的可靠性问题。

VRRP 的优势在于不需要改变组网情况,也不需要在主机上配置任何动态路由或者路由发现协议,就可以获得更高可靠性的缺省路由。

VRRP 协议遵循 RFC3768 规范,仅适用于 IPv4。

VRRP 的功能包括:

(1)路由器备份。该功能将路由器故障引起网络中断的持续时间最小化。

(2)负载分担。通过建立多个备份组的方式分担网络流量。

(3)确定首选路径。VRRP 协议利用优先级高低、设置抢占方式的方法来选举 Master。

4.1.2 工作原理

VRRP 将局域网的一组路由器构成一个备份组,相当于一台虚拟路由器。局域网内的主机只要知道这个虚拟路由器的 IP 地址,并将其缺省网关设置为该虚拟路由器的 IP 地址,主机就利用该虚拟网关与外部网络进行通信。

VRRP 将虚拟路由器动态关联到承担传输业务的物理路由器上,当该物理路由器出现故障时,需要选择新路由器来接替业务传输工作,整个过程对用户完全透明,实现了内部网络和外部网络不间断通信。虚拟路由器环境如图 4-1 所示。

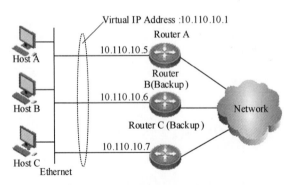

图4-1　虚拟路由器示意图

图4-1中，RouterA、RouterB和RouterC属于同一个VRRP组，组成一个虚拟路由器，其IP地址为10.110.10.1，物理路由器RouterA、RouterB和RouterC端口的实际IP地址分别是10.110.10.5、10.110.10.6和10.110.10.7。局域网内的主机只需要将缺省路由设为10.110.10.1即可，无需知道具体路由器上的接口地址。主机利用该虚拟网关与外部网络通信。路由器工作机制如下：

1. 根据优先级的大小挑选Master设备

（1）比较优先级的大小，优先级高者当选为Master。

（2）当两台优先级相同的路由器同时竞争Master时，比较接口IP地址大小，接口地址大者当选为Master。

2. 其他路由器作为备份路由器，随时监听Master的状态

（1）当主路由器正常工作时，它会每隔一段时间（Advertisement Interval）发送一个VRRP组播报文，以通知组内的备份路由器主路由器处于正常工作状态。

（2）当组内的备份路由器一段时间（Master_Down_Interval）内没有接收到来自主路由器的报文，则将自己转为主路由器。

（3）一个VRRP组里有多台备份路由器时，短时间内可能产生多个Master，此时，路由器将收到的VRRP报文中的优先级与本地优先级做比较，进而选取优先级高的设备做Master。

从上述分析可以看到，在运行了VRRP的网络中，主机不需要增加额外工作，与外界的通信不会因某台路由器故障而受到影响。

4.1.3　VRRP的状态机

VRRP协议中定义了三种状态机：初始状态（Initialize）、活动状态（Master）、备份状态（Backup）。其中，只有处于活动状态的设备才可以转发那些发送到虚拟 IP 地址的报文。VRRP 状态转换如图 4-2 所示。

图 4-2　VRRP 状态机的转换

1. Initialize 状态

设备启动时进入此状态,当收到接口 Startup 的消息,转入 Backup 或 Master 状态(IP 地址拥有者的接口优先级为 255,直接转为 Master)。在此状态时,不会对 VRRP 报文做任何处理。

2. Master 状态

当路由器处于 Master 状态时,它将进行下列动作:

(1) 定期发送 VRRP 报文。

(2) 以虚拟 MAC 地址响应对虚拟 IP 地址的 ARP 请求。

(3) 转发目的 MAC 地址为虚拟 MAC 地址的 IP 报文。

(4) 如果它是这个虚拟 IP 地址的拥有者,就接收目的 IP 地址为这个虚拟 IP 地址的 IP 报文。否则,丢弃这个 IP 报文。

(5) 如果收到比自己优先级大的报文则转为 Backup 状态。

(6) 如果收到优先级和自己相同的报文,但发送端的主 IP 地址比自己的主 IP 地址大,则转为 Backup 状态。

(7) 当接收到接口的 Shutdown 报文时,转为 Initialize。

3. Backup 状态

当路由器处于 Backup 状态时,它将进行下列动作:

(1) 接收 Master 发送的 VRRP 报文,判断 Master 的状态是否正常。

(2) 对虚拟 IP 地址的 ARP 请求,不做响应。

(3) 丢弃目的 MAC 地址为虚拟 MAC 地址的 IP 报文。

(4) 丢弃目的 IP 地址为虚拟 IP 地址的 IP 报文。

(5) Backup 状态下如果收到比自己优先级小的报文时,丢弃报文,不重置定时器;如果收到优先级和自己相同的报文,则重置定时器,不再比较 IP

地址。

（6）当 Backup 接收到 MASTER_DOWN_TIMER 定时器超时的报文时，才会转为 Master。

（7）当接收到接口的 Shutdown 报文时，转为 Initialize。

4.1.4 VRRP 配置

航天测控通信网采用了双平面的结构，中心的核心交换机、远端站的汇聚交换机与两个平面的防火墙之间均为双上联。在航天测控通信网中，VRRP 主要配置在中心的核心交换机和远端站的汇聚交换机上，实现连接至同一个防火墙上的两个平面交换机的网关备份。

1. 建立配置任务

VRRP 备份组分主备备份方式和负载分担方式。

主备备份是 VRRP 提供的基本功能，其工作方式如下：

（1）仅有一个备份组。

（2）备份组内优先级最高的一台网络设备（路由器或交换机）作为 Master，承担业务。

（3）除了 Master，其他设备是备份组内的 Backup 设备，处于就绪监听状态。

（4）如果 Master 设备发生故障，Backup 设备将根据优先级选出一个新的 Master 设备提供路由服务。

负载分担是通过建立多个备份组的方式来分担网络流量，一台网络设备可以属于多个备份组，其工作方式如下：

（1）设备 A 作为备份组 1 的 Master，同时又是备份组 2 的 Backup。

（2）设备 B 作为备份组 2 的 Master，同时又是备份组 1 的 Backup。

（3）部分业务使用备份组 1 作网关，其他业务使用备份组 2 作为网关。

这样，既达到相互备份的目的，又可以分担网络流量。

在航天测控通信网中，支持 VRRP 功能的接口包括 GigabitEthernet、Ethernet、VE（Virtual Ethernet）、Eth-trunk、以太网子接口和 VLANIF。在配置 VRRP 备份组之前，需完成以下任务：

（1）配置接口物理参数。

（2）配置接口的链路属性。

（3）配置接口的网络层属性，使网络连通。

（4）准备好备份组 ID、虚拟 IP 地址及各设备的优先级。

2. 配置 VRRP

Interfaceinterface-type interface-number　　　　　//进入接口视图
vrrp vridvirtual-router-ID**virtual-ip**virtual-address //创建备份组并配置虚拟 IP 地址
vrrp vrid virtual-router-ID **priority** priority-value　//配置设备在备份组中的优先级
vrrp vrid virtual-router-ID **preempt-mode timer delay** delay-value //配置备份组中设备
　　　　　　　　　　　　　　　　　　　　　　　　　的抢占延迟时间

命令参数说明:

(1) 各备份组之间的虚拟 IP 地址不能重复。

(2) 保证同一备份组的两端设备上配置相同的 virtual-router-id。

(3) 不同接口之间的 virtual-router-id 可以重复使用。

(4) 当指定第一个虚拟 IP 地址到 VRRP 备份组时,系统会创建这个备份组。以后再指定虚拟 IP 地址到这个备份组时,系统将这个地址添加到备份组的虚拟 IP 地址列表中。

(5) 对于网络中具有相同 VRRP 可靠性需求的用户,为了便于管理,并避免用户侧缺省网关地址随 VRRP 配置而改变,可以为同一个备份组配置多个虚拟 IP 地址,不同的虚拟 IP 地址为不同用户群服务,每个备份组最多可配置 16 个虚拟 IP 地址。

(6) 对于负载分担方式 VRRP 备份组,需要重复执行该步骤,在接口上配置多个备份组。至少需要在接口上配置两个备份组,各备份组之间以 VRID 区分。各备份组间的虚拟 IP 地址不能重复。

(7) 缺省情况下,优先级的取值是 100。优先级 0 是系统保留作为特殊用途的,优先级值 255 保留给 IP 地址拥有者,IP 地址拥有者的优先级不可配置。通过命令可以配置的优先级取值范围是 1~254。

(8) 缺省方式是抢占方式,延迟时间为 0,即立即抢占。立即抢占方式下,Backup 设备一旦发现自己的优先级比当前的 Master 的优先级高,就会成为 Master;相应地,原来的 Master 将会变成 Backup。设置抢占延迟时间,可以使 Backup 延迟一段时间成为 Master。

(9) 可以执行"vrrp vrid virtual-router-ID preempt-mode disable"命令设置备份组中设备采用非抢占方式。在非抢占方式下,一旦备份组中的某台设备成为 Master,只要它没有出现故障,其他设备即使随后被配置更高的优先级也不会成为 Master。

(10) 执行"undo vrrp vrid virtual-router-ID preempt-mode"命令用来恢复缺省的抢占方式。

3. 检查配置结果

display vrrp [**interface**interface-type interface-number [virtual-router-ID]]

//在任意视图下查看当前 VRRP 的状态信息和配置参数

debugging vrrp packet [**vrid**virtual-router-ID]   //打开 VRRP 报文调试开关

debugging vrrp state [**vrid**virtual-router-ID]   //打开 VRRP 状态信息调试开关

debugging vrrp timer [**vrid**virtual-router-ID]   //打开 VRRP 定时器调试开关

debugging 调试命令在用户视图下执行;打开调试开关将影响系统的性能,调试完毕后,应及时执行 undo debugging all 命令关闭调试开关。

4.2 双向转发检测

4.2.1 概述

为了减小设备故障对业务的影响,提高网络的可用性,网络设备需要尽快检测到与相邻设备间的通信故障,以便及时采取措施,保证业务尽快恢复。现有的故障检测方法主要包括:

(1)硬件检测。例如,SDH 告警检测链路故障。硬件检测的优点是可以很快发现故障,但并不是所有介质都能提供硬件检测。

(2)慢 Hello 机制。通常是指路由协议的 Hello 机制。这种机制检测到故障所需时间为秒级。对于高速数据传输,如吉比特速率级,超过 1s 的检测时间将导致大量数据丢失;对于时延敏感的业务,如语音业务,超过 1s 的延迟也是不能接受的。

(3)其他检测机制。不同的协议或设备制造商有时会提供专用的检测机制,但在系统间互联互通时,这样的专用检测机制通常难以部署。

双向转发检测(Bidirectional Forwarding Detection,BFD)就是为解决现有检测机制的不足而产生的,它是一套用来实现快速检测的国际标准协议,提供一种轻负荷、持续时间短的检测,用于快速检测、监控网络中链路或者 IP 路由的转发连通状况。相邻系统之间应能快速检测到通信故障,更快地建立起备用通道恢复通信。BFD 能够在系统之间的任何类型通道上进行故障检测,这些通道包括直接的物理链路、虚电路、多协议标签交换(Multi-Protocol Lable Switching,MPLS)路由、隧道、多跳路由通道及非直接的通道。

BFD 提供如下功能:

(1)对相邻转发引擎之间的通道故障提供轻负荷、短持续时间的检测。

(2)用单一的机制对任何介质、任何协议层进行实时检测,并支持不同的检测时间与开销。

作为一种全网统一的检测机制,BFD 可以为多种协议所用。BFD 使用本地标识符(Local Discriminator)和远端标识符(Remote Discriminator)区分同一对系统之间的多个 BFD 会话。

在航天测控通信网中,BFD 主要用于监测中心/远端站的局域网内路由器与核心交换机/汇聚交换机之间的链路。

4.2.2　BFD 的功能

1. 单跳检测

如图 4-3 所示,BFD 单跳检测是两个直连系统间的 IP 连通性检测,这里所说的"单跳"是 IP 的一跳。在进行 BFD 单跳检测的两个系统中,对于一种给定的数据协议,在指定接口上只存在一个 BFD 会话。因此,单跳 BFD 会话是与接口绑定的,接口类型可以是物理接口或逻辑接口。

Router A　　　　　　　　　　Router B

图 4-3　BFD 单跳检测组网图

2. 多跳检测

BFD 可以检测两个系统间的任意路径,这些路径可能跨越很多跳,也可能在某些部分发生重叠。

图 4-4 中,在 RouterA 和 RouterD 上建立多跳 BFD 会话,检测出它们之间共有两条路径。一条是 RouterA - RouterB - RouterD,另一条是 RouterA - RouterB - RouterC - RouterD。这两条路径在 RouterA - RouterB 部分发生重叠。

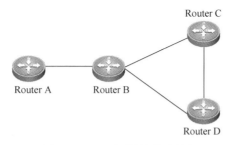

Router C

Router A　　　　Router B

Router D

图 4-4　BFD 多跳检测组网图

3. 双向检测

BFD 通过在双向链路两端同时发送检测报文,检测两个方向上的链路状态,实现毫秒级别的链路故障检测。

4.2.3 BFD 检测机制

BFD 的检测机制是两个系统建立 BFD 会话,并沿它们之间的路径周期性发送 BFD 控制报文,如果一方在既定的时间内没有收到 BFD 控制报文,则认为路径上发生了故障。

1. BFD 控制报文

BFD 控制报文封装在 UDP 报文中传送,包括一个必选部分和一个可选的验证部分,如图 4-5 所示。

Vers	Diag	Sta	P	F	C	A	D	R	Detect Mult	Length
My Discriminator										
Your Discriminator										
Desired Min TX interval										
Required Min RX interval										
Required Min Echo RX interval										
Auth Type (optional)			Auth Len (optional)			Authentication Data... (optional)				

图 4-5　BFD 控制报文格式

BFD 控制报文中各必选字段的含义解释如表 4-1 所列。

表 4-1　BFD 控制报文中各必选字段的含义解释

名　称	含　义
Vers(Version)	3b,协议的版本号,取值为 1
Diag(Diagnostic)	5b,本地系统最后一次会话 Down 的原因。 0:No Diagnostic　不诊断。 1:Control Detection Time Expired　控制检测超时。 2:Echo Function Failed　回声功能失败。 3:Neighbor Signaled Session Down　邻居发过信令的会话。 4:Forwarding Plane Reset　转发平面重置。 5:Path Down 路径 Down。 6:Concatenated Path Down　连接的路径 Down。 7:Administratively Down　系统管理使之 Down。 8:Reverse Concatenated Path Down　反向链路 Down。 9~31:Reserved for future use　保留
Sta(State)	2b,当前 BFD 会话的状态: 0:AdminDown,1:Down,2:Init,3:Up

（续）

名 称	含 义
P（Poll）	1b，连接请求确认位。 1：表示发送系统请求对连接或者对参数改变进行确认；0：表示发送系统不请求确认
F（Final）	1b，是否对收到的 P 比特为 1 的 BFD 控制报文进行响应。1：响应；0：不响应
C（Control Plane Independent）	1b，BFD 控制报文是否在控制平面传输。 1：发送系统的 BFD 实现不依赖于它的控制平面，即 BFD 报文在转发平面传输，即使控制平面失效，BFD 仍然能够起作用。 0：BFD 报文在控制平面传输
A（Authentication Present）	1b，BFD 控制报文中是否包含验证字段。 1：包含验证字段，会话需要被验证； 0：不包含验证字段，会话不需要验证
D（Demand）	1b，查询模式操作位。 1：发送系统希望操作在查询模式。 0：发送系统不希望，或不能操作在查询模式
R（Reserved）	1b，该字段在发送时设置为 0，接收时忽略
Detect Mult（Detect time multiplier）	1B，检测时间倍数。查询模式：采用本地检测倍数；异步模式：采用对端检测倍数
Length	BFD 控制报文的长度，1B
My Discriminator	4B，发送系统产生的一个唯一的、非 0 鉴别值，用来区分两个系统之间的多个 BFD 会话
Your Discriminator	4B，接收到的远端系统的"My Discriminator"，如果没有收到远端的"My Discriminator"，该字段填 0
Desired Min Tx Interval	4B，本地系统想要采用的最小 BFD 控制报文发送间隔，单位为 μs
Required Min Rx Interval	4B，本地系统能够支持的最小 BFD 控制报文接收间隔，单位为 μs
Required Min Echo Rx Interval	4B，本地系统能够支持的最小 BFD 回声报文接收间隔，单位为 μs。如果这个值设置为 0，表示发送系统不支持接收 BFD 回声报文

BFD 报文的封装方式依赖于被检测的转发路径类型：

（1）检测 LSP 时，BFD 报文是采用 MPLS 标签封装。

（2）检测 PW 时，BFD 报文封装在 PW 专门的控制通道中，如果支持控制字则可以使用前 4b 为 0001 的控制字，如果不支持控制字则可以使用 MPLS Router Alert Label。

2. BFD 检测模式

BFD 提供异步模式。在异步模式（Asynchronous mode）下，本端按照协商好的周期发送 BFD 控制报文，远端检测本端系统发送的 BFD 控制报文。如果远端在一定时间内没有收到 BFD 控制报文，则认为会话处于 Down 状态。

3. BFD 检测时间

BFD 的检测时间由三个值决定：

（1）DMTI(Desired Min Tx Interval)：本端想要采用的最短 BFD 控制报文发送周期。

（2）RMRI(Required Min Rx Interval)：本端能够支持的最短 BFD 控制报文接收周期。

（3）Detect Mult(Detect time multiplier)：检测时间倍数。不需要协商，两端各自配置。

一个系统接收到对端发来的 BFD 控制报文后，将该报文携带的 RMRI 与自己本地的 DMTI 进行比较，取二者中较大值作为自己发送 BFD 控制报文的速率。即，速度较慢的系统决定 BFD 控制报文的发送速率。

异步模式的检测时间 = 接收到的远端 Detect Multi × max(本地的 RMRI,接收到的 DMTI)

DMTI、RMRI、Detect Multi 都是可以独立配置的，因此，有可能存在两个系统收发 BFD 控制报文速率不同的情况。

对于系统间使用同一种介质的情况，建议两端配置的参数相同。

4.2.4 BFD 会话管理

1. BFD 状态机

BFD 会话有四种状态：Down、Init、Up、AdminDown。

（1）Down：会话处于 Down 状态或刚创建。

（2）Init：已经能够与对端系统通信，本端希望使会话进入 Up 状态。

（3）Up：会话已经成功建立。

（4）AdminDown：会话处于管理性 Down 状态。

会话状态通过 BFD 控制报文的 State 字段传递，系统根据自己本地的会话状态和接收到的对端会话状态驱动状态改变。

图 4-6 描述了 Down、Init、Up 这三种主要状态的迁移关系。

在图 4-6 中，椭圆框表示本地系统的状态，带箭头的线条表示状态迁移方向，线条旁的文字表示引起状态迁移的事件，Down、Init、Up、AdminDown 表示接收到的对端 BFD 控制报文 State 字段的值。

1）Down 和 Init 之间的状态转换

（1）Down->Init：本端在 Down 状态时，如果收到对端发来的 State 字段值为"Down"的报文，则本端会话将迁移到 Init 状态。

（2）Init->Down：本端在 Init 状态时，如果检测定时器超时或者是收到对端

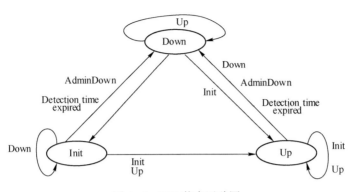

图 4-6　BFD 状态迁移图

发来的 State 字段值为"AdminDown"的报文,则本端会话将迁移到 Down 状态。

2)Down 和 Up 之间的状态转换

(1)Down->Up:本端在 Down 状态时,如果收到对端发来的 State 字段值为"Init"的报文,则本端会话将迁移到 Up 状态。

(2)Up->Down:本端在 Up 状态时,如果检测定时器超时或者是收到对端发来的 State 字段值为"AdminDown"或"Down"的报文,则本端会话将迁移到 Down 状态。

3)Init 和 Up 之间的状态转换

Init->Up:本端在 Init 状态时,如果收到对端发来的 State 字段值为"Init"或"Up"的报文,则本端会话将迁移到 Up 状态。

4)会话状态不改变的有以下三种情况:

(1)本端在 Down 状态时,如果收到对端发来 State 字段值为"Up"的控制报文,本端会话仍处于 Down 状态。

(2)本端在 Init 状态时,如果收到对端发来 State 字段值为"Down"的控制报文,本端会话仍处于 Init 状态。

(3)本端在 Up 状态时,如果收到对端发来 State 字段值为"Init"或"Up"的控制报文,本端会话仍处于 Up 状态。

2. 建立方式

BFD 会话的建立有两种方式,即静态配置 BFD 会话和动态建立 BFD 会话。

BFD 通过控制报文中的 My Discriminator 和 Your Discriminator 区分不同的会话。静态和动态创建 BFD 会话的主要区别在于 My Discriminator 和 Your Discriminator 的配置方式不同。航天测控通信网中 BFD 会话采用静态配置方式。

1)静态配置 BFD 会话

静态配置 BFD 会话是指通过命令行手工配置 BFD 会话参数,包括了配置本地标识符和远端标识符等,然后手工下发 BFD 会话建立请求。静态配置 BFD 会话的本地标识符取值范围是 1~8191。

这种方式的缺点是会带来人为的配置错误,比如配置了错误的本地标识符或者远端标识符时,BFD 会话将不能正常工作,并且 BFD 会话的建立和删除需要手工触发,缺乏灵活性。

2) 动态建立 BFD 会话

动态建立 BFD 会话时,系统对本地标识符和远端标识符的处理方式如下:

(1) 动态分配本地标识符。系统通过划分标识符区域的方式来区分静态 BFD 会话和动态 BFD 会话。动态创建 BFD 会话的本地标识符取值范围是 8192~16383。

当应用程序触发动态创建 BFD 会话时,系统分配属于动态会话标识符区域的值作为 BFD 会话的本地标识符。然后向对端发送 Your Discriminator 的值为 0 (My Discriminator 的值为分配到的本地标识符,State 的值为 Down)的 BFD 控制报文,进行会话协商。

(2) 自学习远端标识符。当 BFD 会话的一端收到 Your Discriminator 的值为 0 的 BFD 控制报文时,判断该报文是否与本地 BFD 会话匹配,如果匹配,则学习接收到的 BFD 报文中 My Discriminator 的值,获取远端标识符。

路由协议动态触发 BFD 会话建立原理如下:

路由协议在建立了新的邻居关系时,将邻居的参数及检测参数(包括目的地址、源地址、VRF-Index 等)通告给 BFD,BFD 根据收到的参数建立起会话。

3. 建立过程

BFD 状态机的建立和拆除都采用三次握手机制,以确保两端系统都能知道状态的变化。图 4-7 以 BFD 会话建立为例,简单介绍状态机的迁移过程。

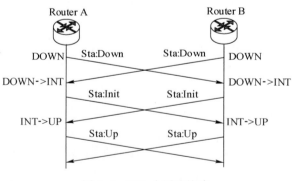

图 4-7   BFD 会话连接建

（1）RouterA 和 RouterB 各自启动 BFD 状态机,初始状态为 Down,发送状态为 Down 的 BFD 报文。对于静态配置 BFD 会话,报文中的 Your Discriminator 的值是用户指定的;对于动态创建 BFD 会话,Your Discriminator 的值是 0。

（2）RouterB 收到状态为 Down 的 BFD 报文后,状态切换至 Init,并发送状态为 Init 的 BFD 报文。

（3）RouterB 本地 BFD 状态为 Init 后,不再处理接收到的状态为 Down 的报文。

（4）RouterA 的 BFD 状态变化同 RouterB。

（5）RouterB 收到状态为 Init 的 BFD 报文后,本地状态切换至 Up。

（6）RouterA 的 BFD 状态变化同 RouterB。

（7）RouterA 和 RouterB 发生"DOWN => INIT"的状态迁移后,会启动一个超时定时器。如果定时器超时仍未收到状态为 Init 或 Up 的 BFD 报文,则本地状态自动切换回 Down。

4.2.5　BFD 配置

4.2.5.1　配置 BFD 单跳检测

"跳"是指 IP 网络中的一跳,单跳检测指检测两台直连设备间转发链路的连通性。如果需要快速检测和监控网络中的直连链路,可以配置 BFD 单跳检测。在进行 BFD 单跳检测的两个系统中,对于一种给定的数据协议,在指定接口上只存在一个 BFD 会话,因此 BFD 会话是与接口绑定的。

1. 建立配置任务

在配置 BFD 单跳检测之前,需准备以下数据:

（1）BFD 配置名。

（2）BFD 检测的直连链路的对端 IP 地址、本端接口名称和编号(如果检测链路的物理层状态,还需要准备 BFD 使用的缺省组播地址)。

（3）BFD 会话参数:本地、远端标识符。

2. 配置命令

```
bfd                                         //使能全局 BFD 功能并进入全局视图
default-ip-address ip-address               //配置 BFD 缺省组播 IP 地址
bfd cfg-name bind peer-ip peer-ip [ vpn-instance vpn-instance-name ] interface interface-
type interface-number [ source-ip source-ip ]     //对三层接口创建 BFD 会话
bfd cfg-name bind peer-ip default-ip interface interface-type interface-number [ source
-ipsource-ip ]                              //对二层接口和没有 IP 地址的三层物
                                            理成员接口创建 BFD 会话
```

discriminator local discr-value	//配置本地标识符
discriminator remote discr-value	//配置远端标识符
commit	//提交配置,使配置生效

命令参数说明:

(1) 缺省情况下,BFD 使用组播地址 224.0.0.184。

(2) 在第一次创建单跳 BFD 会话时,必须绑定对端 IP 地址和本端相应接口,且创建后不可修改。

(3) 在创建 BFD 配置项时,系统只检查 IP 地址是否符合 IP 地址格式,不检查其正确性。绑定错误的对端 IP 地址或源 IP 地址都将导致 BFD 会话无法建立。

(4) 当 BFD 与单播逆向路径转发(Unicast Reverse Path Forwarding,URPF)特性一起应用时,由于 URPF 会对接收到的报文进行源 IP 地址检查,用户在创建 BFD 绑定时,需要使用 source-ip 选项手工指定正确的源 IP 地址,以免 BFD 报文被错误地丢弃。

(5) BFD 会话两端设备的本地标识符和远端标识符需要分别对应,即本端的本地标识符与对端的远端标识符相同,否则会话无法正确建立。并且,本地标识符和远端标识符配置成功后不可修改。

(6) 对于绑定缺省组播地址的 BFD 会话,一个 BFD 会话的本地标识符和远端标识符不能相同。

(7) cfg-name 为 BFD 配置名。字符串形式,不支持空格,长度范围是 1~15。

(8) peer-ip 为 BFD 会话绑定的对端 IP 地址,格式为点分十进制。

(9) vpn-instance vpn-instance-name 为 BFD 会话绑定 VPN 实例名称。如果不指定 VPN 实例,则认为对端地址是公网地址。VPN 实例是字符串形式,不支持空格,长度范围是 1~31。

(10) interface interface-type interface-number 为 BFD 会话绑定的本端三层接口。可以是 Ethernet、POS 等物理接口,也可以是 Trunk、Vlanif 及子接口这类逻辑接口。

(11) source-ip 为 BFD 报文携带的源 IP 地址。如果不配置该参数,系统将在本地路由表中查找去往对端 IP 地址的出接口,以该出接口的 IP 地址作为本端发送的 BFD 报文的源 IP 地址。通常情况下不需要配置该参数。

3. 检查配置结果

display bfd configuration { all | static } [for-vsi-pw | for-ip | for-lsp | for-pw | for-te] [verbose]	//查看 BFD 配置信息

display bfd interface［interface-type interface-number］//查看 BFD 接口信息
display bfd session｛all｜static｝［for-ip｜for-lsp｜for-pw｜for-te｜for-vsi-pw］
［verbose］　　　　　　　　　　　　　　　//查看 BFD 会话信息
display bfd statistics session｛all｜static｝［for-ip｜for-lsp｜for-pw｜for-te｜for-vsi-pw］
pw］　　　　　　　　　　　　　　　　　　//查看 BFD 会话统计信息

4. 配置示例

display bfd configuration static name bfd1 verbose　　//查看 BFD 会话配置
display bfd interface gigabitethernet 3/0/1　　　　　　//查看指定接口上的 BFD 会话
display bfd session all　　　　　　　　　　　　　　//查看 BFD 会话的信息
display bfd statistics session static for-ip　　　　　　//查看 BFD 会话的统计信息

4.2.5.2　配置 BFD 多跳检测

多跳检测指检测两台非直连设备间任意路径的 IP 连通性,这些路径可能跨越很多跳,也可能在某些部分重叠。多跳检测一般用来检查两台设备间是否存在可达路由。

1. 建立配置任务

在配置 BFD 多跳检测之前,需准备以下数据:

(1) BFD 配置名。

(2) 对端 IP 地址。

(3) BFD 会话参数:本地、远端标识符。

2. 配置命令

bfd cfg-name **bind peer-ip** peer-ip［ **vpn-instance** vpn-instance-name ］［ **source-ip**
source-ip ］

4.2.5.3　配置静态标识符自协商 BFD

如果对端设备采用动态 BFD,而本端设备既要与之互通,又要能够实现静态路由 Track BFD,此时必须配置静态标识符自协商 BFD。通过配置静态标识符自协商 BFD,能够实现与采用动态建立 BFD 会话的设备互通。它主要应用在静态路由中。

1. 建立配置任务

在配置静态标识符自协商 BFD 之前,需准备以下数据:

(1) BFD 配置名。

(2) BFD 检测的直连链路的对端 IP 地址、本端接口名称和编号。

2. 配置命令

bfd cfg-name **bind peer-ip** ip-address［ **vpn-instance** vpn-instance -name ］［ **interface**
interface-type interface-number ］ **source-ip** ip-address **auto**

必须配置源地址,必须指定明确的对端 IP 地址,不能使用组播 IP 地址。

4.2.5.4 配置 BFD 检测参数

建立 BFD 会话后,可通过调整 BFD 检测参数,实现 BFD 会话更好、更快速的检测和监控网络中的链路。用户可以根据网络状况和性能需求,调整设备的 BFD 报文发送间隔、接收间隔以及本地检测倍数;可以通过配置 BFD 会话的等待恢复时间(Wait to Recovery,WTR),来避免 BFD 会话震荡导致的 BFD 应用在主备之间频繁切换;还可以通过配置 BFD 会话的描述信息对 BFD 会话监视的链路进行简单描述,方便用户识别不同的 BFD 会话。

通常情况下,使用系统的缺省配置即可。

1. 建立配置任务

在配置 BFD 检测参数之前,需准备以下数据:

(1) BFD 配置名。

(2) BFD 报文的本地发送间隔、接收间隔。

(3) BFD 报文的本地检测倍数。

(4) BFD 报文的优先级。

2. 配置命令

bfd configuration-name	//进入 BFD 会话视图
min-tx-interval interval	//配置 BFD 报文的最小发送间隔
min-rx-interval interval	//配置 BFD 报文的最小接收间隔
detect-multiplier multiplier	//配置本地检测倍数。缺省情况下取 3
wtr wtr-value	//配置等待恢复时间
tos-exp tos	//配置 BFD 报文的优先级
description description	//配置 BFD 会话的描述信息
commit	//提交配置

命令参数说明:

(1) 通过调整 BFD 的检测时间,可以使 BFD 会话更好的监控网络中的链路。

(2) 通过配置 BFD 会话的等待恢复时间,可以避免因 BFD 会话振荡而导致的应用在主备设备之间频繁切换。当 BFD 会话从 Down 变为 Up 时,BFD 等待 WTR 超时后才将这个变化通知给上层应用。

(3) 缺省情况下,等待恢复时间 WTR 为 0,即不等待。

(4) 缺省情况下,BFD 报文的优先级为 7,0 为最低优先级,7 为最高优先级。

(5) description 是字符串类型,长度范围是 1~51。description 命令只对静

态配置的 BFD 会话有效,对于动态配置的 BFD 会话和静态标识符自协商 BFD 会话无效。缺省情况下,BFD 会话的描述信息是空。可以执行 undo description 命令来删除 BFD 会话的描述信息。

4.2.5.5　维护 BFD

通过维护 BFD,可以实现清除 BFD 统计数据和监控 BFD 的运行状况的目的。

（1）在查看一段时间内的 BFD 的统计信息之前,建议清除 BFD 的统计信息。

在确认需要清除 BFD 的统计信息后,在用户视图下执行:

reset bfd statistics ｛ **all** ｜ **discriminator** discr-value ｝

（2）在出现 BFD 运行故障时,可在用户视图下执行 debugging 命令对 BFD 进行调试,查看调试信息,定位故障并分析故障原因。在用户视图下执行以下命令,打开 BFD 模块的调试开关:

debugging bfd ｛ all ｜ defect-detect ｜ error ｜ event ｜ fsm ｜ ha ｜ packet ｜ process ｜ product -interface ｜ session-management ｜ timer ｝

4.3　服务质量

4.3.1　概述

服务质量（Quality of Service,QoS）是指网络通信过程中,允许用户业务在丢包率、延迟、抖动和带宽等方面获得可预期的服务水平。简而言之,QoS 就是针对各种不同需求,提供不同服务质量。QoS 通过对网络资源的合理分配与监控,最大限度地减少网络延时与抖动,确保关键业务的传输质量。

在传统 IP 网络中,所有报文都被无区别对待,每个路由器对所有报文都采用先入先出的策略处理,路由器尽力而为地将报文送到目的地,但是对报文的吞吐量、延迟、延迟抖动、丢包率等都不能预测,可能很好,也可能极差,一切都要视网络状况而定。随着计算机网络的高速发展,语音、图像、重要数据同时在网上传输,极大丰富了网络资源。但是这些资源实时性强,对带宽、延迟、抖动十分敏感,需要在网络数据传输质量上获得一定程度的服务保证,也需要根据客户类型获得有差别的服务。一个途径是增加网络的带宽,但带宽的增加毕竟是有限的,且代价昂贵,它也只能在一定程度上缓解这个问题。提供 QoS 将是人们对未来 IP 网络的基本要求。

1. QoS 的主要作用

（1）避免并管理 IP 网络拥塞。

（2）减少 IP 报文的丢失率。

（3）调控 IP 网络的流量。

（4）为特定用户或特定业务提供专用带宽。

（5）支撑 IP 网络上的实时业务。

2. 衡量 QoS 的指标

（1）业务可用时长：业务有保证的正常运行时间。

（2）延迟：数据包在两个参考点间从发送到接收的时间间隔。

（3）抖动：经同一路由发送一组数据包，在接收侧收到该组数据包的时间间隔差异。

（4）丢包率：在网络传数据包时丢弃数据包的平均比率。

4.3.2　服务模型种类

服务模型，是指一组端到端的 QoS 功能，通常 QoS 提供以下三种服务模型：尽力而为服务模型（Best-Effort Service）、综合服务模型（Integrated Service）和区分服务模型（Differentiated Service）。目前，航天测控通信网中使用区分服务模型。

（1）尽力而为服务模型是一个单一的服务模型，也是最简单的服务模型。应用程序可以在任何时候，发出任意数量的报文，而且不需要事先获得批准，也不需要通知网络。对 Best-Effort 服务，网络尽最大的可能性来发送报文，但对时延、可靠性等性能不提供任何保证。Best-Effort 服务是现在 Internet 的缺省服务模型，它适用于绝大多数网络应用，如 FTP、E-Mail 等，它通过先入先出队列来实现。

（2）综合服务模型（简称 IntServ）可满足多用户的 QoS 需求，这种服务模型在发送报文前，需要向网络申请特定的服务。这个请求是通过信令来完成的，应用程序先通知网络即将发送报文的流量参数和所需的服务质量请求（如带宽、时延等）。应用程序在收到网络预留资源的确认信息后，才开始发送报文，报文被控制在流量参数规定的范围内。

综合服务模型常常被用在网络边缘路由器上，传送 QoS 请求信令采用的是资源预留协议（Resource Reservation Protocol，RSVP），它用来动态地建立端到端的 QoS，它允许应用程序动态地申请网络带宽等。基于信令实现的 RSVP 协议，目前在实施过程中遇到了很多问题，主要是 RSVP 要求端到端所有设备支持这一协议，对于一个从源地址到目的地址要经过很多设备的 IP 包来讲，做到这点是相当困难的,因为 IP 网本质是一个没有信令无连接网络,所以 RSVP 经过了几年的实践并不能在网络上真正实现。采用 RSVP 协议的另外一个困难是很难对各种应用预留带宽。随着网络带宽快速增加和各种新应用的不断出现,DiffServ 逐渐成为 QoS 关键所在。

(3) 区分服务模型(简称 DiffServ)可以满足用户不同的 QoS 需求。与 IntServ 模型相比,它不需要信令,即在一个业务发出报文前,不需要通知路由器。对 DiffServ 模型,网络根据每个报文指定的 QoS 标记(不同优先级的信息流,标记不同的颜色)提供特定的服务。当网络出现拥塞时,根据不同的服务等级要求,采用相对优先权机制,有区别地控制不同信息流的转发行为,在保证服务质量和解决拥塞之间取得一个良好的折衷。

DiffServ 模型的实现过程如下:

(1) 在网络的边缘进行不同业务的分类,打上不同的 QoS 标记。分类的依据可以是报文携带的四层、三层或二层的信息,如报文的源 IP 地址、目的 IP 地址、源 MAC 地址、目的 MAC 地址,TCP 或 UDP 端口号等。

(2) 在网络的内部,根据 QoS 标记在每一跳上进行有区别的转发处理,从而使不同类别的业务获得相应的 QoS 保障。例如,通过拥塞管理机制,对实时业务提供快速转发处理,对普通业务提供尽力而为转发处理。

4.3.3　流量监管与整形

1. 流量监管

流量监管(Traffic Policing,TP)是一种在入接口或出接口应用的对进入路由器的某流量进行限制的流量管理技术。约定访问速率(Committed Access Rate,CAR)是一种重要的流量监管技术,它对流分类后的流量在一定时段的速率进行评估,将未超出速率限制的报文设置为高优先级,超过速率限制的报文进行丢弃或降级处理,从而限制进入到传送网络的流量。

在对流量进行监管控制之前,需要先根据报文的入接口、源或目的 MAC 地址、满足的 ACL 规则、IP Precedence、DSCP 值、UDP 端口号等规则,对报文进行分类并打上某种标记,即着色。如图 4 - 8 所示,如果根据 IP 报文头的 Precedence 字段(ToS 的高 3 个比特)着色,报文最多分被分成 8 类;如果按照 RFC2474 的定义,根据区分服务代码点(DiffServ Coding Point,DSCP),也就是服务类型(Type of Service,ToS)的高 6 个比特着色,报文最多被分为 64 类。报文着色以后,下游节点根据着色结果完成相应的 QoS 处理,如拥塞管理、流量整形等。

CAR 可以进行报文的标记或重新标记,或称着色与重着色。当报文符合流

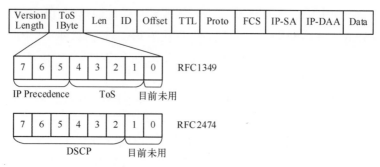

图 4-8　报文优先级标记占用字节图

量特性的时候,可以将报文设置为高优先级;当报文不符合流量特性的时候,可以丢弃,也可以将报文设置为低优先级,并继续发送。

要实现流量监管,必须有一种机制能够对通过设备的流量进行度量,也就是所谓的粒度控制。令牌桶是目前最常用的一种流量监管方法,按用户设定的速度向桶中放置令牌,当桶中令牌数量达到桶的容量时,令牌数量不再增加。当令牌桶中充满令牌时,桶中拥有令牌的报文可以瞬间被转发,这样可以允许数据的突发性。当令牌桶中没有令牌的时候,报文将不能被发送(丢弃),只有等到桶中生成了新的令牌,报文才可以被发送,这就可以限制报文的流量只能小于等于令牌生成的速度,达到限制流量的目的。CAR 利用令牌桶控制流量,进而实现流量监管。

航天测控通信网中业务流共分为五个优先级,代号分别为 5、4、3、2、0,5 为业务信息最高优先级,0 为最低(默认)。任务信息优先级划分规则参见表 4-2。

表 4-2　任务信息优先级划分规则

序号	业务优先级别	任务信息种类及说明	优先级代号
1	最高优先级	采用 PDXP 应用层协议交换的实时测量控制信息	5
		采用 RTP 应用层协议交换的天地图像和话音信息	
		指挥调度及指挥话音信息	
		KMC 协议信息、调度协议信息	
2	高优先级	光学图像、发射实况等任务实况图像信息	4
		任务指挥电话、值班电话、协同电话等信息	
		任务运管信息,包含故障报警、设备实时操控、设备状态等信息	

（续）

序号	业务优先级别	任务信息种类及说明	优先级代号
3	次高优先级	采用 FEP 协议的非实时测控数据、气象信息 日常运管信息，包含工作计划、设备故障诊断以及其他运管信息 监控图像及关键场景视频分发信息	3
4	中优先级	试验公文 气象信息 浏览业务服务 信息点播服务	2
5	最低优先级	所有未标识业务流	0

2. 流量整形

通用流量整形（Generic Traffic Shaping，GTS）就是利用 CAR 控制报文的流量特性，对流量加以限制。

GTS 工作在网络设备的接口上，启动后，可以在出接口方向进行流量整形。当报文到来的时候，首先对报文分类，如果分类器识别出报文需要 GTS 处理，则将报文送入 GTS 队列。若 GTS 队列令牌桶中令牌足够，则直接发送报文。若令牌桶中的令牌不够，则进入队列中缓存。当队列中有报文的时候，GTS 按一定周期从队列中取出报文进行发送。

GTS 处理报文有两种方式：

（1）统一处理，即 GTS 对接口所有流进行处理。此时若接口发送队列为空，且报文在单位时间内的流量未超过限制，则报文被立即发送，否则报文进入接口发送缓存队列中。

（2）分类处理，即 GTS 对接口不同的流进行处理。将不同的流分别与流规则进行匹配，当规则匹配、接口发送队列为空，且报文在单位时间内的流量未超过限制时，报文会被立即发送，否则报文进入接口发送缓存队列中。

为减少报文的无谓丢失，GTS 在上游路由器出口对报文进行处理，超出 GTS 流量特性的报文，将被缓存在上游路由器的接口缓冲区中。当网络拥塞消除时，GTS 再从缓冲队列中取出报文继续发送。这样，发向下游路由器的报文将都符合路由器规定的流量特性，从而减少报文在下游路由器被丢弃。若不在上游路由器出口做 GTS 处理，则所有不符合下游路由器流量特性规定的报文将会被下游路由器丢弃。

由于 GTS 可以缓存部分报文，那么使用 GTS 有可能增加报文的延迟。

3. 物理接口速率限制

物理接口速率限制(Line Rate,LR)采用令牌桶方式对通过物理接口的报文流量进行控制。若用户在路由器的某个接口配置了 LR,规定了流量特性,则所有经过该接口发送的报文需要经过 LR 的令牌桶处理。当令牌桶中有足够的令牌用来发送报文时,则允许报文的突发性传输;当令牌桶中的令牌不满足报文的发送条件时,则报文需要入 QoS 队列进行拥塞管理;当令牌桶中没有令牌的时候,报文将不能被发送,只有等到桶中生成了新的令牌,报文才可以发送。

LR 相比较于 CAR,能够在物理接口上限制通过的所有报文。较之于 GTS,LR 能够利用 QoS 缓存超过流量限制的报文。

4.3.4 拥塞管理

拥塞管理是路由器等网络设备在发生拥塞时启动的管理和控制行为。在一个接口没有发生拥塞的时候,报文在到达接口后立即就被发送出去,在报文到达的速度超过接口发送报文的速度时,接口就发生了拥塞。如果没有足够的存储空间保存这些数据包,一部分数据包就会丢失。数据包丢失后,又可能会导致发送该数据包的主机或路由器因超时而重传此数据包,将导致恶性循环。

造成拥塞的因素有很多。当数据包从高速链路进入路由器,由低速链路发送出去时,都可能导致拥塞;数据包同时从多个接口进入路由器、由一个接口转发出去或处理器速度慢也可能导致拥塞。

拥塞的处理方法是使用队列技术,将所有从接口发出的报文送入不同队列,按照各个队列的优先级区别处理。不同的队列算法用来解决不同的问题,达到不同的效果。常用的队列有先进先出队列、优先队列、定制队列、加权公平队列等。

1. 先进先出队列

先进先出(First In First Out,FIFO)队列不对报文分类,当报文进入接口的速度大于接口能发送的速度时,FIFO 队列按报文到达接口的先后顺序让报文进入队列,在队列的出口让报文按进队的顺序出队,先进的报文将先出队,后进的报文将后出队。

2. 优先队列

优先队列(Priority Queuing,PQ)将所有报文分成 4 类,按报文的类别将报文送入相应的队列。PQ 的 4 个队列分别为高优先队列、中优先队列、正常优先队列和低优先队列,发送报文时将按照优先级顺序依次发送。较高优先级队列的报文被先发送,较低优先级的报文在发生拥塞时被较高优先级的报文抢先,使得关键业务的报文能够得到优先处理,非关键业务的报文在网络处理完关键业务后的空闲中得到处理,既保证了关键业务的质量,又充分利用了网络资源。

3. 定制队列

定制队列(Custom Queuing,CQ)对报文进行分类,将所有报文分成 17 类,根据报文的类别将报文归入相应的队列。CQ 的 17 个队列中,0 号队列是优先队列,1~16 队列为普通队列。路由器总是先把 0 号队列中的报文发送完,然后才处理 1~16 队列中的报文,所以 0 号队列一般作为系统队列,把实时性要求高的交互式协议报文放到 0 号队列。1~16 号队列可以按用户的定义分配它们占用接口带宽的比例,在报文出队的时候,CQ 按定义的带宽比例分别从 1~16 号队列中取一定量的报文在接口上发送出去。16 个普通队列采用轮询的方式进行调度,当调度到某一个队列时,从这个队列取出一定字节数的报文发送,用户通过指定这个字节数,就可以控制不同队列之间的带宽分配比例。

用户在指定轮询队列发送字节数时,需要把握所配数值的大小,因为这关系到轮询中配置增加的粒度。例如,为了实现 4 个队列间 1:2:2:4 的比例关系,可以配置这 4 个队列发送字节数,分别为 1、2、2、4,也可以配置为 500、1000、1000、2000。考虑线路的 MTU,若 MTU 为 500,则后一种方式较好。因为在轮询时,所剩配额不够发送当前报文时,只累加配额,然后等下次调度,显然当前条件下,第二种方案浪费在轮询空转上的时间要少。

与 PQ 相比,CQ 既保证关键业务能获得较多的带宽,又不至于使非关键业务得不到带宽,避免了高优先级报文的速率总是大于网络设备接口速率时,低优先级报文将始终得不到发送的情况发生。但在 CQ 中,实时业务不能获得像 PQ 一样好的时延指标。

4. 加权公平队列

加权公平队列(Weighted Fair Queuing,WFQ)是一个复杂的排队过程,不同优先级的队列采用不同的权值。在保证公平(带宽、延迟)的基础上体现权值,权值大小依赖于 IP 报文头中携带的 IP 优先级。WFQ 对报文按流进行分类(相同源 IP 地址、目的 IP 地址、源端口号、目的端口号、协议号和优先级的报文属于同一个流),每一个流被分配到一个队列,该过程称为散列。WFQ 入队列过程采用 HASH 算法自动完成,尽量将不同的流分入不同的队列。在出队列时,WFQ 按流的优先级分配每个流的出口带宽。优先级的数值越小,得到的带宽资源越少。反之,得到的带宽资源越多。这样就保证了相同优先级业务之间的公平,不同优先级业务之间的区别传输。

例如,接口中当前有 8 个流,它们的优先级分别为 0、2、2、3、4、5、6、7,则带宽的总配额是所有"流的优先级+1"的和,即"1+3+3+4+5+6+7+8 = 37"。每个流所占带宽比例为:(自己的优先级数+1)/(所有"流的优先级+1"的和),即每个流可得的带宽分别为 1/37、3/37、3/37、4/37、5/37、5/37、6/37、7/37、8/37。

航天测控通信网中,一方面对于实时业务和非实时业务有严格的要求,特别是关键测控数据、指挥调度等业务对实时性、可靠性要求非常高,也就是说即便牺牲其他业务也要保障此类业务的可靠传输;另一方面任务电路带宽是预分配,并采用轻载策略,一般情况下不会发生拥塞。基于上述两方面原因,航天测控通信网中采用了 PQ 队列。

4.3.5 华为路由设备的 DiffServ 模型

1. 流分类

流分类采用一定的规则识别符合某类特征的报文,从而把具有某类共同特征的报文划分为一类,它是有区别地进行服务的前提和基础。

流分类包括简单流分类和复杂流分类。

1)简单流分类

简单流分类是指采用简单的规则,对报文进行粗略的分类,以识别出具有不同优先级特征的流量。

华为路由交换设备可以依据以下信息对报文进行简单流分类:

(1)IP 报文的 DSCP 优先级。

(2)IP 报文的 ip-precedence。

(3)VLAN 报文的 802.1p 优先级。

(4)MPLS 报文的 EXP 优先级。

2)复杂流分类

复杂流分类是指根据报文携带的二三层信息或者借助 ACL(Access Control List)规则,根据 IP 五元组(源 IP 地址、目的 IP 地址、源端口号、目的端口号和报文类型)、TCP SYN 等信息对报文进行分类,依据该分类为报文提供相应的服务质量。

华为路由交换设备可以根据二层信息对报文进行复杂流分类,也可以根据三层信息对报文进行复杂流分类,还可以借助 ACL 对报文进行复杂流分类。

流分类应该部署在网络的边界,即在业务接入网络的边界设备入口上进行报文的分类。

2. 优先级映射

在每个报文的头部都带有优先级字段,DiffServ 模型通过设置报文头部的优先级字段,向网络中各设备通告自己的 QoS 需求。优先级映射用来实现 QoS 需求声明与设备内部的服务等级(又称为内部优先级,包括 PHB 行为/颜色)之间的转换。

为了保证不同报文的服务质量,在报文进设备时,需要将报文携带的 QoS

优先级映射到设备内部的 PHB 行为和颜色;在报文出设备时,需要将内部的 PHB 行为和颜色映射为 QoS 优先级,以便后续网络设备能够根据 QoS 优先级提供相应的服务质量。

优先级映射基于流分类实现从 QoS 优先级到服务等级(包括 PHB 行为、颜色)或从服务等级到 QoS 优先级的映射,并利用 DS 域来管理和记录 QoS 优先级和服务等级之间的映射关系。

3. 流行为

流行为用来定义针对报文所做的 QoS 动作。进行流分类是为了有区别地提供服务,它必须与某种流量控制或资源分配行为关联起来才有意义。

在华为路由交换设备中针对复杂流分类可实施的流行为包括禁止/允许、重标记、重定向、流量监管、流镜像、安全和流量统计。除 deny 外,其他流行为可以组合使用。

在网络的边界节点设备需要对进入的报文进行优先级重标记,目的是为了防止应用程序发出的报文自带高优先级标识从而得到非法的 QoS 保证。重标记是对报文的优先级字段进行设置。在不同的网络中报文使用不同的优先级字段,如 VLAN 网络使用 802.1p,IP 网络使用 ToS,MPLS 网络使用 EXP。当报文经过不同网络时,为了保持报文的优先级,需要在连接不同网络的设备上配置这些优先级标记的映射关系。即报文进入网络节点时,其外部优先级标记(包括 802.1p、DSCP)都被映射为内部优先级(以 DiffServ 模型的服务等级和颜色表示);出网络时,将内部优先级映射为某种外部优先级标记。

网络内部的节点设备对边界节点所标记的优先级标识采用优先级信任机制,提供相应等级的 QoS 服务。

4. 流量监管

进行流量监管时必须有一种机制可以对通过设备的流进行度量,也就是所谓的粒度控制,华为路由交换设备采用令牌桶作为流量测量方法。监控的粒度有两种,S9300 芯片 CAR 粒度最小支持 8K,按用户配置的速率向上取整,支持的最大令牌桶深为 256MB。CAR 实际粒度跟令牌桶深配置有关系。S5300/S3300 芯片 CAR 粒度固定都是 64kB,按用户配置的速率向下取整,用户使用时需要根据接入设备的不同配置合适的 CAR。

5. 队列调度

当网络发生拥塞时,必须解决多个报文同时竞争使用资源的问题。设备会尽快地丢包以释放队列资源,尽量不将报文放入高延迟的队列中,同时通常采用队列调度以消除拥塞。目前,QoS 队列管理技术主要采用严格优先级 SP(Strict-Priority)队列调度算法和加权轮循 WRR(Weighted Round Robin)调度算法,在华为设备上分别称为 pq 队列和 wfq 队列。SP 队列调度严格按照业务优先级进行报文转发,WRR 队列调度根据预先分配的带宽进行报文转发。

6. 端口限速

网络设备互联方式多种多样,设备之间串接设备也各有不同,不是所有设备都支持优先级标识和队列调度的,为了避免网络拥塞发生在这些设备上而导致高优先级业务与低优先级业务同等丢包,需要在与这些设备相连的交换机和路由器接口上根据实际传输线路的带宽进行端口限速。

4.3.6 典型 QoS 应用

1. 策略设计

1)服务模型

航天测控通信网中,华为路由交换设备 QoS 采用区分服务模型(DiffServ)。

2)优先级映射

华为路由交换设备提供两种优先级映射模式:

(1)IP 报文的 DSCP 优先级映射。

(2)VLAN 报文的 802.1p 优先级映射。

华为路由交换设备对出入该接口的流进行相应的优先级映射,各种优先级与服务类型(内部优先级)之间的缺省映射表如表4-3所列。

表 4-3 各种优先级与服务类型之间的映射表

IPv4 优先级	802.1p 优先级	DSCP 优先级	Exp 优先级	Service
0	0	0	0	BE
1	1	8	1	AF1
2	2	16	2	AF2
3	3	24	3	AF3
4	4	32	4	AF4
5	5	46	5	EF
6	6	48	6	CS6
7	7	56	7	CS7

在航天测控通信网中,所有路由交换设备都支持三层交换,因此全网优先采用 DSCP 优先级映射,在个别接入点为二层交换机时需采用 802.1p 优先级映射。

3)队列调度

华为路由交换设备按照内部优先级将报文送入端口的不同队列,内部优先级与各队列之间的对应关系如表 4-4 所列。

表 4-4　内部优先级与各队列之间对应关系表

内部优先级	队列索引
BE	0
AF1	1
AF2	2
AF3	3
AF4	4
EF	5
CS6	6
CS7	7

4）端口限速

华为不同路由交换设备对端口限速的方式各有不同,具体如表 4-5 所列。

表 4-5　各设备端口限速方式和速率表

代表设备	限速方式	工作层次	最小速率/(kb/s)
NE40E-X3	QoS car	链路层	100
NE40E-X3	qos-profile	链路层	16
NE20E-8	HQoS	链路层	20
S9300	QoS lr	物理层	64
S5300	QoS lr	物理层	64

进行端口限速时,需要根据实际带宽以及传输数据的包长计算出对应的端口速率。要考虑限速的传输链路包括:

（1）用于卫通链路的协议转换器,实现以太网接口与 RS530、V.35 的转换。受卫通带宽的限制,必须在以太网接口上进行出向限速和 pq 调度。

（2）用于以太网延伸的光端机,受 SDH 接口速率的限制,必须在以太网接口上进行出向限速和 pq 调度。

（3）用于以太网延伸的 HDSL 设备,受 HDSL 传输带宽的限制,必须在以太网接口上进行出向限速和 pq 调度。

（4）用于连接核心/汇聚交换机与路由器之间的链路端口,受保密机和防火墙性能的限制,在大业务流量的条件下,必须在以太网接口上进行出向限速和 pq 调度。

5）流分类

航天测控通信网设备在不同的设备、端口上采用不同的流分类方式：

（1）在接入交换机的接入端口上采用基于报文的 IP 五元组（由 ACL 定义）信息进行复杂流分类，为报文标识适当的 DSCP 值。

（2）一般在所有设备的互联端口上采用基于 DSCP 的简单流分类，信任自上游设备流入报文的 DSCP 值；在连接中心机等独立子网的核心交换机互联端口上采用基于报文的 IP 五元组（由 ACL 定义）信息进行复杂流分类，以保证报文有适当的 DSCP 值。

2. 端到端链路部署要点

（1）所有以太网端口需工作在全双工模式，防止端口模式不匹配导致丢包。

（2）将千兆到百兆的转换节点选择在交换机上。对于城域网来说，内部是全千兆网络，核心节点之间为万兆网络，不存在性能瓶颈，即使涉及高速率到低速率的适配，由于核心交换机端口队列缓存较大，一般不丢包。而在局域网，内部是千兆、百兆混合网络，交换机、防火墙是千兆接口，路由器、保密机是百兆接口，在自协商模式下防火墙为千兆到百兆的转换节点，但这时的防火墙适应突发数据的特性差，容易造成丢包。

（3）广域网端口设置适当的限速和队列缓存。一般广域网带宽总是小于城/局域网带宽，路由器高速数据进来、低速数据出去，尤其是突发数据在出口限速情形下占用端口队列缓存，易导致拥塞和丢包。在路由器上设置较大的队列缓冲进行缓冲，防止入口直接丢包；设置和信道带宽匹配的较小的出向限速值，防止流量直接冲击信道设备。如果路由器广域网端口不能提供足够的缓存能力，使用下连的三层交换机做限速和整形交换机。

4.3.7　QoS 配置

4.3.7.1　流量监管和整形配置

流量监管 TP 可以限制进入网络的流量与突发，为网络的稳定提供了基本的 QoS 功能。流量监管的典型作用是监督进入网络的某一流量的规格，把它限制在一个合理的范围之内，并对超出部分的流量进行"惩罚"，以保护网络资源和运营商的利益。

流量整形 TS 则是限制流出网络的流量与突发，为网络的稳定提供了基本的 QoS 功能。流量整形的典型作用是限制流出某一网络的某一连接的正常流量与突发流量，使这类报文以比较均匀的速度向外发送，是一种主动调整流量输出速率的措施。

流量监管和流量整形通常使用缓冲区和令牌桶来完成。

1. 基于接口的流量监管配置

基于接口的流量监管是指对进入接口的所有流量进行控制,而不区分具体报文的类型。在网络中,如果不限制用户发送的业务流量,大量用户不断突发的业务数据会使网络更加拥挤。为了使有限的网络资源能够更好地发挥效用,更好地为更多的用户服务,必须对用户的业务流量加以限制。

当设备的管理网口受到恶意攻击、网络异常等原因导致流量过大时,会导致CPU 占用率过高,进而影响系统正常运行。为了使系统正常运行,也需要对管理网口的流量进行限制。基于接口的流量监管对流入接口的所有的业务流量有效,一般应用于网络核心路由器和交换机。通常的用法是使用承诺访问速率(Committed Access Rate,CAR)来限制某类报文的流量。

不同的路由器和交换机配置方法与命令不同,以 NE80E/40E 路由器为例。

1)建立配置任务

在配置基于接口的流量监管之前,需要明确承诺信息速率、峰值信息速率、承诺突发尺寸、过度突发尺寸;配置 CAR 的接口和方向(入方向或出方向)。

2)配置命令

(1)三层接口上配置流量监管的操作命令。

进入接口视图后,在接口上配置 CAR:

qos car { **cir** cir-value [**pir** pir-value]} [**cbs** cbs-value**pbs** pbs-value] [**green** { **discard** | **pass** [**service-class** class**color** color] } | **yellow** { **discard** | **pass** [**service-class** class**color** color]} | **red** { **discard** | **pass** [**service-class** class**color** color] }] * { **inbound** | **outbound** }

命令参数说明:

circir-value:指定承诺信息速率,即保证能够通过的速率。

pirpir-value:指定峰值速率,即最大能够通过的速率。

cbscbs-value:指定承诺突发尺寸(Committed Burst Size),即瞬间能够通过的承诺流量,即第一个令牌桶的深度(假定该桶为 A 桶)。整数形式,0 ~ 4294967295,单位是 byte。CBS 的取值必须大于已经配置的 CIR 的值。缺省值与配置的 cir-value 有关。

pbspbs-value:指定超出突发尺寸(Peak Burst Size),即瞬间能够通过的峰值流量,即第二个令牌桶的深度(假定该桶为 B 桶)。整数形式,0 ~ 4294967295 单位是 byte。

缺省值与 pir-value 有关。

pass、discard:指定对着色为某种颜色(green、yellow、red)的报文采取的动作,分别是通过、丢弃。

Green:数据包的流量符合承诺信息速率时对数据包采取的动作,缺省值为 pass。

Yellow:数据包的流量超过承诺信息速率但小于峰值速率时对数据包采取的动作,缺省值为 pass。

Red:数据包的流量超过峰值速率时对数据包采取的动作,缺省值为 discard。

service-classclass:报文将被 remark 成的服务等级。

colorcolor:报文将被 remark 成的颜色。

all:指定删除的所有的 VLAN 报文。

NE80E/40E 的流量监管支持以太网接口、POS 接口、以太网子接口(不包括 Q-in-Q 接口)、Eth-trunk 子接口和 IP-Trunk 接口。NE80E/40E 支持在三层主接口同时配置出方向和入方向的流量监管。流量监管分为单令牌桶流量监管和双令牌桶流量监管。如果网络流量较简单,可以配置单令牌桶监管,只选择参数 cir 和 cbs。如果网络流量较复杂,需要配置双令牌桶监管,需选择参数 cir、pir、cbs 和 pbs。

(2) 二层接口上配置流量监管命令。进入接口视图,切换到二层端口视图,二层端口加入到指定的 VLAN 中,配置当前端口允许通过的 VLAN ID 列表,在接口上配置 CAR。

```
portswitch
port default vlan vlan-id
port trunk allow-pass vlan { { vlan-id1 [ to vlan-id2 ] } &<1-10> | all }
qos car { cir cir-value [ pir pir-value] } [ cbs cbs-valuepbs pbs-value ] [ green { discard | pass [ service-class classcolor color ] } | yellow { discard | pass [ service-class classcolor color ] } | red { discard | pass [ service-class classcolor color ] } ] * | inbound | outbound } [ vlan { vlan-id1 [ to vlan-id2 ] &<1-10> } ]
```

3) 检查配置结果

```
display interface [ interface-type [ interface-number ] ] [ | { begin | exclude | include } regular-expression ]         //查看接口的流量信息
display car statistics interface interface-typeinterface-number [ sub-inter-face ] { inbound | outbound }         //查看三层接口指定方向的 CAR 统计数据
display car statistics interface interface-typeinterface-numbervlan vlan-id { inbound | outbound }         //查看二层接口指定方向的 CAR 统计数据
```

4) 配置示例

显示指定接口指定方向的统计信息,包括通过的报文数、字节数、速率;丢弃的报文数、字节数、速率。例如：

```
display car statistics interface gigabitEthernet 6/0/0 outbound
display qos lr outbound interface gigabitethernet 0/0/1
```

2. 基于类的流量监管配置

如果需要对进入网络的满足特定条件的某一类或几类报文进行流量控制，在网络空闲和拥塞时都能够保证一定带宽(丢失部分的数据不会对整体数据产生太大的影响)，可以通过将复杂流分类与流量控制行为结合，配置基于复杂流分类的流量监管策略。然后将该策略应用于网络入接口，使某一类或几类报文流量限制在合理的范围之内，让有限的网络资源更好地发挥效用。

复杂流分类是指根据五元组(源地址、源端口号、协议号码、目的地址、目的端口号)等报文信息对报文进行分类，通常应用于网络的边缘位置。

1）建立配置任务

在配置基于类的流量监管之前，需准备以下数据：

(1) 流分类的名称。

(2) 匹配规则中的数据：ACL 号、源 MAC 地址、目的 MAC 地址、IP 优先级、DSCP 值、EXP 值、802.1p 值、TCP flag 值。

(3) 流行为的名称。

(4) 流行为中的数据：承诺信息速率、峰值信息速率、承诺突发尺寸、最大突发尺寸。

(5) 流量策略名。

(6) 应用流量策略的接口类型及编号。

2）配置命令

(1) 定义流分类。

traffic classifier classifier-name [**operator** { **and** | **or** }]

定义基于三层/四层信息的流分类匹配规则：

if-match [ipv6] acl { acl-number | name acl-name }

　　　　　　　　　　　　　　　　　　//定义 ACL 匹配规则

if-match [ipv6] dscp dscp-value　　　//定义 DSCP 匹配规则

if-match tcp syn-flag tcpflag-value　　//定义 TCP Flag 匹配规则

if-match ip-precedence ip-precedence　//定义 IP 报文优先级的匹配规则

if-match [ipv6] any　　　　　　　//定义匹配所有数据包的规则

if-match ipv6 source-address ipv6-address prefix-length

　　　　　　　　　　　　　　　　//定义 IPv6 报文源 IP 地址的匹配规则

if-match ipv6 destination-address ipv6-address prefix-length

　　　　　　　　　　　　　　　　//定义 IPv6 报文目的 IP 地址的匹配规则

命令参数说明：

当 any 和 acl 同时配置时，先配置的策略先生效。

如果为 IPv6 报文，选择匹配规则时，请指定关键字 Ipv6。其中定义基于源、目的 IP 地址的匹配规则只适用于 IPv6 报文，IPv4 报文不支持。

如果在一个流分类中配置了多个匹配规则，可以通过指定参数 operator 来设置这些规则之间的关系。其中，and 在指定流分类下的规则之间是逻辑"与"的关系，即数据包必须匹配全部规则才属于该类；or 在指定流分类下的规则之间是逻辑"或"的关系，即数据包只要匹配其中任何一个规则就属于该类。缺省情况下，即如果没有指定 operator，则规则之间为逻辑"或"（or）的关系。

定义基于二层信息的流分类：

```
if-match 8021p 8021p-value              //定义 VLAN 报文 802.1p 匹配规则
if-match source-mac mac-address         //定义报文源 MAC 地址的匹配规则
if-match destination-mac mac-address    //定义报文目的 MAC 地址匹配规则
if-match mpls-exp exp-value             //定义 MPLS EXP 匹配规则
```

如果在一个流分类中配置了多个匹配规则，可以通过指定参数 operator 来设置这些规则之间的关系。

```
traffic behavior behavior - name
car { cir cir-value [ pir pir-value ] } [ cbs cbs-value pbs pbs-value ] [ green { discard
| pass [ service-class class color color ] } | yellow { discard | pass [ service-class
class color color ] } | red { discard | pass [ service- class class color color ] } ]
traffic policy policy-name
classifier-name behavior behavior-name [ precedence precedence ]
```

命令参数说明：

如果需要配置单令牌桶监管，请选择参数 cir 和 cbs，并配置 pbs 为 0。

如果需要配置单速率双令牌桶监管，请选择参数 cir、cbs 和 pbs。

如果需要配置双速率双令牌桶监管，请选择参数 cir、pir、cbs 和 pbs。

当指定参数 precedence precedence 时，流策略中按照优先级处理流分类的动作。取值越小优先级越高，优先被处理。

（2）三层接口上应用流量策略。可以在 POS 接口、GE 物理接口或子接口、Ringif、IP-Trunk、Eth-trunk 等逻辑接口上应用流量策略。对于 VLANIF 逻辑接口，不能直接应用流量策略；可以通过物理接口/二层 Eth-trunk 接口+VLAN ID 范围的方式实现流量策略。如果在三层接口上根据二层信息 802.1p 来进行流分类，则该接口必须是子接口。

操作命令如下：

> **system-view**
> **nterface** interface-type interface-number
> **traffic-policy** policy-name ｛ **inbound** ｜ **outbound** ｝［ **link-layer** ｜ **all-layer** ｜ **mpls-layer** ］

命令参数说明如下：

如果指定 link-layer 参数，NE80E/40E 将根据报文的二层信息进行复杂流分类。

如果指定 all-layer，表示当接口上应用了关联的流量策略时，先根据报文的二层进行规则匹配并执行相应的动作；如果报文的二层信息没有匹配上流分类规则，则继续根据报文的三层信息或四层信息进行规则匹配并执行相应的动作。

如果指定 mpls-layer 参数，设备将根据指定 MPLS 报文的标签头信息进行复杂流分类。

缺省情况下，根据三层、四层信息及其他信息进行复杂流分类。在三层接口上应用流量策略，可以根据报文的二层、三层、四层信息进行分类。

（3）二层接口上应用流量策略。

> **system-view**
> **interface** interface-type interface-number
> **port switch**
> **traffic-policy** policy-name ｛ **inbound** ｜ **outbound** ｝［ **vlan** vlan-id1 ［ **to** vlan-id2 ］］
> ［ **link-layer** ｜ **all-layer** ｜ **mpls-layer** ］

命令参数说明如下：

如果在二层端口上配置将流量策略应用到流经端口的 VLAN 流量时，需要在此二层端口配置 port trunk allow-passvlan ｛｛ vlan-id1 ［ tovlan-id2 ］｝&<1-10> ｜ all ｝或 port default vlanvlan-id。

在应用流量策略时，若不指定 VLAN，则将该流策略应用于流经端口的 Vlan Switch 业务和以端口方式加入 PBB-TE 的业务流量。

当对二层端口中的 Vlan Switch 业务和以端口方式加入 PBB-TE 的业务流量应用流量策略时，可以不指定 VLAN ID。但对二层端口中的 VLAN 流量应用流量策略时，必须指定 VLAN ID。

在应用流量策略时，若不指定 VLAN，则将该流策略应用于流经端口的 Vlan Switch 业务流量。当对二层端口中的 Vlan Switch 业务流量应用流量策略时，可以不指定 VLAN ID。但对二层端口中的 VLAN 流量应用流量策略时，必须指定 VLAN ID。

3）检查配置结果

display interface [interface-type [interface-number]] [| **begin** | **exclude** | **include** | regular-expression]　　　　　　　//查看接口的流量信息
display traffic behavior { **system-defined** | **user-defined** } [behavior-name]
　　　　　　　　　　　　　　　　　//查看流行为的配置信息
display traffic classifier { **system-defined** | **user-defined** } [classifier-name]
　　　　　　　　　　　　　　　　　//查看流分类的配置信息
display traffic policy interface brief [interface-type [interface-number]]
　　　　　　　　　　　　//查看指定接口或所有接口配置的流量策略信息
display traffic policy { **system-defined** | **user-defined** } [policy-name [**classifier** classifier-name]]　　　　　　//查看流策略中所有流分类与流行为或特定流分
　　　　　　　　　　　　　　　　类与流行为的关联配置信息

4）配置示例

display traffic behavior user-defined　//查看正确配置的流行为名称、配置的正确的动作
display traffic classifier user-defined　//查看正确配置的流分类名称、匹配规则以及匹配
　　　　　　　　　　　　　　　　规则之间的逻辑关系
display traffic policy user-defined　　//查看正确配置的流策略名称、流分类与流行为的
　　　　　　　　　　　　　　　　关联信息

3. 配置流量整形

在网络流量很大的时候,超出规格的报文将被直接丢弃。如果不希望下游网络因为上游发送数据流量过大而造成拥塞或大量报文的直接丢弃,可以通过在上游路由器的出接口配置流量整形(Traffic Shaping,TS),限制流出某一网络的某一连接的流量与突发,使这类报文以比较均匀的速度向外发送,以利于网络上下游之间的带宽匹配。

流量整形通常使用缓冲区和令牌桶来完成,因此当报文的发送速度过快时,超出规格的报文不会被直接丢弃,而是在缓冲区进行缓存,即进入缓存队列。在令牌桶的控制下,网络空闲时再按照队列调度优先级均匀地发送这些被缓冲的报文,避免报文因直接丢弃而大量重传。

1）建立配置任务

在配置流量整形之前,需要明确承诺信息速率、承诺突发尺寸和过度突发尺寸的大小和缓存队列的最大长度。

2）配置命令

qos gts { **any** | **acl** acl-index } **cir** cir [**cbs** cbs [**ebs** ebs [**queue-length** queue-length]]]　　　　　　　　　　//进入接口视图配置流量整形

3）检查配置结果

display qos gts interface [interface-type interface-number]　　　//显示接口的 TS 配置
情况和统计信息

4）配置示例

display qos gts interface gigabitethernet1/0/1　　　//查看接口上流量整形的执行情况

4.3.7.2　拥塞管理配置

拥塞避免（Congestion Avoidance）是通过监视网络资源（如队列或内存缓冲区）的使用情况，在拥塞有加剧的趋势时，主动丢弃报文，通过调整网络的流量来解除网络过载的一种流量控制机制。传统的丢包策略采用尾部丢弃的方法，但会引发 TCP 全局同步现象。而随机早期检测（Random Early Detection，RED）和加权随机早期检测（Weighted Random Early Detection，WRED）可以避免 TCP 全局同步现象。

与端到端的流控相比，拥塞避免的流控有更广泛的意义。它影响到路由器中更多的业务流的负载。当然，路由器在丢弃报文时，并不排斥与源端的流控动作（如 TCP 流控的配合），更好地调整网络的流量到一个合理的负载状态。

传统的丢包策略采用尾部丢弃的方法。当队列的长度达到某一最大值后，所有新到来的报文都将被丢弃。这种丢弃策略会引发 TCP 全局同步现象。当队列同时丢弃多个 TCP 连接报文时，将造成多个 TCP 连接同时进入拥塞避免和慢启动状态以降低并调整流量；而后又会在某个时间同时出现流量高峰。如此反复，使网络流量忽大忽小。

为避免 TCP 全局同步现象，可使用 RED 或 WRED。

在 RED 类算法中，为每个队列都设定一对低限和高限值，并规定：当报文占队列的长度小于低限时不丢弃报文；当报文占队列的长度超过高限时，丢弃所有到来的报文；当报文占队列的长度在低限和高限之间时，开始随机丢弃到来的报文。方法是为每个到来的报文赋予一随机数，并用该随机数与当前队列的丢弃概率比较，如果大于丢弃概率则被丢弃。队列越长，丢弃概率越高，但有一个最大丢弃概率。

与 RED 不同，WRED 生成的随机数是基于优先权的，它引入 IP 优先级区别丢弃策略，考虑了优先送高优先级报文并使其被丢弃的概率相对较小。RED 和 WRED 通过随机丢弃报文避免了 TCP 的全局同步现象。当某个 TCP 连接的报文被丢弃，开始减速发送的时候，其他的 TCP 连接仍然有较高的发送速度。这样，无论什么时候，总有 TCP 连接在进行较快的发送，提高了线路带宽的利用率。

直接采用队列的长度和低限、高限比较并进行丢弃(其中高低门限的值设置的是队列门限的绝对长度),将会对突发性的数据流造成不公正的待遇,不利于数据流的传输。所以,在和低限值、高限值比较并进行丢弃时,采用队列的平均长度(这是设置队列门限与平均长度比较的相对值)。队列的平均长度是队列长度被低通滤波后的结果。它既反映了队列的变化趋势,又对队列长度的突发变化不敏感,避免了对突发性数据流的不公正待遇。

当队列机制采用加权公平对列(Weighted Fair Queuing,WFQ)时,可以为每个队列设定不同的队列长度滤波系数、低限值、高限值、丢弃概率,为不同类别的报文提供不同的丢弃特性。

1. 配置 WRED

1) 建立配置任务

在配置 WRED 之前,需准备以下数据:

(1) WRED 模板名称、高低门限百分比、丢弃概率、队列中报文颜色。

(2) WRED 丢弃策略应用的接口和类队列参数。

2) 配置命令

```
port-wred port-wred-name        //创建类队列 WRED 模板并进入 WRED 视图
color｛green｜yellow｜red｝ low-limit low-limit-percentage high-limit high- limit-per-
centage discard-percentage discard-percentage
                        //配置不同颜色的报文的高低门限百分比和丢弃概率
Interface interface-type interface-number     //进入接口视图
port-queue cos-value｛｜pq｜wfq weight weight-value｜lpq｝｜shaping｛shaping-
value｜shaping-percentage shaping-percentage-value｝｜port- wred wred-name｝ *
outbound                //在接口上为不同业务等级的类队列配置调度策略,并
                        在调度策略中应用配置好的 WRED 模板
```

命令参数说明如下:

每个 WRED 模板最多支持红、黄、绿三种颜色报文的处理。一般绿色报文设置的丢弃概率比较小,高、低门限值比较大;黄色报文次之;红色报文设置的丢弃概率最大,高、低门限值最小。

通过配置 WRED 模板,用户可以为队列设定高低门限百分比和丢弃概率。当报文队列的实际长度占类队列的长度百分比小于低门限百分比时,不丢弃报文;当报文队列的实际长度占类队列的长度百分比在低门限百分比和高门限百分比之间时,WRED 开始随机丢弃报文(队列的长度越长,报文被丢弃的概率越高);当报文队列的实际长度占类队列的长度百分比大于高门限百分比时,丢弃所有的报文。每种颜色报文的门限值百分比和丢弃概率都是可配置的。

124

NE80E/40E 只支持在出方向上配置调度策略,入方向业务会按照系统缺省的调度策略进行调度。

low-limit-percentage WRED 丢弃的低门限百分比,表示 WRED 丢弃的低门限值占类队列长度的百分比。

high-limit-percentage WRED 丢弃的高门限百分比,表示 WRED 丢弃的高门限值占类队列长度的百分比。

discard-percentage WRED 的丢弃概率百分比。

cos-value 指定配置的流队列优先级。

weight-value 流队列调度的权重。

shaping-value 整形速率,表示配置的接口带宽,等于峰值信息速率 PIR 的取值。

pbspbs-value 缓存大小,表示配置整形后接口允许向外发送数据的峰值流量。其值设置等于峰值突发尺寸 PBS 的取值。

此外,pq∣wfq∣lpq 表示配置该队列的调度方式。pq 为绝对优先级队列调度;wfq 为加权公平队列调度;lpq 为低优先级调度。三种队列调度的优先级次序为:PQ 队列的优先级高于 WFQ 队列的优先级。WFQ 队列的优先级高于 LPQ 队列的优先级。高优先级的队列可以抢占低优先级队列的带宽。

Outbound 修改该接口 8 个 CQ 队列出(下行)方向的调度参数。

3) 检查配置结果

```
display interface [ interface-type [ interface-number ] ] [ ∣ { begin ∣ exclude ∣ include
∣ regular-expression ]                 //查看接口的流量信息
display port-wred configuration [ verbose [ port-wred-name ] ]
                                       //查看类队列 WRED 模板的配置参数
display port-queue configuration interface interface-type interface- number outbound
                                       //查看类队列的详细配置信息
display port-queue statistics interface interface-type interface-number [ cos-value ]
outbound                               //查看类队列的统计信息
display port-queue configuration slot slot-id outbound bind Mtunnel
                                       //查看分布式组播的类队列配置信息
display port-queue statistics slot slot-id [ cos-value ] outbound bind Mtunnel
                                       //查看分布式组播 VPN 的类队列的统计信息
```

4) 配置示例

```
display port-wred configuration verbose pw      //查看类队列 WRED 模板的配置
```

在配置成功时,执行上面的命令,应能得到如下结果:

系统视图下,各种颜色报文的 WRED 模板中高、低门限及丢弃概率配置正确;端口上特定服务等级的报文应用了正确的 WRED 模板。

查看分布式组播 VPN 的类队列统计信息。例如:

```
display port-queue statistics slot 10 be outbound bind mtunnel
```

2. 配置低速链路的队列调度

在 CPOS、E1/T1 或者 E3/T3 等低速接口建立的链路上,由于网络资源有限,容易产生拥塞。为了避免网络拥塞时报文被统一丢弃,需要将不同业务流量分类到不同的流队列进行 PQ 和 WFQ 队列调度,优先保证高优先级的报文通过。

1) 建立配置任务

在配置低速链路的队列调度之前,需准备以下数据:

(1) 配置队列调度的接口号。

(2) PQ 队列调度的 PIR 和整形速率百分比。

(3) WFQ 队列调度的 CIR、PIR 和整形速率百分比。

2) 配置命令

```
cos-value pq shaping shaping-value shaping-percentage shaping- percentage-value
                    //进入接口视图,配置 pq 队列调度参数
port-queue cos-value wfq shaping shaping-value shaping-percentage shaping-
percentage-value       //配置 WFQ 队列调度参数
```

3) 检查配置结果

```
display interface [ interface-type [ interface-number ] ] [ | { begin | exclude | include
| regular-expression ]    //查看接口的流量信息
display ls-port-queue configuration interface interface-type interface- number outbound
                    //查看类队列的详细配置信息
display ls-port-queue statistics interface interface-type interface- number[ cos-value ]
outbound            //查看类队列的统计信息
```

4) 配置示例

查看低速卡上类队列的统计信息。例如:

```
display ls-port-queue statistics interface serial 3/0/0/2:0 outbound
```

3. NE20E 路由器拥塞避免配置

1) 建立配置任务

在配置拥塞避免之前,需准备以下数据:

(1) 报文的服务等级。

(2) 报文的协议类型。

（3）最小和最大报文丢弃门限值。

（4）丢弃概率。

2）配置命令

配置针对报文等级的门限值和丢弃概率。

> **drop-level class** class **low-limit** low-limit **high-limit** high-limit **discard- probability** discard-prob

命令参数说明如下：

第 2 条命令中，该设置用于对上行（到达的）报文实施拥塞避免报文丢弃策略。针对报文优先级的 RED 参数的缺省配置如表 4-6 所列。这些参数一般不需要用户进行配置，可以采用缺省的参数。

第 3 条命令中，该设置用于对下行（发出的）报文实施拥塞避免报文丢弃策略。在实施丢弃策略时，针对报文协议类型的 RED 参数的缺省配置如表 4-6、表 4-7 所列。这些参数一般不需要用户进行配置，可以采用缺省的参数。由于自适应流（如 TCP 业务流）在网络发生拥塞且报文超时，源端能自动调整速率，因此用户在具体配置这些参数时，可以适当放松丢包条件，如在同样的队列门限条件下，降低丢弃的概率。

表 4-6　class 服务级别的 RED 缺省参数列表

服 务 等 级	最小丢弃队列门限	最大丢弃队列门限	最大丢弃概率
0	40	70	20
1	55	90	10
2	61	90	10
3	67	90	10
4	72	90	10
5	78	90	10
6	83	90	10
7	89	90	10

表 4-7　各业务类别的 RED 缺省参数取值级别表

业 务 类 别	最小丢弃门限	最大丢弃门限	最大丢弃概率
tcp	50	90	10
udp	55	90	10
tcpsyn	60	90	10
other	60	90	10

3）检查配置结果

```
display drop-level class [ class ]//显示某服务等级报文的丢弃门限值和最大丢弃概率
display drop-level type [ tcp | udp | tcpsyn | other ]
                            //显示某协议类型报文的丢弃门限值和最大丢弃概率
```

4.3.7.3 基于类的 QoS 配置

基于类的 QoS 是指通过对流量按照某种规则进行分类,并将同种类型的流量关联某种动作,形成某种策略,将该策略应用后实现基于类的流量监管、流量整形、拥塞管理、重新标记优先级等功能。流量策略包括基于复杂流分类规则的流量策略、基于简单流分类规则的流量策略。基于复杂流分类规则的流量策略是指根据流量所属的类对流量实施流量监管、重新标记、包过滤、策略路由和流量采样等。基于简单流分类规则的流量策略是指根据报文所携带的标记信息重新设置服务级别、颜色和丢弃优先级。

1. 配置基于简单流分类的优先级映射

基于简单流分类的优先级映射可以将一种网络流量中的优先级映射到另外一种网络流量中,使流量在另外一种网络中按照原来的或用户配置的优先级传送。

不同的路由器和交换机配置方法与命令不同,以 S5300 交换机为例。

1）建立配置任务

在配置基于简单流分类的优先级映射之前,需准备以下数据:

（1）接口的类型和编号。

（2）输入 DSCP 值,输出的 802.1p 优先级、丢弃优先级或新的 DSCP 值。

（3）输入 IP 优先级,输出的 802.1p 优先级或 IP 优先级。

2）配置命令

```
interface interface-type interface-number
interface eth-trunk trunk-id
port-group port-groupname                    //进入端口组视图
trust dscp                                   //配置接口信任报文的 DSCP 值
quit
qos map-table { dscp-dot1p | dscp-dp | dscp-dscp }        //进入 DSCP 映射表视图
input { input-value1 [ to input-value2 ] &<1-10> } output output-value
                                             //配置 DSCP 表中的映射关系
Interface interface-type interface-number    //进入 GE 接口视图或 XGE 接口视图
Interface eth-trunk trunk-id                 //进入 Eth-trunk 接口视图
```

```
trust ip-precedence                              //配置接口信任报文的 IP 优先级
quit
qos map-table { ip-pre-dot1p | ip-pre-ip-pre }   //进入 IP 优先级映射表视图
input { input-value1 [ to input-value2 ] output output -value }
                                                 //配置 IP 优先级表中的映射关系
```

命令参数说明：

dscp-dot1p 指定进入 dscp-dot1p 视图，即从 DSCP 到 802.1p 优先级的映射视图。

dscp-dp 指定进入 dscp-dp 视图，即从 DSCP 到丢弃优先级的映射视图。

dscp-dscp 指定进入 dscp-dscp 视图，即从 DSCP 到 DSCP 的映射视图。

ip-pre-dot1p 指定进入 ip-pre-dot1p 视图，即从 IP 优先级到 802.1p 优先级的映射视图。

ip-pre-ip-pre 指定进入 ip-pre-ip-pre 视图，即从 IP 优先级到 IP 优先级的映射视图。

input-value1 指定输入的起始 DSCP/IP 值，取值范围 0~63。

toinput-value2 指定输入的终止 DSCP/IP 值。input-value2 需大于 input-value1，它和 input-value1 共同确定一个 DSCP/IP 范围。

output-value 指定输出的 802.1p 优先级、丢弃优先级或新的 DSCP/IP 值。

dscp-dot1p 视图下取值范围是 0~7；dscp-dp 视图下取值范围是 0~2。

丢弃优先级 0 对应报文颜色 green；丢弃优先级 1 对应报文颜色 yellow；丢弃优先级 2 对应报文颜色 red。

此外，dscp-dscp 视图下取值范围是 0~63。

all 指定所有 DSCP/IP 映射。

3）检查配置结果

```
display qos map-table[ dscp-dot1p | dscp-dp | dscp-dscp | ip-pre-dot1p | ip-pre-ip-
pre ]                                            //查看当前的各种优先级间的映射关系
```

4）配置示例

```
display qos map-table ip-pre-dot1p    //查看 IP 优先级与 802.1p 优先级的映射关系
```

2. 配置基于复杂流分类的流策略

基于复杂流分类规则的流量策略是根据报文的 DSCP 值、协议类型、IP 地址、端口号、分片报文的类型以及时间段等参数对不同的业务提供差别服务，对流量实施流量监管、重新标记、包过滤、策略路由和流量采样等。

1）建立配置任务

在配置基于简单流分类的优先级映射之前，需准备以下数据：

(1) 流分类的名称。

(2) 匹配规则中的数据：ACL 号、DSCP 值、802.1p 值、TCP flag 值。

(3) 流行为的名称。

(4) 流行为中的数据：承诺信息速率、峰值信息速率、承诺突发尺寸、最大突发尺寸、DSCP 值、IP 优先级值、EXP 值、802.1p 值、下一跳地址或出接口。

(5) 流量策略名。

(6) 应用流量策略的接口类型及编号。

2) 配置命令

(1) 配置基于二层信息的流分类。配置基于二层信息的流分类后，将根据报文中的 802.1p 值，VLAN ID，源/目的 MAC 地址，出/入接口，二层协议类型等二层信息进行流分类。

```
traffic classifier classifier-name [ operator { and | or } ] [ precedence precedence-val-
ue ]                          //创建一个二层流分类,进入流分类视图
if-match cvlan-8021p { 8021p-value } &<1-8>
                   //定义基于 QinQ 报文内层 VLAN 的 802.1p 优先级的匹配规则
if-match 8021p { 8021p-value } &<1-8>
                   //定义基于 VLAN 报文 802.1p 优先级的匹配规则
if-match vlan-idstart-vlan-id [ toend-vlan-id ] [ cvlan-idcvlan-id ]
   //定义基于外层 VLAN ID 或基于 QinQ 报文内外两层 Tag 的 VLAN ID 的匹配规则
if-match discard                      //定义基于丢弃报文的匹配规则
if-match double-tag                   //定义基于 QinQ 报文双层 Tag 的匹配规则
if-match destination-mac mac-address [ mac-address-mask mac-add
ress-mask ]        //定义基于目的 MAC 地址匹配规则
if-match l2-protocol { arp | ip | mpls | rarp | protocol-value }
                   //定义基于以太网帧头中协议类型字段的匹配规则
if-match any        //定义基于所有报文的匹配规则
```

(2) 配置基于三层信息的流分类。

```
traffic classifier classifier-name [ operator { and | or } ] [ precedence precedence-val-
ue ]                                  //创建一个三层流分类,进入流分类视图
if-match [ ipv6 ] dscp dscp-value&<1-8>   //定义基于 IP 报文 DSCP 优先级的匹配规则
if-match ip-precedence ip-precedence-value&<1-8>
                                  //定义基于 IP 报文 IP 优先级的匹配规则
if-match protocol { ip | ipv6 }        //定义基于报文三层协议类型的匹配规则
if-match tcp syn-flag syn-flag { syn-flag-value | ack | fin | psh | rst | syn | urg }
                                  //定义基于 TCP 报文 SYN Flag 的匹配规则
```

if-match ipv6 next-header header-number **first-next-header**
//定义基于 IPv6 下一报文头类型的匹配规则

命令参数说明：

第 2 条命令中,and 表示流分类中各规则之间关系为逻辑"与",即报文必须匹配流分类中所有的非 ACL 规则以及其中一条 ACL 规则才能命中;or 表示流分类各规则之间是逻辑"或",即报文只需匹配流分类中的一个规则即可命中。缺省情况下,流分类中各规则之间的关系为逻辑"或"。

第 4 条命令中,不能在一个逻辑关系为"与"的流分类中同时配置 if-match dscp 和 if-match ip-precedence。

（3）配置基于 ACL 的流分类。可以借助 ACL 实现根据 IP 五元组对报文进行流分类。流分类支持基本 ACL、高级 ACL、二层 ACL、用户自定义 ACL。

基本 ACL 主要基于源 IP 地址、分片标志、时间段对数据包进行分类定义;高级 ACL 可以基于源 IP 地址、目的 IP 地址、源端口号、目的端口号、分片标志、时间段、协议类型等对数据包进行更为细致的分类定义;二层 ACL 主要基于源 MAC 地址、目的 MAC 地址对数据包进行分类定义;用户自定义 ACL 主要根据用户自定义的规则对数据报文做出相应的处理。

① 配置基于基本 ACL 的流分类。

acl [**number**]basic-acl-number [**match-order** { **auto** | **config** }]
//创建一个基本 ACL,进入 ACL 视图

acl [**ipv6**] [**number**] basic-acl-number [**match-order** { **auto** | **config** }]
//创建一个基本 ACL6,进入 ACL6 视图

step step-value　　　　　　　//配置规则的步长

rule [rule-id] { **deny** | **permit** } [**fragment** | **source** { source-addresssou-
rce-wildcard | **any** } | **time-range** time-name]*　　//定义基本 ACLv4 规则

rule [rule-id] { **deny** |**permit** } [**fragment** |**source** { source-ipv6-address prefix-length
| source-ipv6-address prefix-length | source-ipv6-address **postfix** postfix-length | **any** }
| **time-range** time-name]*　　//定义基本 ACLv6 规则

traffic classifier classifier-name [**operator** { **and** | **or** }] [**precedence** precedence-val-
ue]　　　　　　　　　　//创建一个流分类,进入流分类视图

if-match [**ipv6**] **acl** basic-acl-number

② 配置基于高级 ACL 的流分类。

acl [**ipv6**] [**number**] advanced-acl-number [**match-order** { **auto** | **config** }]
//创建一个高级 ACL,进入 ACL 视图

rule [rule-id] { **deny** | **permit** } { protocol-number | **gre** | **igmp** | **ip** | **ipinip** | **ospf** }

［**tos** tos］［**destination** ｛ destination-address destination-wildcard ｜ **any** ｝｜ **dscp** dscp ｜
frag ment ｜ **precedence** precedence ｜ **source** ｛source-address source-wildcard ｜ **any** ｝｜
time-range time-name ］

　　//定义针对 GRE、IGMP、IP、IPinIP、OSPF 协议的高级 ACL 规则
rule［ rule-id ］｛ **deny** ｜ **permit** ｝｛ protocol-number ｜ **tcp** ｝［ **tos** tos ］［ **destination** ｛
destination-address destination-wildcard ｜ **any** ｝｜ **destination- port** ｛ **eq** ｜ **gt** ｜ **lt** ｜
range ｝ port ｜ **dscp** dscp ｜ **fragment** ｜ **precedence** precedence ｜ **source** ｛ source-address
source-wildcard ｜ **any** ｝｜ **source-port** ｛ **eq** ｜ **gt** ｜ **lt** ｜ **range** ｝ port ｜ **tcp-flag** ｛ tcp-val-
ue ｜ **ack** ｜ **fin** ｜ **psh** ｜ **rst** ｜ **syn** ｜ **urg** ｝* ｜ **time-range** time-name ］

　　//定义针对 TCP 协议的高级 ACL 规则
rule［rule-id］｛**deny** ｜ **permit** ｝｛protocol-number ｜ **udp** ｝［ **tos** tos］［ **destination** ｛desti-
nation-address destination-wildcard ｜ **any** ｝｜ **destination-port** ｛ **eq** ｜ **gt** ｜ **lt** ｜ **range** ｝ port ｜
dscp dscp ｜ **fragment** ｜ **precedence** precedence ｜ **source** ｛ source-address source-wildcard ｜
any ｝｜ **source-port** ｛ **eq** ｜ **gt** ｜ **lt** ｜ **range** ｝ port ｜ **time-range** time-name ］

　　//定义针对 UDP 协议的高级 ACL 规则
rule［ rule-id］｛ **deny** ｜ **permit** ｝｛ protocol-number ｜ **icmp** ｝［ **tos** tos ］［ **destination**
｛destination-address destination-wildcard ｜ **any** ｝｜ **dscp** dscp ｜ **fragment** ｜ **icmp-type** ｛ icmp
-name ｜ icmp-type ｜ icmp-code ｝｜ **precedence** precedence ｜ **source** ｛ source-address source-
wildcard ｜ **any** ｝｜ **time-range** time-name ］

　　//定义针对 ICMP 协议的高级 ACL 规则
rule［ rule-id ］｛ **deny** ｜ **permit** ｝｛ protocol-number ｜ protocol-type ｝［ **destination** ｛ desti-
nation-ipv6-address prefix-length ｜ destination-ipv6-address/prefix-length ｜ **any** ｝｜ **destina-
tion-port** operator port1 port2 ｜｛ **dscp** dscp-value ｜｛ **precedence** precedence ｜ **tos** tos ｝* ｝｜
fragment ｜ **logging** ｜ **source** ｛ source-ipv6-address prefix-length ｜ source-ipv6-address/
prefix-length ｜ **any** ｝｜ **source-port** operator port1 port2 ｜ **time-range** time-name ］

　　//定义针对 TCP、UDP 协议的高级 ACLv6 规则
rule［ rule-id ］｛ **deny** ｜ **permit** ｝｛ protocol-number ｜ **icmpv6** ｝［ **tos** tos ］［ **destina-
tion** ｛ destination-ipv6-address prefix-length ｜ destination-ipv6-address /prefix-length ｜ des-
tination-ipv6-address **postfix** postfix-length ｜ **any** ｝｜ **dscp** dscp ｜ **fragment** ｜ **icmpv6-**
type ｛ icmp6-type-name ｜ icmp6-type icmp6-code ｝｜ **precedence** precedence ｜ **source**
｛ source-ipv6-address prefix-length ｜ source-ipv6-address/prefix-length ｜ source-ipv6-ad-
dress **postfix** postfix-length ｜ **any** ｝｜ **time-range** time-name ］

　　//定义针对 ICMPv6 的高级 ACLv6 规则
rule［ rule-id ］｛ **deny** ｜ **permit** ｝｛ protocol-number ｜ **gre** ｜ **ipv6** ｜ **ipv6-ah** ｜ **ipv6-esp**
｜ **ospf** ｝［ **tos** tos］［ **destination** ｛ destination-ipv6-address prefix-length ｜ destination-
ipv6-address /prefix-length ｜ destination-ipv6-address **postfix** post- fix-length ｜ **any** ｝｜
dscp dscp ｜ **fragment** ｜ **precedence** precedence ｜ **source** ｛ source-ipv6-address prefix-length ｜

source-ipv6-address/prefix-length∣ source-ipv6-address **postfix** postfix-length∣ **any** }∣
time-range time-name]　　　　　　　//定义针对其他协议的高级 ACLv6 规则
traffic classifier classifier-name [**operator** { **and** ∣ **or** }] [**precedence** precedence-val-
ue]　　　　　　　　　　　　//创建一个流分类,进入流分类视图
if-match [**ipv6**]**acl** advanced-acl-number

命令参数说明:

advanced-acl-number 用来指定高级 ACL 的编号,整数形式,取值范围是
3000~3999。

③ 配置基于二层 ACL 的流分类。

acl [**number**]mac-acl-number [**match-order** { **auto** ∣ **config** }]
　　　　　　　　　　　　　　//创建一个二层 ACL,进入 ACL 视图
step step-value　　　　　　　//配置规则的步长
rule [rule-id] { **deny** ∣ **permit** } [{ **ether-ii** ∣ **802. 3** ∣ **snap** } ∣ **l2-protocol** type-
value [type-mask] ∣ **destination-mac** dest-mac-address [dest-mac- mask] ∣ **source-**
mac source-mac-address [source-mac-mask] ∣ **vlan-id** vlan-id [vlan-id-mask] ∣
8021p 802. 1p-value ∣ **cvlan-id** cvlan-id [cvlan-id- mask] ∣ **cvlan-8021 p** 802. 1p-
value ∣ **double-tag**]* **time-range** time-range- name]　　　　//配置 ACL 规则
traffic classifier classifier-name [**operator** { **and** ∣ **or** }] [**precedence** precedence-
value]　　　　　　　　　　//创建一个流分类,进入流分类视图
if-match acl l2-acl-number　　　//配置基于二层 ACL 的流分类

命令参数说明:

mac-acl-number 用来指定二层 ACL 的编号,整数形式,取值范围是 4000~4999。

④ 配置基于用户自定义 ACL 的流分类。

acl [**number**]user-defined-acl-number [**match-order** { **auto** ∣ **config** }]
　　　　　　　　　　　　　//创建一个用户自定义 ACL,进入 ACL 视图
step step-value　　　　　　　//配置规则的步长
rule [rule-id] { **deny** ∣ **permit** } [[**l2-head** ∣ **ipv4-head** ∣ **ipv6-head** ∣ **l4-head**]
rule-string rule-mask offset } [**time-range** time-range-name]
　　　　　　　　　　　　　//定义用户自定义 ACL 规则
traffic classifier classifier-name [**operator** { **and** ∣ **or** }] [**precedence** precedence-val-
ue]　　　　　　　　　　//创建一个流分类,进入流分类视图
if-match acl user-defined-acl-number　　//配置基于用户自定义 ACL 的流分类

命令参数说明:

user-defined-acl-number 用来指定用户自定义 ACL 的编号,整数形式,取值
范围是 5000~5999。

用户可以在逻辑关系为"与"的流分类中只配置 if-match acl user- defined-acl-number,也可以同时配置其他匹配规则。但是,在同时配置 if-match acl user-defined-acl-number 和其他匹配规则时,if-match acl user-defined-acl-number 只能和 if-match vlan-id、if-match inbound- interface、if-match outbound -interface 同时配置。

(4) 配置流行为。流行为包括禁止/允许、重标记、重定向、流量监管、流镜像、流量统计等,可根据实际需要选择配置。

```
traffic behavior behavior-name    //创建一个流行为,进入流行为视图
permit                            //配置允许动作
deny                              //配置禁止动作
remark 8021p〔8021p-value丨inner-8021p〕
                                  //将符合流分类的报文重新标记 802.1p 优先级
remark cvlan-id cvlan-id          //将符合流分类的 QinQ 报文重新标记内层 VLAN ID
remark vlan-id vlan-id            //将符合流分类的 VLAN 报文重新标记外层 VLAN ID
remark destination-mac mac-address
                                  //将符合流分类的报文重新标记报文中的目的 MAC 地址
remark dscp {dscp-name丨dscp-value}  //将符合流分类的报文重新标记 DSCP 值
remark local-precedence {local-precedence-name丨local-precedence-value}〔color〕
                                  //将符合流分类的重新标记本地优先级
redirect cpu                      //将符合流分类的报文重定向到 CPU
redirect〔vpn-instance vpn-instance-name〕ip-nexthop ip-address &<> <2-4>
                                  //将符合流分类的报文重定向到下一跳
    redirect ip-multihop {nexthop ip-address} &<2-4>
                                  //将符合流分类的报文重定向到配置的多个下一跳中的一个
redirect interface interface-type interface-number//将符合流分类的报文重定向到指定接口
redirect lsppublic dest-address{nexthop-address丨interface interface- type interface-
number丨secondary}.               //将符合流分类的报文重定向到公网目标 LSP 上
redirect multi-trunk {eth-trunk trunk-id} &<1-4>
                                  //将符合流分类的报文重定向到多个 Eth-Trunk
carcir cir-value〔pir pir-value〕〔cbs cbs-value pbs pbs-value〕〔mode {color- blind丨
color-aware}〕〔green {discard丨pass〔service-class class color color〕}〕〔yellow
{discard丨pass〔service-class class color color〕}〕〔red {discard丨pass〔service-
class class color color〕}〕       //配置 CAR 动作
ip urpf disable                   //去使能 URPF 检查功能
mirroring to observing-port observe-port-index
                                  //将满足流分类规则的所有流镜像到观察端口
```

mirroring to cpu	//将满足流分类规则的所有流镜像到接口板 CPU
nesttop-most vlan-id vlan-id	//配置封装外层 VLAN 标签动作
statistic enable	//使能流量统计功能
mac-address learning disable	//配置禁止 MAC 地址学习功能

命令参数说明:

如果配置了 deny 动作,则符合流分类规则的报文都会丢弃,即使配置其他动作也不会生效(流量统计除外)。如果配置了 permit 动作,则对符合流分类规则的报文采取的动作进行逐条匹配。

选择 inner-8021p 参数,系统将内层 802.1p 优先级值拷贝到外层。

不能在同一流行为中既配置 remark destination-mac 又配置以下命令: redirect ip-nexthop ,redirect ip-multihop。

不能在同一个流行为中同时配置 remark 8021p 和 remark local-precedence。

应用包含 redirect cpu 的流策略后,会将符合流分类规则的报文重定向到 CPU,对 CPU 造成影响。

当存在多个下一跳时,设备按照主备方式对报文进行重定向转发。一个流行为中最多可以配置 4 个下一跳,设备根据下一跳的配置顺序确定主备链路,配置在前面的下一跳 IP 地址优先级高,配置的第一个下一跳 IP 地址作为主用链路,其他链路作为备用链路。当主用链路 Down 掉之后,则自动选取优先级高的下一跳作为新的主链路。通过配置报文重定向功能可以实现策略路由。

如果配置了多个下一跳,设备按照等价路由负载分担方式对报文进行重定向转发,即设备按照报文的源 IP 地址(不管流量大小)并根据 HASH 算法在多个下一跳中选择一个进行转发。源 IP 地址相同的流量,则不管流量多大都是选择同一个下一跳转发。

使用重定向到多下一跳的正常转发过程中,如果当前下一跳对应的出接口状态突然为 Down,或路由突然发生了改变,设备可将链路快速切换到当前可用的某个下一跳对应的出接口上。

如果设备上没有命令中下一跳 IP 地址对应的 ARP 表项,使用此命令能配置成功,但重定向不能生效,设备仍按报文原来的目的地址转发,直到设备上有对应的 ARP 表项。

如果入端口为高速率接口(如 XGE 接口),而重定向的出接口为低速率接口(如 GE 接口),需要将报文重定向到多个 Eth-trunk 下的物理接口,以保证流量较均匀地分配出去,避免丢包。此时,可通过将符合流分类的报文重定向到一个或多个 Eth-trunk 来实现负载分担。

配置流量监管,S9300 对符合流分类规则的报文的流量进行监督,对于超过规格的流量,可以采取丢弃、重标记颜色、重标记服务级别。

缺省情况下,流行为中使能 URPF 检查功能。配置后,将这个流行为与一个流分类关联到一个流策略中,当流策略应用到全局、单板、接口或 VLAN 时,系统对全局、单板、接口或 VLAN 上满足流分类的流不进行 URPF 检查。

需要先执行 observe-port(本地镜像)或 observe-port(远程镜像)创建观察端口,才能在流行为中配置镜像到该观察端口。

nest top-most vlan-id 命令主要用于实现基于流的灵活 QinQ 功能。

如果需要查看流量统计信息,需要首先在流行为视图下使能流量统计功能。

与该流行为绑定的流分类所匹配的报文的 MAC 地址将不再被学习,而没有绑定该流行为的流分类所匹配的报文的 MAC 地址仍然默认被学习。

用户可根据实际需要灵活选择配置禁止 MAC 地址学习。如果需要设备在接口、端口组或 VLAN 范围内禁止学习 MAC 地址,应选择在接口视图、端口组视图和 VLAN 视图下配置 mac-address learning disable;如果仅需要禁止学习特定流的 MAC 地址,应选择在流行为视图配置 mac-address learning disable。

(5)配置流策略。通过配置流策略,可以关联流分类和动作。

traffic policy policy-name [**match-order** | **auto** | **config** |]
//创建流策略并进入流策略视图
classifier classifier-name **behavior** behavior-name //在策略中关联流分类和流行为

(6)应用流策略。配置的流策略只有在全局/槽位、接口或 VLAN 下应用后才能生效。

① 在全局或槽位应用流策略。

在全局或槽位的入方向或出方向应用流策略。

traffic-policy policy-name **global** | **inbound** | **outbound** | [**slot** slot-id]

全局每个方向上能且只能应用一个流策略。槽位的每个方向上能且只能应用一个流策略。如果全局某方向应用流策略后,不能再指定槽位在该方向应用流策略;指定槽位在某方向应用流策略后,也不能再在全局该方向应用流策略。

在全局应用,系统对进入设备的所有匹配流分类规则的入方向或出方向报文流实施策略控制。

在槽位应用,系统对进入该槽位对应单板的所有匹配流分类规则的入方向或出方向报文流实施策略控制。

② 在接口应用流策略。

Interface interface-type interface-number [subnumber] //进入接口视图
traffic-policy policy-name | **inbound** | **outbound** | //在接口入方向或出方向应用流策略

每个接口的每个方向上能且只能应用一个流策略。应用后,系统对流经该接口并匹配流分类中规则的入方向或出方向报文实施策略控制。

③ 在 VLAN 下应用流策略。

traffic-policy policy-name{ **inbound** | **outbound** }　//在 VLAN 入方向或出方向应用流策略

每个 VLAN 的每个方向能且只能应用一个流策略。应用后,系统对属于该 VLAN 并匹配流分类中规则的入方向或出方向报文实施策略控制。

3）检查配置结果

display acl { acl-number | **all** }　　　　　　　　　//查看用户定义的 ACL 规则
display traffic classifier user-defined [classifier-name]//查看设备上的流分类信息
display traffic behavior user-defined [behavior-name]//查看流行为的配置信息
display traffic policyuser-defined [policy-name [**classifier** classifier- name]]
　　　　　　　　　　　　　　　　　　　　//查看流策略的配置信息
display traffic-policy applied-record [policy-name]　//查看指定流策略的应用记录信息

4.3.7.4　典型 QoS 配置

1. 配置思路

航天测控通信网中 QoS 使用 DiffServ 服务模型,采用如下的思路配置基于复杂流分类的流量监管:

（1）创建 VLAN,并配置各接口,使用户能够通过交换机访问网络。

（2）在交换机上配置基于 VLAN ID 进行流分类的匹配规则。

（3）在交换机上配置 QoS CAR,对来自和发往用户的报文进行流量的监管。

（4）在交换机上配置流行为,对来自用户侧的报文进行流量监管,并且重标记报文的 DSCP 优先级,对发往用户侧的报文进行流量监管。

（5）在交换机上配置流策略,绑定已经配置好的流行为和流分类,并应用到流经报文的接口上。

2. 配置示例

QoS 是保证数据传输质量的重要手段,实际配置步骤多、过程复杂。针对航天测控通信网中 QoS 应用实际,以在用的华为 S5300 交换机为例,简述配置过程。

1）配置基本 ACL

```
[S5300]acl number 2999
[S5300-acl-basic-2999] rule permit source 100.100.100.100 0
[S5300-acl-basic-2999]rule permit
```

2）配置高级 ACL

[S5300]acl number 3008
[S5300-acl-basic-3008]rule permit udp source 192. 168. 33. 2 0 destination 225. 0. 0. 1 0 destination-port eq 8888

3）配置流分类

[S5300] traffic classifier c3008
[S5300-classifier-c1] if-match acl 3008

4）配置流行为

[S5300] traffic behavior ef64
[S5300-behavior-b1] remark dscp ef
[S5300-behavior-b1] car cir 64

5）配置流策略

[S5300] traffic policy p001
[S5300-trafficpolicy-p1] classifier c3008 behavior ef64

6）策略应用端口

[S5300] interface gigabitethernet 0/0/1
[S5300-GigabitEthernet0/0/1] traffic-policy p001 inbound

第5章
航天测控通信系统组播技术

5.1 组播

5.1.1 概述

当前网络中主要有单播（Unicast）、广播（Broadcast）和组播（Multicast）三种传输方式。随着电子商务、网上会议、网上拍卖、视频点播和远程教学等服务逐渐兴起，对资源发现和点对多点的 IP 传输的需求不断增加，组播技术的应用也越来越广泛。

采用单播方式时，系统为每个需要该信息的用户单独建立一条数据传送通路，并为该用户发送一份独立的拷贝信息。由于网络中传输的信息量和需要该信息的用户量成正比，因此当需要该信息的用户量庞大时，网络中将出现多份相同信息流。此时，带宽将成为重要瓶颈，单播方式较适合用户稀少的网络，不利于信息规模化发送。

采用广播方式时，系统把信息传送给网络中的所有用户，不管他们是否需要，任何用户都会接收到广播来的信息，信息安全性和有偿服务得不到保障。另外，当同一网络中需要该信息的用户量很小时，网络资源利用率将非常低，带宽浪费严重。广播方式适合用户稠密的网络，当网络中需要某信息的用户量不确定时，单播和广播方式效率很低。

组播方式解决了网络中用户数量不确定的问题。当网络中的某些用户需要特定信息时，组播信息发送者仅发送一次信息，借助组播路由协议为组播数据包建立树型路由，被传递的信息在尽可能远的分叉路口才开始复制和分发。相比单播来说，使用组播方式传递信息，用户的增加不会显著增加网络的负载；不论接收者有多少，相同的组播数据流在每一条链路上最多仅有一份。相比广播来说，组播数据流仅会流到有接收者的地方，不会造成网络资源的浪费。

采用组播方式时,信息的发送者称为"组播源"。接收相同信息的接收者构成一个组播组(Multicast Group),使用一个 IP 组播地址标识,并且每个接收者都是"组播组成员",可以接收发往该组播组的数据。一个组播组就是一个 IP 地址,不表示具体的主机,而是表示一系列接收者的集合。主机一旦加入某个组播组,即声明自己接收来自组播源的报文。提供组播功能的路由器称为"组播路由器",其不仅提供组播路由功能,也提供组成员管理功能。同时,组播路由器本身也可以是一个或多个组播组的转接成员。同一组播组的成员可以广泛分布在网络中的任何地方,即"组播组"关系没有地域限制。

5.1.2 组播模型分类

(1) 任意源组播(Any Source Multicast, ASM)模型。在该模型中,任意发送者都可以成为组播源,向某组播组地址发送信息。众多接收者无法预先知道组播源的位置,但可以通过加入由该地址标识的组播组,从而接收到发往该组播组的所有信息。同时,接收者可以在任意时间加入或离开该组播组。

(2) 指定源组播(Source Specific Multicast, SSM)模型。在实际网络中,用户可能仅对某些源发送的组播信息感兴趣,而不愿接收其他源发送的信息。SSM模型为用户提供了一种能够在客户端指定信源的传输服务。SSM 模型和 ASM模型的根本区别是接收者已经通过其他手段预先知道了组播源的具体位置。SSM 使用与 ASM 不同的组播地址范围,直接在接收者与其指定的组播源之间建立专用的组播转发路径。

5.1.3 组播地址结构

根据互联网数字分配机构(Internet Assigned Numbers Authority, IANA)规定,组播报文的目的地址使用 D 类 IP 地址,D 类地址不能出现在 IP 报文的源 IP地址字段。D 类组播地址范围是从 224.0.0.0 到 239.255.255.255,地址划分如表 5-1 所列。

表 5-1 D 类地址划分统计表

D 类地址范围	含　义
224.0.0.0~224.0.0.255	为路由协议预留的永久组地址
224.0.1.0~231.255.255.255 233.0.0.0~238.255.255.255	用户可用的 ASM 临时组地址,全网范围内有效
232.0.0.0~232.255.255.255	用户可用的 SSM 临时组地址,全网范围内有效
239.0.0.0~239.255.255.255	用户可用的 ASM 临时组地址,仅在特定的本地管理域内有效,称为本地管理组播地址

（1）永久组地址。IANA 为路由协议预留的组播地址，用于标识一组特定的网络设备（也称为保留组播组）。永久组地址保持不变，组成员的数量可以是任意的，甚至可以为零，如 224.0.0.5 是为 OSPF 路由协议预留的组播地址。224.0.0.0~224.0.0.255 为 IANA 预留的永久组地址，地址 224.0.0.0 保留不做分配，其他地址供路由协议、拓扑查找和维护协议使用。该范围内的地址属于局部范畴，不论生存时间字段（TTL）值是多少，都不会被路由器转发。

（2）临时组地址。为用户组播组临时分配的 IP 地址，组成员的数量一旦为零，即取消。

① 224.0.1.0~231.255.255.255、233.0.0.0~238.255.255.255，为用户可用的 ASM 临时组地址，在全网范围内有效。

② 232.0.0.0~232.255.255.255，为用户可用的 SSM 临时组地址，在全网范围内有效。

③ 239.0.0.0~239.255.255.255，用户可用的 ASM 临时组地址，仅在特定的本地管理域内有效，称为本地管理组播地址。本地管理组播地址属于私有地址，在不同的管理域内使用相同的本地管理组播地址不会导致冲突。

5.1.4　组播基本原理

1. 组播相关协议

组播协议包括用于主机注册的组播组管理协议（Internet Group Management Protocol，IGMP）和用于组播选路转发的组播路由协议。各种组播协议在网络中的应用位置如图 5-1 所示。

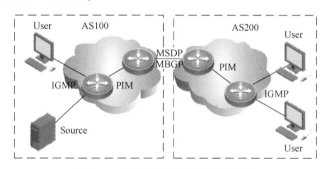

图 5-1　组播协议在网络中的应用

组播组管理协议在接收者主机和支持组播协议的路由器或交换机之间运行，该协议定义了主机与网络设备之间建立和维护组播成员关系的机制。

组播路由协议在组播路由器之间运行，该协议用于建立和维护组播路由，并正确、高效地转发组播数据包。

对于 ASM 模型,可以将组播路由分为域内和域间两大类。

域内组播路由协议用来在自治系统内发现组播源并构建组播分发树,将信息传递到接收者。常用的域内组播路由协议有三种。距离矢量组播路由协议(Distance Vector Multicast Routing Protocol,DVRMP),是一种密集模式协议,该协议有跳数限制,最大跳数 32 跳。组播扩展最短路径优先协议(Multicast Extensions to Open Shortest Path First,MOSPF)是 OSPF 路由协议的扩展协议,它通过定义新的 LSA 来支持组播。协议无关组播协议(Protocol Independent Multicast,PIM)是典型的域内组播路由协议,分为密集模式(Dense Mode,DM)和稀疏模式(Sparse Mode,SM)。当接收者在网络中的分布较为密集时,适用密集模式;较为稀疏时,适用稀疏模式。PIM 必须和单播路由协议协同工作(即单播路由首先必须可达)。

域间组播路由协议用来实现组播信息在自治系统之间的传递。域间组播路由协议包括组播源发现协议(Multicast Source Discovery Protocol,MSDP)和多协议边界网关协议(MultiProtocol Border Gateway Protocol,MP-BGP),两者均能够跨越自治系统传播组播源信息。

对于 SSM 模型,没有域内和域间的划分。

由于接收者预先知道组播源的具体位置,因此可以借助 PIM-SM 的部分功能直接创建组播传输路径。

2. 组播分发树

组播路由形成了一个从数据源到多个接收端的单向无环数据传输路径,即组播分发树。组播分发树是用来描述 IP 组播报文在网络中经过的路径,其有两种基本类型:

(1)源路径树。源路径树以组播源作为树根,是将组播源到每一个接收者的最短路径结合起来构成的转发树,由于源路径树使用的是从组播源到接收者的最短路径,因此也称为最短路径树(Shortest Path Tree,SPT)。对于某个组,网络要为任何一个向该组发送报文的组播源建立一棵树,每一个组播源与接收者之间建立一棵独立的最短路径树。

图 5-2 所示的源路径树示例中,有两个组播源(源 S1 和源 S2),接收者 R1 和 R2。网络会为两个组播源分别建立一棵源路径树,分别是 S1-A-C(R1)-E(R2)和 S2-F-D-C(R1)-E(R2)。

(2)共享树(Rendezvous Point Tree,RPT)。共享树使用网络中某些节点作为路由树的树根,这个根常被称为汇聚点(Rendezvous Point,RP),将 RP 到所有接收者的最短路径结合起来构成共享树。使用共享树时,网络中的每个组播组只有一棵树,所有的组播源和接收者都使用这棵树来收发报文,组播源先向树根发送数据报文,之后再由树根向下转发到达所有的接收者。

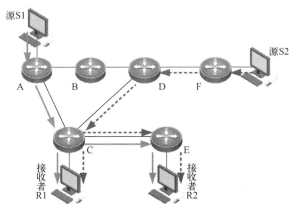

图 5-2　源路径树示例图

图 5-3 的共享树示例中,两个源 S1 和 S2 共享一颗树 D（RP）-C（R1）-E（R2）。

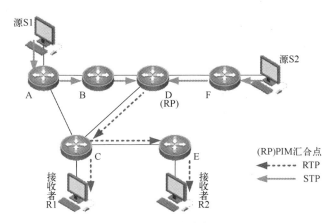

图 5-3　共享树事例图

源路径树的优点是能构造组播源和接收者之间的最短路径,使端到端的延迟达到最小。缺点是在路由器中必须为每个组播源保存路由信息,占用大量的系统资源,路由表的规模也比较大。

共享树的最大优点是路由器中保留的状态可以很少,缺点是组播源发出的报文要先经过 RP,再到达接收者,经由的路径通常并非最短,而且对 RP 的可靠性和处理能力要求很高。

5.1.5 组播数据转发

单播报文的转发过程中,路由器并不关心源地址,只关心报文中的目的地址,通过目的地址决定向哪个接口转发。

在组播中,报文是发送给一组接收者的,这些接收者使用同一个逻辑地址标识。路由器在接收到报文后,必须根据源地址和目的地址确定上游(指向组播源)和下游(接收者)方向,把报文沿着远离组播源的方向进行转发。这个过程称为逆向路径转发(Reverse Path Forwarding,RPF)。

逆向路径转发除了可以正确地按照组播路由的配置转发报文外,还能避免由于各种原因造成的环路,环路避免在组播路由中非常重要。逆向路径转发的核心是 RPF 检查,路由器收到组播报文后,先进行 RPF 检查,只有检查通过的报文才能转发,未通过的报文将被丢弃。RPF 检查过程如下:

(1) 路由器在单播路由表中查找到组播报文源地址的路由(选择最佳路由),即查找组播源或 RP 对应的 RPF 接口(当使用源路径树时,查找组播源对应的 RPF 接口,使用共享树时查找 RP 对应的 RPF 接口),某个地址对应的 RPF 接口是指从路由器向该地址发送报文时的出接口。

(2) 如果组播报文是从 RPF 接口接收下来的,则 RPF 检查通过,报文向下游接口转发。

(3) 否则,丢弃该报文。

如图 5-4 所示,路由器的 S0 接口接收到组播报文,于是启动 RPF 检查。通过查找单播路由表,发现到达路由源 151.10.0.0/16 的出接口为 S1,与接收口 S0 不一致,于是 RPF 失败,并认为是从错误接口收到组播报文,丢弃该报文。只有 RPF 接口既是单播最佳路由,又是组播源的出接口,RPF 成功。

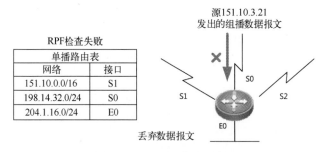

图 5-4 RPF 失败的检查过程

如图 5-5 所示,与上例组网相同,路由器从 S1 接口接收到组播报文,同样进行 RPF 检查。对比单播路由表,发现到达组播源的出接口是 S1,与接收口一致,于是正常接收该报文,并向组播分树中的下游接口转发组播报文。

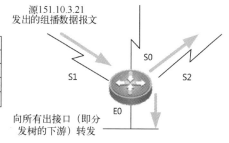

图 5-5　RPF 正确的检查过程

5.2　因特网组管理协议

5.2.1　概述

因特网组管理协议(Internet Group Management Protocol,IGMP)是 TCP/IP 协议族中负责组播成员管理的协议,用来在主机和与其直接相邻的组播路由器之间建立、维护组播组成员关系。

到目前为止,IGMP 有 IGMPv1、IGMPv2 和 IGMPv3 三个版本。所有 IGMP 版本都支持 ASM 模型。IGMPv3 可以直接应用于 SSM 模型,而 IGMPv1 和 IGMPv2 则需要 SSM-Mapping 技术的支持才能应用于 SSM 模型。IGMPv1 定义了基本的组成员查询和报告过程;IGMPv2 在 IGMPv1 的基础上添加了组成员快速离开的机制;IGMPv3 增加的主要功能是组成员可以指定接收或指定不接收某些组播源的报文。

IGMP 协议是组播在末端网络上使用的主机对路由器的信令机制,其运行于主机和与主机直接相连的组播网络设备之间,分为主机侧和路由网络设备侧两个功能部分。

IGMP 协议的运行机理和流程分为以下四个步骤:

(1) 接收者主机向其所在的共享网络报告组成员关系。

(2) 处于同一网段的所有使能了 IGMP 功能的组播网络设备选举出一台作为查询器(查询器在不同版本中有不同的选举机制),查询器周期性(默认查询周期为 60s)地向该共享网段发送组成员查询消息。

(3) 接收者主机接收到该查询消息后进行响应以报告组成员关系。

(4) 网段中的组播网络设备依据接收到的响应来刷新组成员的存在信息。

如果超时无响应,组播网络设备就认为网段中没有该组播组的成员,从而取消相应的组播数据转发。

所有参与组播传输的接收者主机必须应用 IGMP 协议。主机可以在任意时间、任意位置、成员总数不受限制地加入或退出组播组。

支持组播的网络设备不需要也不可能保存所有主机的成员关系,只是通过 IGMP 协议了解每个接口连接的网段上是否存在某个组播组的接收者,即组成员。而各主机只需要保存自己加入了哪些组播组。

如图 5-6 所示,IGMP 处于组播协议的最底层,是整个组播协议的基础。在组播协议中,只有 IGMP 协议直接与点播主机联系,运行 IGMP 的网络设备负责管理组用户主机的加入和离开,通过维护用户数据,发送组播数据到主机。

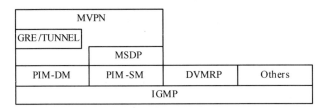

图 5-6 组播协议分层体系

5.2.2 IGMPv1 工作机制

1. IGMPv1 报文格式

IGMPv1 报文格式如图 5-7 所示。

图 5-7 IGMPv1 报文格式

各字段表示如下:

(1) 版本:IGMP 版本标识,版本 1 为"1"(IGMPv2 的报文中没有该字段)。

(2) 类型:类型字段,表示 IGMP 报文类型。

IGMPv1 支持两种类型的报文:

(1) 成员关系查询(0x11):路由器周期性的发送成员关系查询报文去查询是否有组播成员。默认查询周期为 60s。

(2) 成员关系报告(0x12):成员关系报告用于表示主机想加入某个组播组。

成员关系报告可以被动发送也可主动发送。被动发送是指当主机收到成员关系查询消息后如果对某个组播组感兴趣想加入组播组时发送成员关系报告;主动发送是指如果主机想加入某个组播组时,可以不用等待成员关系查询报文,而主动地发送成员关系报告,该报文中组地址为主机想加入的组播组地址。

(3) 组地址:不同类型的 IGMP 报文中组地址不同。在成员关系报告报文中,组地址为某个特定的组播地址。

2. IGMPv1 查询与响应

IGMPv1 规定,当共享网络中有多台路由器时,由组播路由协议选举查询器。不同的组播路由协议有不同的选举机制。IGMPv1 的查询与响应的步骤如图 5-8 所示。

(1) IGMP 查询器周期性地向共享网段内所有主机以组播方式(目的地址为 224.0.0.1,这个地址的作用是网段内所有的设备都会接收到该查询报文,相当于广播)发送成员关系查询消息。

(2) 网络内所有主机都接收到该查询消息,如果某主机(如 PC1、PC2 和 PC3)对任意源组播组 G 感兴趣,则以组播方式发送"成员关系报告"报文(其中携带组播组 G 的地址)来宣告自己将加入该组播组,假设 PC2 首先发送此报告。

(3) 经过查询/响应过程后,IGMP 路由器了解到本网络内存在组播组 G 对应的接收者,生成(∗,G)组播项并依此作为组播信息的转发依据。∗ 表示任意组播源,G 表示某个组播组地址。

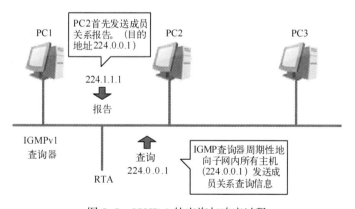

图 5-8　IGMPv1 的查询与响应过程

3. IGMPv1 响应抑制机制

IGMP 成员关系查询报文目的地址是 224.0.0.1,就是说网段内所有的设备都会接收到该查询报文。但并不是所有接收到该报文的主机都会响应查询请求。只有想要接收组播数据的主机会以成员关系报告报文响应,而其他主机则不会发送成员关系报告。

实际上主机收到 IGMP 成员关系查询报文时,会对它已经加入的每个组播组启动一个倒计数报告计时器。IGMPv1 中计时器值固定使用 10s。计时器到时的主机则主动发送成员关系报告,组地址为该组播组地址,目的地址为 224.0.0.1。于是,网段内其他主机都会收到该成员关系报告报文,接收到成员关系报告报文的主机不再发送成员关系报告,并删除计时器。

当路由器周期性地发送成员关系查询报文时,每个主机都会再次启动计时器进行查询/响应/抑制。

4. IGMPv1 组成员离开

由于 IGMPv1 版本没有定义专门离开组播组的消息,因此主机离开组时是自动离开不发送任何报文。IGMPv1 采取基于查询无响应进而超时的思路,实现组播路由器对用户已经离开组播组的感知。如图 5-9 所示,路由器周期性地发送成员关系查询报文,周期为 60s,当路由器发送 3 次成员关系查询报文都没有收到响应的成员关系报告报文时,路由器认为组内没有成员,不再向该网段转发组播报文。

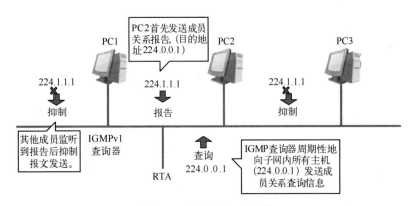

图 5-9　组成员离开机制

5.2.3　IGMPv2 工作机制

1. IGMPv2 报文格式

IGMPv2 报文格式如图 5-10 所示,与 IGMPv1 报文略有不同,取消了版本字段而相应增加了最大响应时间字段。

图 5-10　IGMPv2 报文格式

（1）IGMPv2 报文中有三种报文类型：

① 成员关系查询报文（0x11）。该报文又分为常规查询和特定查询两个子类型。常规查询用于确定哪些组播组是有效的，即该组是否还有成员在使用，常规查询组地址全零；特定查询用于查询特定的组播组是否还有组成员，组地址为特定的组播地址。

② 组成员关系报告（0x16）。为了和 IGMPv1 兼容，还有另外的一个附加的消息类别，0x12 = IGMPv1 成员报告。起作用与 IGMPv1 的成员关系报告一样。

③ 离开组消息（0x17），主机发送的离开报告。

（2）最大响应时间字段：仅用于组成员关系查询，表示主机响应查询返回报告的时间范围，以 0.1s 为单位，默认值是 100，即 10s。

（3）组地址字段：发送常规查询时，组地址字段设置为零；特定组查询时候，设置为要查询的组地址。当主机成员发回组成员关系报告或是发送离开组消息时，本字段设置为目标组地址（224.0.0.2:所有路由器）。

（4）校验和：是 IGMP 消息长度（IP 包的整个有效负载）的 16 位检测。

2. IGMPv2 组成员加入

当一个主机首次加入组播组时，主机立即发送成员关系报告报文。初始的成员报告可能会丢失或会受到损害，为了防止此种情况，推荐在短的间隔时间内报告一次或两次（RFC2326 推荐的时间间隔为 10s）。

IGMPv2 主机也支持 IGMPv1 的成员关系报告报文（向下兼容）。

3. IGMPv2 查询与响应

IGMPv2 中增加了最大响应时间字段，用于动态地调整主机对组查询报文的响应时间。前面介绍了 IGMPv1 中主机收到成员关系查询报文时，会为每个已经加入的组播组启动一个计时器。计时器到期的主机才会发送 IGMP 成员关系报告报文来响应路由器的查询。而在 IGMPv2 中该计时器的值为 1 到最大响应时间之间的一个随机值。

在 IGMPv1 中，组播路由器发起的查询是针对该网段下的所有组播组，这种查询被称为普遍组查询。

IGMPv2 中,在普遍组查询之外增加了特定组的查询,这种查询报文的目的 IP 地址为某个组播组的 IP 地址,报文中的组地址字段也为该组播组的 IP 地址,网络中属于该组播组成员的主机才会响应,这样就避免了其他组播组成员的主机发送响应报文。

4. IGMPv2 查询器选举

一个网段内可以有多台运行 IGMP 协议的路由器,其都能从主机那里收到成员关系报告消息,因此对于包含多个组播路由器的共享网段,只需要一台路由器发送成员资格查询消息。这就需要有一个路由器选举机制来确定一台路由器作为查询器,只有查询器才能发送成员关系查询报文。在 IGMPv1 中,查询器的选择由组播路由协议决定。而 IGMPv2 规定在同一网段上有多个组播路由器时,具有最小 IP 地址的组播路由器被选举为查询器。如图 5-11 所示,路由器启动时,将主动发出到目的地(224.0.0.1)的 IGMPv2 常规查询信息;收到常规查询信息的路由器,会将此信息的源 IP 地址和接收端口的 IP 地址作比较,拥有最小 IP 地址的路由器被选举为 IGMP 查询路由器。

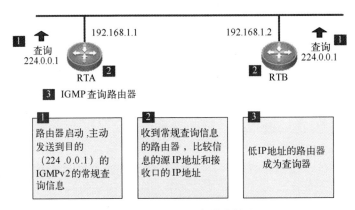

图 5-11　IGMPv2 查询器选举过程

当查询器失效时,另一台路由器将被选举为查询器。非查询路由器会启动一个查询计时器,周期检查 IGMP 查询路由器的状态,缺省周期为 120s。

5. IGMPv2 成员离开

在 IGMPv1 中,主机离开组播组时,不会向任何组播路由器发出任何通知,组播路由器只能依靠响应超时获知组成员的离开。而在 IGMPv2 中,当一个主机决定离开一个组播组时,它会向网络中所有组播路由器以组播方式(224.0.0.2)发送离开组的消息,为了明确该组播组中是否还包含其他成员主机,该组播路由器会向网络中发送特定组查询消息。若在查询的最大响应时间内(默认为 1s)没有收到该组的报告,则再次发送特定组查询消息。在两次特定组查询后仍没有收到成员报告,则认为组播成员全部离开。IGMPv2 成员离开机制如图 5-12 所示。

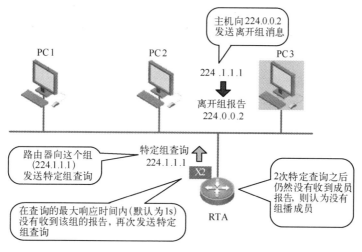

图 5-12　IGMPv2 成员离开机制

5.2.4　IGMPv3 工作机制

1. IGMPv3 的概念

IGMPv3 在兼容 IGMPv1 和 v2 的基础上进一步增强了主机的控制能力,不仅可以指定加入的组播组 G,还能明确要求从哪个指定组播源 S 接收信息,这就是指定源组播功能。

如果主机仅需要获得某些特定源的信息,可以将 IGMP 报告中的 Filter-Mode 字段设置为 Include 模式,并在该报告中指定需要接收的组播源(Sources)地址,从而实现从指定源地址接收组播报文,在 IGMP 报告中标记为为 Include Sources(S1,S2,…)。

若主机不想接收某些特定源的信息,则可以要求从除指定源外的所有其他源地址接收组播报文,在 IGMP 报告中标记为 Exclude Sources(S1,S2,…)。

2. IGMPv3 的工作机制

IGMPv1 和 v2 的响应消息和查询消息具有相同的报文结构,即报文中仅包含组地址信息。IGMPv3 响应消息包含的组地址为 224.0.0.22,可以携带一个或多个组记录,组记录包含组播组地址、数目不等的源地址信息。组记录可以分为当前状态记录、过滤模式改变记录和源地址列表改变记录等多种类型。当前状态记录报告了接口的当前接收状态,分为 Include 和 Exclude 两种状态类型。Include 表示包含指定源地址列表,Exclude 表示包含除指定源地址列表外的所有源地址;过滤模式改变记录报告接口接收状态从 Include 状态切换到 Exclude 状态,或从 Exclude 状态切换到 Include 状态;源地址列表改变记录报告新源地址加入,或删除某源地址,IGMPv3 的工作机制如图 5-13 所示。

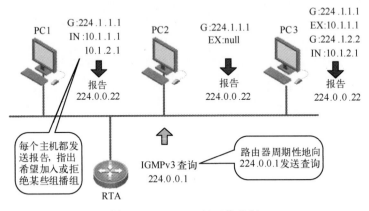

图 5-13 IGMPv3 的工作机制

5.2.5 IGMP 版本比较

IGMP 三种版本之间的关系如表 5-2 所列。注意几个特殊组播地址:224.0.0.1(IGMP 查询信息报文组播地址)、224.0.0.2(IGMPv2 主动发出离开报文组播地址)、224.0.0.22(IGMPv3 响应消息组播地址)。

表 5-2 IGMP 三种版本间的比较

版　　本	IGMPv1	IGMPv2	IGMPv3
查询器选举	依靠上层路由协议	自己选举	自己选举
成员离开方式	默默离开	主动发出离开报文	主动发出离开报文
指定组查询	不支持	支持	支持
制定源组加入	不支持	不支持	支持

IGMPv3 的优点主要体现在它不仅支持 IGMPv1 的普遍组查询和 IGMPv2 的特定组查询,而且支持 IGMPv3 版本的指定源/组查询。对于普遍组查询,既不携带组地址,也不携带源地址;对于特定组查询,携带组地址,但是不携带源地址;对于指定源/组查询,既携带组地址,又携带一个或多个源地址信息。上述特点如图 5-14 所示。

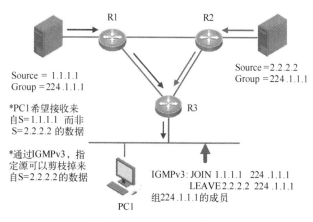

图 5-14　IGMP V3 的优点

5.2.6　IGMP Snooping

IGMP Snooping 运行在数据链路层,是二层以太网交换机上的组播约束机制,用于管理和控制组播组,解决组播报文在二层广播的问题。运用了 IGMP Snoopig 的设备通过监听主机发出的 IGMP 报文,判断主机是否期望加入或离开组播组,从而建立 MAC 组播地址表。

1. IGMP Snooping 工作机制

当二层以太网交换机收到主机和路由器之间传递的 IGMP 报文时,IGMP Snooping 监听 IGMP 报文携带的信息。当监听到主机发出的 IGMP 主机报告报文时,交换机就将该主机加入到相应的组播表中;当监听到主机发出的 IGMP 离开报文时,交换机就删除与该主机对应的组播表项。通过不断监听 IGMP 报文,交换机就可以在二层建立和维护 MAC 组播地址表,并根据 MAC 组播地址表转发从路由器下发的组播报文。

没有运行 IGMP Snooping 时,组播报文将在二层广播,运行 IGMP Snooping 后,报文将不再在二层广播,而是进行二层组播。

二层以太网交换机通过运行 IGMP Snooping 实现对 IGMP 报文的侦测,并为主机及其对应端口与相应的组播组地址建立映射关系。为实现 IGMP Snooping,二层以太网交换机对各种 IGMP 报文的处理过程如图 5-15 所示。

当收到 IGMP 通用查询报文时,如果收到通用查询报文的端口是路由器端口,以太网交换机就重置该端口的老化定时器;如果收到通用查询报文的端口不是路由器端口,则交换机启动对该端口的老化定时器。

当以太网交换机收到 IGMP 特定组查询报文时,只向被查询的 IP 组播组转发特定组查询。

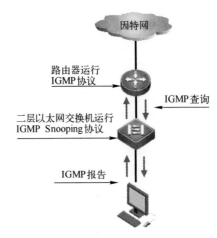

图 5-15　IGMP Snooping 工作机制

当以太网交换机收到 IGMP 报告报文时,首先判断该报文要加入的 IP 组播组对应的 MAC 组播组是否已经存在。若不存在则新建 MAC 组播组,并将接收报告报文的端口加入该 MAC 组播组中,同时启动该端口的老化定时器,将该端口所属 VLAN 下存在的所有路由器端口加入到此 MAC 组播转发表中,且新建 IP 组播组,并将接收报告报文的端口加入到 IP 组播组中。

若该报文对应的 MAC 组播组已经存在,但是接收报告报文的端口不在该 MAC 组播组中,则将接收报告报文的端口加入 MAC 组播组中并启动该端口的老化定时器,然后判断此报文对应的 IP 组播组是否存在:若不存在则新建 IP 组播组并把接收报告报文的端口加入到 IP 组播组中,若存在则将接收报告报文的端口加入到 IP 组播组中。

若该报文对应的 MAC 组播组已存在,并且接收报告报文的端口也已经存在于该 MAC 组播组,则仅重置接收报告报文的端口上的老化定时器。

当以太网交换机收到对某 IP 组播组的离开报文时,会向接收此离开报文的端口发送所离开组的特定组查询报文,以确认此端口相连的主机中是否还有此组播组的其他成员,同时启动一个响应查询定时器。若在该定时器超时的时候还没有收到该组播组的报告报文,则将该端口从相应 MAC 组播组中删去,当 MAC 组播组没有组播成员端口时,交换机将通知组播路由器将该分支从组播树中删除。

2. IGMP Snooping 建立和维护组

如图 5-16 所示,IGMP Snooping 建立和维护组播组的过程分为以下四个步骤：

（1）在图 5-16 中，PC2 希望加入组播组 224.1.2.3，因此以组播方式发送一个 IGMP 成员报告给该组，报告中具有目的 MAC 地址（PC2 的网卡的 MAC 地址）0x0100.5e01.0203。最初转发表上没有这个组播 MAC 地址的表项，所以该报告被扩散到交换机的所有端口，包括与交换机 CPU 相连的内部端口 0。

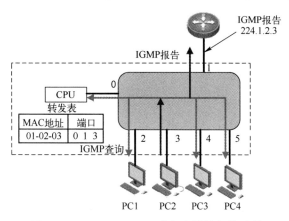

图 5-16　IGMP Snooping 建立和维护组的过程

（2）当 CPU 收到 PC2 发送的 IGMP 报告时，CPU 利用 IGMP 报告中的信息建立了一个转发表项，此表项包括 PC2 的端口号、连接路由器的端口号和连接交换机内部 CPU 的端口号。

（3）形成此转发表项的结果是使后面任何目的地址为 0x0100.5e01.0203 的组播帧都被抑制在端口 0、1 和 3，而且不向交换机其他端口扩散。

（4）假设 PC4 要加入该组，并主动发一个 IGMP 报告给该组，交换机根据转发表项向外部端口 1 和 3 转发此报告。交换机的 CPU 也收到此报告，它在转发表项上为 MAC 地址 0x0100.5e01.0203 增加一个端口（端口 5）。

5.2.7　组播映射

指定源组播映射（SSM Mapping）是 SSM 特性的扩展功能，通过在路由器上配置 SSM 静态映射规则，为运行 IGMPv1 或 IGMPv2 的接收者主机提供支持 SSM 的功能服务。

SSM 模型要求路由器了解接收者主机所在的网段内，接收者加入组播组时所指定的组播源。如果接收者主机上运行的是 IGMPv3，则可以在 IGMPv3 的报告报文中直接指定组播源的地址；如果接收者主机只运行了 IGMPv1 或 IGMPv2（在 IGMPv1 或 IGMPv2 的报告报文中无法指定组播源的地址），这种情况下需要通过在路由器上配置 IGMP SSM Mapping 功能,将 IGMPv1 或 IGMPv2 报告报文中所包含的(* ,G)信息映射为(G,INCLUDE,(S1,S2,…))信息。

在图 5-17 所示的 SSM 网络中,HostA、HostB 和 HostC 上分别运行 IGMPv1、IGMPv2 和 IGMPv3。在不具备将 HostA 和 HostB 升级为 IGMPv3 的情况下,若要为 HostA 和 HostB 也提供 SSM 组播服务,则需在 RouterA 上使能 IGMP SSM Mapping 并配置相应的映射规则。

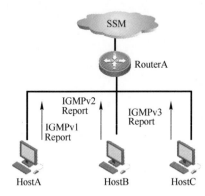

图 5-17　IGMP SSM Mapping 组网图

配置完成后,当 RouterA 收到来自主机的 IGMPv1 或 IGMPv2 报告报文时,首先检查该报文中所携带的组播组地址 G,然后根据检查结果的不同分别进行处理:

(1) 若 G 不在 SSM 组地址范围内,则提供 ASM 组播服务。

(2) 若 G 在 SSM 组地址范围内:

① 若 RouterA 上没有 G 对应的 IGMP SSM Mapping 规则,则无法提供 SSM 组播服务,丢弃该报文;

② 若 RouterA 上有 G 对应的 IGMP SSM Mapping 规则,则依据规则将报告报文中所包含的(* ,G)信息映射为(G,INCLUDE,(S1,S2,…))信息,可以提供 SSM 组播服务。

注:IGMP SSM Mapping 不对 IGMPv3 的报告报文进行处理。

5.2.8　IGMP 配置

航天测控通信网采用的华为 NE40E、NE20E、S9300、S5300、S3300 等设备均支持 IP 组播功能,当配置了 IGMP 协议时,可作为组播交换机或路由器。IGMP 协议是 IP 组播在末端网络上使用的主机对路由器交换机的信令机制,分为两个功能部分:主机侧和交换机侧。所有参与组播传输的接收者主机必须应用 IGMP 协议。主机可以在任意时间、任意位置、成员总数不受限制地加入或退出组播组。主机只需要保存自己加入了哪些组播组。支持组播的三层设备通过 IGMP 协议了解每个接口连接的网段上是否存在某个组播组的接收者,即组成员。

5.2.8.1 IGMP 基本功能配置

IGMP 应用在路由器或交换机与用户主机相连的网段,在网络设备和用户主机上都需要运行 IGMP。配置 IGMP 之前,必须先使能 IP 组播路由功能。IP 组播路由是配置一切组播功能的前提。如果停止 IP 组播路由,组播所有相关配置将无法生效。在连接用户主机的 VLANIF 接口上使能 IGMP,由于不同版本的 IGMP 协议报文不相同,因此需要为网络设备和主机配置匹配的版本。执行此操作之后,才能进行 IGMP 的其他配置。

运行 IGMP 的主机会对与之相连的路由器或交换机的 IGMP 查询报文进行响应,如果超时无响应,路由器或交换机就认为该网段没有该组播组的成员,从而取消相应的数据转发。为了让接口所连接网络上的主机加入指定的组播组,并接收这些组的报文,可以在对应接口上设置一个 ACL 规则作为过滤器,以限制接口所服务的组播组范围。

1. 建立配置任务

(1) 在配置 IGMP 的基本功能之前,需要完成以下任务:

① 配置接口的链路层协议参数和 IP 地址,使接口的链路协议状态为 Up。

② 配置单播路由协议,使各节点间 IP 路由可达。

(2) 在配置 IGMP 基本功能之前,需要准备以下数据:

① 和主机通信的接口所在 VLAN 编号。

② IGMP 版本。

③ 组播组地址、组播源地址。

④ 组播组过滤的 ACL 规则。

2. 配置命令

```
multicast routing-enable                    //使能 IP 组播路由功能
interface interface-type interface-number   //进入接口视图
igmp enable                                 //使能 IGMP 功能
igmp version { 1 | 2 | 3 }                   //配置接口的 IGMP 版本
igmpstatic-group group-address [ source source-address ]
                                            //配置接口静态加入组播组或组播源组
igmp group-policy { acl-number | acl-name acl-name } [ 1 | 2 | 3 ]
                                            //配置接口可以加入的组播组范围
```

命令参数说明：

（1）务必保证同一网段的所有网络交换机接口配置相同的 IGMP 版本，未配置的情况下交换机缺省采用 IGMPv2 版本。航天测控通信网中测控设备由于建设批次不同，对于 IGMP 版本的支持也各有不同，目前可配置 IGMPv2 版本和 IGMPv3 版本。

（2）如果选用 Loopback 接口，交换机将组播数据引入后不会立即转发出去，当有用户点播到该组数据后才转发。这样可以减少带宽占用率。如果选用 VLANIF 接口、POS 接口、IP-Trunk 接口会立即转发。缺省情况下，接口未以静态方式加入任何组播组。

（3）缺省情况下，接口可以加入任何组播组。

3. 检查配置结果

display igmp interface [interface-type interface-number] [**verbose**]
　　　　　　　　　　　　//查看接口上的 IGMP 配置和运行信息
display igmp group [group-address | **interface** interface-type interface-number] **static**
　　　　　　　　　　　　//查看静态 IGMP 组播组的成员信息
display igmp group [group-address | **interface** interface-type interface-number] [**verbose**]
　　　　　　　　　　　　//查看动态加入的 IGMP 组播组成员信息

4. 配置示例

display igmp interface vlanif 3　　//查看 VLANIF3 接口上的 IGMP 配置信息
display igmp group static　　　　　//查看静态 IGMP 组播组的信息

5.2.8.2　配置 SSM Mapping

在提供 SSM 模式组播服务的网段中，由于各种可能的限制，某些用户主机必须运行 IGMPv1 或 v2。为保证向这些用户提供 SSM 服务，需要在路由器或交换机上配置 SSM 静态映射功能。

1. 建立配置任务

（1）配置单播路由协议，使各节点间 IP 路由可达。
（2）使能 IGMP 功能。
（3）需要使能 SSM Mapping 功能的接口。
（4）组播组地址和掩码、组播源地址和掩码。

2. 配置命令

multicast routing-enable　　　　　　　//使能 IP 组播路由功能
interface interface-type interface-number　//进入接口视图
igmp enable　　　　　　　　　　　　　//使能 IGMP 功能

```
igmp version 3                                  //配置 IGMP 版本号为 3
igmp ssm-mapping enable                         //使能 SSM Mapping 功能
ssm-mapping group-address｛ mask | mask-length ｝source-address
                                                //配置组到源的映射
```

命令参数说明：

（1）为保证该网段内运行任意版本 IGMP 的用户主机都能得到 SSM 服务，建议在接口上运行 IGMPv3。

（2）SSM 组地址范围为 232.0.0.0 ~ 232.255.255.255。多次配置，可以实现同一个组到多个源的映射。group-address｛ mask | mask-length ｝为组地址和掩码。source-address 为与组建立映射关系的源地址。

3. 检查配置结果

```
display igmp ssm-mapping ｛ group [ group-address ] | interface [ interface-typeinter-
face-number ] ｝                                 //查看特定源组地址的 SSM Mapping 信息
```

4. 配置示例

```
display igmp ssm-mapping group 232.0.0.1        //查看指定组地址对应的 SSM 映射信息
display igmp ssm-mapping interface vlanif 3      //查看指定接口上的 SSM 映射信息
```

5.2.8.3　配置 IGMP Snooping

在网络运行环境中，当上游设备将组播报文转发下来以后，处于接入边缘的设备负责将组播报文转发给组播用户。缺省情况下，组播数据在数据链路层被广播，所有接入用户均可收到组播数据，造成带宽浪费。在航天测控通信网二层设备上配置 IGMP Snooping 后，已知组播组的组播数据不会在数据链路层被广播，而会发给指定的接收者，一方面减少了二层网络中的广播报文，节约了带宽，另一方面增强了组播信息的安全性。

1. 配置基于 VLAN 的 IGMP Snooping

IGMP Snooping 大多配置于二层网络设备上，因此一般以基于 VLAN 进行配置。

1）建立配置任务

（1）在配置基于 VLAN 的 IGMP Snooping 功能之前，需要完成以下任务：

① 连接接口并配置接口的参数，使接口的物理层状态为 Up。

② 创建 VLAN。

③ 接口加入 VLAN。

（2）在配置基于 VLAN 的 IGMP Snooping 功能之前，需要准备以下数据：

① VLAN 编号。

② （可选）IGMP 报文的版本。

③ 相关功能的接口类型和编号。

2）配置命令

igmp-snooping enable	//使能全局 IGMP Snooping 功能
vlan vlan-id	//进入 VLAN 视图
multicast forwarding-mode｛ip｜mac｝	//配置 VLAN 中组播流按 IP 或 MAC 地址转发
igmp-snooping enable	//使能 VLAN 的 IGMP Snooping 功能
igmp-snooping version｛1｜2｜3｝	//配置 IGMP Snooping 可以处理的 IGMP 版本

3）检查配置结果

display igmp-snooping configuration	//查看 IGMP Snooping 的配置信息
display igmp-snooping［vlanvlan-id］	//查看 IGMP Snooping 配置信息
display igmp-snooping statisticsvlan［vlan-id］	//查看 IGMP Snooping 统计信息
display igmp-snooping port-info［**vlan** vlan-id［**group-address** group-address］］	
［**verbose**］	//查看组播组的成员接口信息

4）配置示例

```
display igmp-snooping vlan 3              //查看 VLAN 的 IGMP Snooping 配置信息
display igmp-snooping port-info          //查看组播组的成员接口信息
```

2. 配置二层组播 SSM Mapping 功能

SSM 模型中，如果接收者主机上运行的是 IGMPv3，则可以在 IGMPv3 的组播数据报文中直接指定组播源的地址；如果某些接收者主机只能运行 IGMPv1 或 IGMPv2，则在 IGMPv1 或 IGMPv2 的组播数据报文中无法指定组播源的地址。配置 IGMP Snooping SSM Mapping 功能，可以使组播组与组播源之间能够建立一一对应的映射关系，将 IGMPv1 或 IGMPv2 数据报文中所包含的（*，G）信息映射为（S，G）信息，提供 SSM 组播服务。

当与用户相连的交换机配置组地址与源地址的映射使能了 IGMPv3 版本，在需要将 SSM 组策略范围外的组播地址映射到指定的组播源时，就要配置 SSM Mapping 功能。当使能了 IGMPv3 版本的交换机收到 SSM 组地址范围内的 IGMPv2 报文，需要自动映射到指定的源时，也需配置 SSM Mapping 功能。

1）建立配置任务

（1）在配置组播 SSM Mapping 功能之前，全局使能 IGMP Snooping 功能。

（2）建立映射组播地址。

2）操作步骤

igmp-snooping version 3	//配置 VLAN 内 IGMP Snooping 版本号为 3
igmp-snooping ssm-mapping enable	//使能 VLAN 内的 SSM Mapping 功能

igmp-snooping ssm-policy basic-acl-number   //配置 SSM 组策略

igmp-snooping ssm-mapping ip-group-address ┊ ip-group-mask │ mask- length ┊ ip-
source-address   //配置指定范围内组播组地址与源地址映射

命令参数说明：

（1）igmp 默认版本号为 2，但是 IGMPv2 版本不支持 SSM Mapping 功能。

（2）缺省情况下，SSM 组范围是 232.0.0.0～232.255.255.255。执行本命令
配置 SSM 策略后，该策略允许的组都将作为 SSM 范围内的组对待。

（3）指定范围的组播组地址为 SSM Policy 范围内的组播组地址。

3）检查配置结果

display igmp-snooping port-info   //查看端口表项信息

4）配置示例

display igmp-snooping port-info vlan 10   //查看对应的端口表项信息

5.3   协议无关组播

5.3.1   密集模式

为协议无关组播（PIM）提供路由信息的可以是静态路由、RIP、OSPF、IS-
IS、BGP 等任何一种单播路由协议，组播路由和单播路由协议无关，只要通过单
播路由协议能够产生相应组播路由表项即可。

PIM-DM 适用于小型网络。在这种网络环境下，组播组的成员相对比较
密集。

PIM-DM 假设网络中的每个子网都存在至少一个对组播源感兴趣的接
收者，因此组播数据包被扩散到网络中的所有点，与此伴随着相关资源（带
宽和路由器的 CPU 等）的消耗，只能适合规模较小的局域网。为了减少这
些宝贵网络资源的消耗，密集模式组播路由协议对没有组播数据转发的分
支进行剪枝（Prune）操作，只保留包含接收者的分支。剪掉的有组播数据转
发需求的分支也可以重新恢复接收组播数据流，PIM-DM 使用嫁接（Graft）
机制主动恢复组播报文的转发。周期性的扩散、剪枝和嫁接现象是密集模
式协议的特征。

1. PIM-DM 中数据包的转发

PIM-DM 模式下数据包的转发路径采用最短路径树。如图 5-18 中箭头所
示的从 Source 到接收者的路径。数据包的转发中会出现上游和下游两个概念，

路由器收到组播数据的接口称为上游,转发组播数据的接口称为下游,数据包的转发是从上游至下游方向的转发。

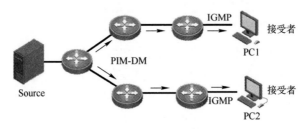

图 5-18 PIM-DM 中数据包的转发过程

2. PIMv2 报文头格式

PIMv2 报文头格式如图 5-19 所示。

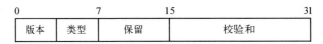

图 5-19 PIMv2 报文头格式

版本:该字段标识版本信息,当前为 2。

类型:"0"表示 Hello,"3"表示加入/剪枝,"5"表示 Assert,"6"表示嫁接,"7"表示嫁接状态,"9"表示状态刷新。

PIM-DM 协议的报文类型包括 Hello 报文、加入/剪枝消息、Assert 报文(Assert 消息使用组播方式发送,目的地是 224.0.0.13 的所有 PIM 路由器)、嫁接消息、嫁接回应消息,状态刷新。这几类报文主要用于周期建立、维护 SPT 树。

5.3.2 稀疏模式

PIM-SM 适用于组成员分布相对分散、范围较广、大规模网络,同时也是航天测控通信网采用的主要传输协议。

PIM-SM 假设网络中的组成员分布非常稀疏,几乎所有网段均不存在组成员。直到某网段出现组成员时,才构建组播路由,向该网段转发组播数据。

PIM-SM 模式实现组播转发的核心任务是构造并维护一棵组播分发树。发送端如果想要往某组播组发送数据,首先由第一跳路由器向根节点进行注册(注册消息为单播报文),注册消息到达根节点后触发组播分发树的建立。连接信息接收者的路由器向该组播组对应的根节点发送组加入消息,加入消息所经过的路径就变成了此组播分发树的分支。之后组播源把组播数据包发向根节点,在沿途每个节点完成逆向路径检查,然后复制并沿着组播分发树继续向接收者转发。PIM-SM 两种树的形成过程如图 5-20 所示。

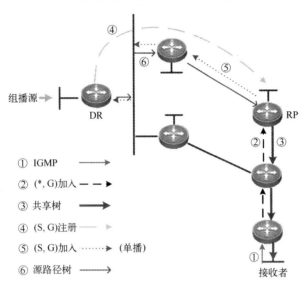

① IGMP

② (*, G)加入

③ 共享树

④ (S, G)注册

⑤ (S, G)加入 （单播）

⑥ 源路径树

图 5-20　PIM-SM 两种树的形成过程

逆向路径转发检查根据树的种类进行,在共享树下,使用汇聚点地址作为检测地址;在源路径树下,使用组播源地址作为检测地址。

稀疏模式中邻居发现、DR 选举、RP 发现、共享树的加入、剪枝、注册和 SPT 切换等工作机制如下:

1. 邻居发现

在 PIM-SM 网络中,刚启动的组播路由器需要使用 Hello 消息来发现邻居,并维护邻居关系。通过各路由器之间周期性地使用 Hello 消息保持联系,Hello 报文机制如图 5-21 所示。

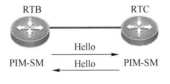

图 5-21　Hello 报文机制

2. DR 选举

除了维护邻居关系外,Hello 消息还具有一个重要的功能就是在多路由器网段中选举 DR(指定路由器)。PIM-SM 在共享网络(如 Ethernet)有多个路由器时同样会选举 DR。DR 应用在 PIM-SM 网络中的两个位置,一是与组播源相连的 DR 称为源端 DR,在连接组播源的共享网段,由 DR 负责向 RP 发送 Register 注册消息;二是与组成员相连的 DR 称为组成员端 DR,在连接组成员的共享网段,由 DR 负责向 RP 发送加入(Join)消息。

如图 5-22 所示,共享媒介网络上的各路由器相互之间发送 Hello 消息(携带 DR 优先级选项),拥有最高 DR 优先级路由器将被选举为本网络中的 DR。假如优先级相同或网络中至少有一台路由器不支持在 Hello 报文中携带优先级,则拥有最大 IP 地址的路由器被选举为 DR。当 DR 出现故障时,接收 Hello 消息将会超时,邻居路由器之间会触发新的 DR 选举过程。

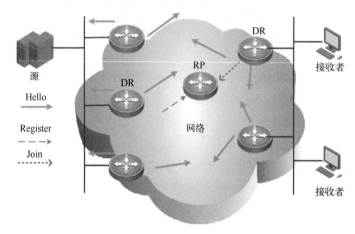

图 5-22　DR 选举过程

3. RP 发现与选举

在 PIM-SM 组播网络里,担当共享树树根的节点称为 RP。共享树里所有组播流都通过 RP 转发到接收者,RP 可以负责几个或者所有组播组的转发。网络中可以有一个或多个 RP,用户通过配置命令,可以限制 RP 只为 IP 地址在一定范围的组播组服务。一个 RP 可以同时为多个组播组服务,但一个组播组只能对应一个 RP,所有该组成员和向该组发送组播数据的组播源都向唯一的 RP 汇聚。

RP 可以通过静态指定或者动态选举方式产生。静态指定需要在 PIM 域中所有 PIM 路由器上逐一配置静态 RP 的 IP 地址。动态 RP 则是在 PIM 域内选择几台 PIM 路由器,配置成为候选汇聚点(Candidate-RP,C-RP)最后从 C-RP 中竞选产生 RP。

RP 是 PIM-SM 域中的核心路由器,在小型并且简单的网络中,组播信息量少,全网络仅依靠一个 RP 进行信息转发即可,此时可以在 SM 域中各路由器上静态指定 RP 位置。但是更多的情况下,PIM-SM 网络规模都很大,通过 RP 转发的组播信息量巨大,为了缓解 RP 的负担同时优化共享树的拓扑结构,不同组播组应该对应不同的 RP,此时使用动态 RP,需要配置自举路由器(BootStrap Router,BSR),利用自举机制来动态选举 RP。BSR 是由候选自举路由器(Candidate-BootStrap Router,C-BSR)竞选产生,因此必须同时配置 C-BSR。RP 的发现过程如图 5-23 所示。

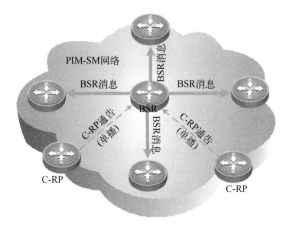

图 5-23 RP 的发现过程

如果 PIM-SM 域中只有一个 RP,那么这个节点就是域里的 RP;如果域中存在多个 C-RP 并都拥有不同的优先级时,则优先级最高(优先级数值越小优先级越高)的将会被选举为域中的 RP;如果域中存在多个 C-RP 并都拥有相同的优先级时,则依靠 Hash 算法(Hash 算法参数包括组地址、掩码长度、C-RP 地址)算出的数值来决定 RP,数值最大的成为 RP;如果域中存在多个 C-RP 并都拥有相同的优先级与 Hash 数值时,则拥有最高 IP 地址的 C-RP 为该域的 RP。

RP 利用自举机制来动态选举。在 PIM-SM 域中,所有的 C-RP 参与 RP 的选举。

4. BSR 概念及选举

1) BSR 的概念

BSR 是 PIM-SM 网络里的管理核心,在 PIM-SM 网络启动后,负责收集网络中 C-RP 发来的宣告(Advertisement)信息,为每个组播组选举出 RP,然后将 RP 集(即"组-RP"的映射数据库)发布给整个 PIM-SM 网络的所有路由器,从而网络内的所有路由器(包括 DR)都会知道 RP 的位置,具备这项功能的路由器称之为 BSR。

一个 PIM-SM 域里只有一台 BSR,并同时可以存在多台 C-BSR。如果域中只有一台 C-BSR,该台路由器就是该域里的 BSR;如果域中存在多台 C-BSR,则拥有最高优先级的路由器为 BSR;如果域里存在多台拥有相同优先级的C-BSR,则拥有最高 IP 地址的路由器为 BSR。

C-RP 周期性发送宣告信息的时间间隔缺省值是 60s。BSR 在 holdtime hold-interval(缺省值是 150s)内等待接收 C-RP 发送的宣告信息,一旦超过 150s,BSR 则会认为 C-RP 失效。一个 PIM-SM 域内也可以配置多个 C-RP,由 BSR 机制计算出和每个组播组对应的 RP。

一个网络(或某管理域)内部只能选举出一个 BSR,但可以配置多个 C-BSR,当 BSR 发生故障后,其余 C-BSR 能够通过自动选举产生新的 BSR,从而确保业务免受中断。

2) BSR 工作的原理和过程

在网络中选择合适的路由器把它配置成 C-BSR,每个 C-BSR 都有优先级。当它得知自己是 C-BSR 后,首先启动一个定时器(默认 130s),监听网络中的引导信息(BootStrap Message)。引导信息初始时通告发送路由器的优先级、BSR 的 IP 地址。

当 C-BSR 收到一个引导信息后,它会把自己的优先级和报文里的优先级做比较,如果对方的优先级高,它就把自己的定时器重置,继续监听;如果是自己的高,那么它就发送引导信息声明自己是 BSR,如果优先级相等,则比较 IP 地址,谁的 IP 地址大谁就是 BSR。

BSR 消息发送的目的地址是 224.0.0.13,所有的 PIM 路由器都能接收到这个报文,该报文 TTL 一般被置为 1,但每个 PIM 路由器收到此报文后都是把它以泛洪的方式从自己所有的使能 PIM 的接口上发送出去,这就能保证网络中的每台 PIM 设备都能收到引导信息。

3) RP 与 BSR 的关系

C-RP 周期性地将声明发送到 BSR。当 C-RP 收到引导信息后,它可以从该信息中得知网络中谁是 BSR,然后 C-RP 将自己所能服务的组单播发送给 BSR。每个 C-RP 都这么做的话,BSR 就收集到了网络中所有 C-RP 的信息并把这些信息整理成一个集 RP-Set。C-RP 每 60s 周期性地单播发送通告。

BSR 通过引导信息周期性地向所有 PIM 路由器(224.0.0.13)发送 BSR 消息(每 60s),BSR 消息包含整个 RP-set 和 BSR 地址,消息一跳一跳地自 BSR 向整个网络洪泛。

所有的路由器使用收到的 RP-Set 来确定 RP。所有路由器都使用相同的 RP 选择算法,所以选择的 RP 也是一致的。

应注意,若 RP 不是静态指定,而是通过动态选举产生,则每台路由器需要配置 C-RP 地址、优先级和它所能服务的组。

5. RPT 加入与剪枝

RPT 是以 RP 为根,以接收者为叶子的共享树。

当接收者主机加入一个组播组 G 时,通过 IGMP 报文知会与该主机直接相连的叶子路由器,叶子路由器掌握组播组 G 的接收者信息,然后朝着 RP 方向往上游节点发送该组播组的加入消息。

从叶子路由器到 RP 之间途经的每个路由器都会在转发表中生成(* ,G)表项,这些沿途经过的路由器就形成了 RPT 的一个分支。其中(* ,G)表示从任意源来的信息去往组播组 G。

当从组播源发往组播组 G 的报文流经 RP 时,报文就会沿着已经建立好的 RPT 共享树路径到达叶子路由器,进而到达接收者主机。

当某接收者对组播信息不再感兴趣时,离该接收者最近的组播路由器会朝 RP 方向逐跳发送剪枝消息。第一个上游路由器接收到该剪枝消息,在接口列表中删除连接此下游路由器的接口,并检查本节点是否还拥有感兴趣的接收者,如果没有则继续向上游转发该剪枝消息。这一过程同 PIM-DM 的剪枝相同。

6. 注册

1）组播源注册过程

为了向 RP 通知组播源的存在,当组播源向组播组 G 发送了一个组播报文时,与组播源直接相连的路由器接收到该组播报文后,就将该报文封装成注册(Register)报文,并单播发送给对应的 RP。

当 RP 接收到来组播源的注册消息后,一方面将注册消息解封装并将组播信息沿着 RPT 树转发到接收者,另一方面朝组播源方向逐跳发送(S,G)加入消息,从而让 RP 和组播源之间的所有路由器上都生成了(S,G)表项,这些沿途经过的路由器就形成了 SPT 树的一个分支。SPT 树以组播源为根,以 RP 为目的地。

2）停止注册过程

组播源发出的组播信息沿着已经建立好的 SPT 树到达 RP,然后由 RP 将信息沿着 RPT 共享树进行转发。

当 RP 收到沿着 SPT 树转发的组播流量后,向与组播源直连的路由器单播发送注册停止报文。组播源注册过程结束。

7. RPT 向 SPT 切换

1）组播流转发过程

当组播源成功注册到 RP 后,组播报文从组播源经 SPT 树到 RP,再由 RP 经 RPT 树向接收者方向转发。

2）RPT 向 SPT 切换

针对特定的源,PIM-SM 可以通过指定一个利用阈值(例如带宽)的 SPT 实现将最后一跳路由器(即离接收者最近的 DR)从 RPT 切换到 SPT。当最后一跳路由器发现从 RP 发往组播组 G 的组播报文速率超过了该阈值时,就向单播路由表中到组播源 S 的下一跳路由器发送(S,G)加入消息,Join 加入消息经过一个个路由器后到达第一跳路由器(即离组播源最近的 DR),沿途经过的所有路由器都拥有了(S,G)表项,从而建立了 SPT 分支。从而当信息吞吐率超过预定的值时,PIM-SM 就会从共享树切换到组播源路径树。

在 VRP 中,缺省情况下连接接收者的路由器在探测到组播源之后(即接收到第一个数据报文),便立即加入 SPT,即从 RPT 向 SPT 切换。

3）切换后的组播转发

切换到 SPT 后,组播信息将直接从组播源 S 发送到接收者。通过 RPT 到 SPT 的切换,PIM-SM 能够以比 PIM-DM 更经济的方式建立 SPT。

4）切换后的剪枝

最后一跳路由器向 RP 逐跳发送包含 RP 位的剪枝消息,RP 收到消息后会向组播源反向转发剪枝消息,从而最终实现组播信息流从 RPT 切换到 SPT。

切换后网络从组播源到接收者之间建立了 SPT。

8. PIM-SM 的整体工作过程总结

PIM-SM 的工作过程可以概括为邻居发现、DR 选举、RP 发现、加入、剪枝、注册、SPT 切换。

（1）邻居发现:在 PIM-SM 网络中,组播路由器使用 Hello 消息来发现邻居,并维护邻居关系,协商协议参数。通过比较 Hello 消息上携带的优先级和 IP 地址,各路由器为多路由器网段选举指定路由器 DR。

（2）DR 选举:为与组播源或组播接收者之间的共享网络(如 Ethernet)选举 DR(Designated Router)。

（3）RP 发现:通过手工指定或是通过 BSR 自举消息选举产生。

（4）加入(Join):当接收者加入一个组播组 G 时,通过 IGMP 报文通知与该主机直接相连的叶子路由器,叶子路由器朝着 RP 方向往上游节点发送加入组播组的 Join 消息。

（5）剪枝(Prune):剪枝过程最先由叶子路由器发起。下游组播组成员全部离开,则向上游节点发 Prune 剪枝消息。通知上游节点不用再转发数据到该分支。

（6）注册(Register):向 RP 通知组播源 S 的存在。

（7）SPT 切换:PIM-SM 通过指定一个利用带宽的 SPT 阈值可以实现将最

后一跳路由器(即接收者侧 DR)从 RPT 切换到 SPT。

5.3.3　PIM SM 配置

在航天测控通信网中,目前仅使用了 PIM-SM。

1. 建立配置任务

在配置 PIM-SM 之前,需准备以下数据:

(1) 使能 IP 组播路由。

(2) 进入端口模式下。

(3) 使能 PIM-SM 功能。

2. 配置基本 PIM-SM 功能

multicast routing-enable	//使能 IP 组播路由视图
interface interface-type interface-number	//进入接口视图
pim sm	//使能 PIM-SM 功能

3. 其他相关配置

1) 配置静态 RP

pim	//进入 PIM 视图
static-rp rp-address [basic-acl-number] [preferred]	
	//指定静态 RP

2) 配置动态 RP

pim	//进入 PIM 视图
c-rp interface-type interface-number [group-policy basic-acl-number	priority priority	holdtime hold-interval	advertisement-interval adv-interval]	
	//配置 C-RP
c-bsr interface-type interface-number[hash-length [priority]]	
	//配置 C-BSR
auto-rp listening enable	//路由器与支持 Auto-RP 的设备互通时使用

命令参数说明:

(1) interface-type interface-number 为 C-RP 所在接口,该接口必须使能 PIM-SM。

(2) group-policy basic-acl-number 指定 C-RP 服务范围为 ACL 允许的组播组。缺省情况下,C-RP 为所有组播组服务。

(3) priority priority 为 C-RP 的竞选优先级,数值越大,优先级越低。缺省值是 0。

(4) holdtime hold-interval 为 BSR 等待接收 C-RP 发送的 Advertisement 宣

告消息的超时时间。缺省值是 150s。

（5）advertisement-interval adv-interval 为 C-RP 发送宣告消息 Advertisement 时间间隔。缺省值是 60s。

（6）interface-type interface-number 为 C-BSR 所在接口,该接口必须使能 PIM-SM。

（7）hash-length 为哈希掩码长度。路由器根据组地址 G、C-RP 的地址和 hash-length,运用 Hash 函数,对希望为组 G 服务且优先级相同的 C-RP 逐一进行计算,并比较计算结果。计算结果最大者成为真正为组 G 提供服务的 RP。

（8）priority 为候选优先级。

3）调整组播源控制参数

PIM 路由器对流经自己的组播数据进行检查,通过比较是否符合过滤规则,判断组播报文是否继续转发。这时,可以将路由器看作组播数据的过滤器。过滤器的存在一方面有助于实现数据流量控制,另一方面可以在安全性方面限定下游接收者能够获得的信息。如果实际网络没有特殊要求,组播源生存时间、组播源地址过滤规则推荐采用缺省值。

source-lifetime interval   //配置组播源生存时间
source-policy acl-number   //配置源地址过滤

如果配置的是基本 ACL,则只转发源地址属于过滤规则允许范围的组播报文。如果配置的是高级 ACL,则只转发源地址和组地址都属于过滤规则允许范围内的组播报文。

4）调整 C-RP 和 C-BSR 的控制参数

在调整 C-RP 和 C-BSR 的控制参数之前,需完成配置某单播路由协议、配置 PIM-SM 基本功能。在调整 RP 和 BSR 的各项参数之前,需准备的数据包括:C-RP 的优先级、C-RP 发送 Advertisement 宣告消息的间隔时间、BSR 等待接收 C-RP 发送的 Advertisement 宣告消息的超时时间、C-BSR 的哈希掩码长度、C-BSR 的优先级、C-BSR 发送 Bootstrap 自举消息的间隔时间和保持来自 BSR 的 Bootstrap 自举消息的时间。

（1）调整 C-RP 参数。

该参数值必须大于 C-RP 发送 Advertisement 宣告消息的间隔时间。

c-rp priority priority   //配置 C-RP 优先级
c-rp advertisement-interval interval
      //配置 C-RP 发送 Advertisement 宣告消息的间隔时间
c-rp holdtime interval
      //配置保持来自 C-RP 的 Advertisement 宣告消息的时间

C-RP 向竞选获胜的 BSR 周期性地发送 Advertisement 宣告消息。BSR 接收到这些宣告消息后,从中会读出 C-RP 的保持时间,即在此时间段内 C-RP 有效,超过该时间段,此 C-RP 老化。

（2）调整 C-BSR 参数。此项配置可以重新设置 C-BSR 的各项参数。此项配置可选,推荐使用缺省值。

c-bsr hash-length hash-length　　　//配置 C-BSR 的 Hash 掩码长度
c-bsr priority priority　　　　　　//配置 C-BSR 的优先级
c-bsr interval interval　//配置 C-BSR 发送 Bootstrap 自举消息的间隔时间
c-bsr holdtime interval //配置保持来自 BSR 的 Bootstrap 自举消息时间

BSR 周期性地向网络发送自举消息,接收到该消息的路由器会将自举消息保持一段时间,在该时间内 BSR 选举过程暂停;如果保持时间超时,则 C-BSR 之间会触发新一轮 BSR 选举过程。

为保证 BSR 选举不稳定,需要确保"保持来自 BSR 的 Bootstrap 自举消息时间"大于"BSR 发送 Bootstrap 自举消息的间隔时间"。

（3）配置 BSR 服务边界。在有待成为操作命令 BSR 服务边界的路由器上进行配置。

interface interface-type interface-number　　　//进入接口视图
pim bsr-boundary　//配置 BSR 服务边界,使 BSR 消息无法通过 BSR 区域边界

BSR 服务边界之外的路由器不能参与此 PIM-SM 域内的组播转发。缺省情况下,网络中的所有 PIM-SM 路由器都能收到 BSR 消息。

5）调整邻居控制参数

在配置邻居控制参数之前,需完成配置某单播路由协议和 PIM-SM 基本功能的配置,只在可能成为 BSR 服务边界的路由器上进行配置。在调整邻居控制参数之前,需准备的数据包括竞选成为 DR 的优先级、等待接收邻居发送 Hello 消息的超时时间、发送 Hello 消息的时间间隔、触发 Hello 消息的最大延迟、DR 切换延迟,即当接口由 DR 变成非 DR 时和原有表项仍然有效的时间。

（1）配置 PIM 邻居的控制参数。PIM 邻居的控制参数可以在全局和接口两种视图下配置。全局在各接口上都有效,接口视图内控制参数优先级高于全局视图内控制参数。

全局视图下配置 PIM 邻居的控制参数:

timer hello interval　　　　　　//配置发送 Hello 消息的时间间隔
hello-option holdtime interval　　//配置保持邻居为可达状态的超时时间

接口视图下配置 PIM 邻居的控制参数:

```
interface interface-type interface-number    //进入接口视图
pim timer hello interval                      //配置发送 Hello 消息的时间间隔
pim triggered-hello-delay interval            //配置触发 Hello 消息的最大延迟
pim hello-option holdtime interval            //配置保持邻居为可达状态的超时时间
pim require-genid    //配置接收的 Hello 消息中应包含 Generation ID 选项
```

（2）配置竞选 DR 的控制参数。竞选 DR 的控制参数可以在全局和接口两种视图下配置。全局在各接口上都有效,接口视图内控制参数优先级高于全局视图内控制参数。

全局视图下配置 PIM 邻居的控制参数：

```
hello-option dr-priority priority             //配置竞选 DR 的优先级
```

当同一网段内的所有 PIM 路由器都支持 DR 优先级的时候,由优先级较高的路由器接口充当 DR,优先级相同时由 IP 地址较大的路由器接口充当 DR;只要有一台 PIM 路由器不支持 DR 优先级,则由 IP 地址较大的路由器接口充当 DR。

接口视图下配置 PIM 邻居的控制参数：

```
Interface interface-type interface-number     //进入接口视图
pim hello-option dr-priority priority         //配置竞选 DR 的优先级
pim timer dr-switch-delay interval            //配置 DR 切换延迟
```

6）调整源注册控制参数

在配置源注册控制参数之前,需准备的数据包括 RP 过滤 Register 注册报文的 ACL 规则、是否仅根据 Register 注册报文头信息计算校验和、保持 Register 注册抑制状态的超时时间和向 RP 发送空 Register 注册消息的时间间隔。

（1）配置 PIM-SM 注册报文。

```
pim                                    //进入 pim 视图
register-policy advanced-acl-number    //配置过滤 Register 注册报文的规则
register-header-checksum    //配置仅根据 Register 注册消息头信息来计算校验和
```

（2）配置 PIM-SM 注册抑制。

```
register-suppression-timeout interval  //配置保持注册抑制状态的超时时间
probe-interval interval                //配置发送空注册消息的时间间隔
```

7）调整转发控制参数

在调整转发控制参数之前,需准备的数据包括传递 Prune 剪枝消息的延迟时间、否决剪枝的时间、Prune 状态的超时时间和发送 Join 消息的时间间隔。

（1）配置维持转发关系的控制参数。维持转发关系的控制参数可以在全局

172

和接口两种视图下配置。全局在各接口上都有效,接口视图内控制参数优先级高于全局视图内控制参数。

全局视图下配置维持转发关系的控制参数:

timer join–prune interval　　　　//配置发送 Join/Prune 消息的时间间隔

holdtime join–prune interval　　　//配置下游接口保持加入/剪枝状态的时间

接口视图下配置 PIM 邻居的控制参数:

pim timer join–prune interval　　//配置发送 Join/Prune 消息的时间间隔

pim holdtime join–prune interval //配置下游接口保持加入/剪枝状态时间

pim require–genid　//配置接收的 Hello 消息中应包含 Generation ID 选项

(2)配置剪枝控制参数。剪枝的控制参数可以在全局和接口两种视图下配置。全局在各接口上都有效,接口视图内控制参数优先级高于全局视图内控制参数。

全局视图下配置剪枝的控制参数:

hello–option lan–delay interval　　　//配置在 LAN 内传输消息的延迟时间

hello–option override–interval interval //配置否决剪枝的时间

接口视图下配置剪枝的控制参数:

pim hello–option lan–delay interval　　　//配置在 LAN 内传输消息的延迟时间

pim hello–option override–interval interval //配置否决剪枝的时间

8)配置 Assert 控制参数

Assert 控制参数可以在全局和接口两种视图下配置。全局在各接口上都有效,接口视图内控制参数优先级高于全局视图内控制参数。

全局视图下配置 Assert 控制参数:

holdtime assert interval　　　　//配置保持 Assert 状态的时间

接口视图下配置 Assert 控制参数:

pim holdtime assert interval　　//配置保持 Assert 状态的时间

无论是全局模式,还接口模式,落选路由器在此时间内禁止下游接口转发组播数据,超时后恢复转发。

9)调整 SPT 切换控制参数

在 PIM–SM 组播转发中,每一个组播组只对应一棵 RPT。最初,所有组播源(无论数量有多少,无论分布在哪里),先将数据封装在注册消息中单播发往 RP,解封装后再沿 RPT 转发。

从而可以看出使用 RPT 转发组播数据的三个缺点:

(1)源端 DR 和 RP 必须进行繁琐的封装/解封装处理。

（2）转发路径不一定是从源到接收者的最短路径。

（3）当组播流量变大时,RP 上的负担增大,容易引发故障。

针对上述缺点的解决方法是 RP 发起 SPT 切换。即向源发起加入,沿最短路径构造从源端 DR 到 RP 的组播路由。后续组播报文直接沿此路径转发。

配置检查组播数据转发速率的时间间隔步骤如下：

spt-switch-threshold{ traffic-rate | infinity } [group-policy basic-acl-num-ber
[orderorder-value]]　　　　　//配置 SPT 切换条件
timer spt-switch interval　　　//配置检查组播数据转发速率的时间间隔
group-policy basic-acl-number [order order-value]
　　　　　　　　　　　　//配置使用该阈值的组播组范围

命令参数说明：

traffic-rate 为允许执行切换的速率阈值。

infinity 表示永远不发起 SPT 切换。

10) 配置 PIM BFD

（1）配置 PIM BFD。

Interface interface-type interface-number　　//进入接口视图
pim bfd enable　　　　　　　　　　　//使能 PIM BFD 功能

（2）调整 PIM BFD 参数。PIM BFD 检测消息的最小发送间隔、最小接收间隔、本地检测倍数。不执行此命令时,以上参数取缺省值。

pim bfd{ **min-tx-interval** tx-value | **min-rx-interval** rx-value | **detect- multiplier**
multiplier-value}　　//配置 pim bfd 参数

11) 配置防止主机恶意攻击功能

在接入层,路由器直连用户主机的接口上需要使能 PIM 协议,在该接口上可以建立 PIM 邻居,处理各类 PIM 协议报文。此配置同时存在着安全隐患:当恶意主机模拟发送 PIM Hello 报文时,可能导致路由器瘫痪。

为了避免此类情况发生,可以将该接口设置为 PIM Silent 状态(PIM 消极状态)。当接口进入 PIM 消极状态后,禁止接收和转发任何 PIM 协议报文,删除该接口上的所有 PIM 邻居以及 PIM 状态机,该接口作为静态 DR 立即生效。同时,该接口上的 IGMP/MLD 功能不受影响。该功能仅适用于与用户主机网段直连的路由器接口,且该用户网段只与这一台路由器相连。

使能 PIM Silent 功能,可以有效的防范恶意主机 Hello 报文攻击,保护接入路由器。

5.3.4 PIM SSM 配置

1. 建立配置任务

使用 SSM 实现组播业务,需要满足如下条件:

(1) 用户加入的组播组在 SSM 组地址范围内。

(2) 用户加入组播组的同时明确指定组播源的位置。

(3) 设备之间运行 PIM-SM 协议。

(4) 与终端相连的三层网络设备支持 IGMPv3 协议。

(5) 终端设备支持 IGMPv3 协议,否则就需进行 SSM Mapping 映射,将任意源组播转变为指定源组播。

上述条件满足时,SSM 配置的主要内容有:

(1) 终端之间的所有网络设备在全局模式下使能组播路由协议。

(2) 终端之间的所有网络设备相关端口上启用 PIM SM 协议。

(3) 与终端相连的三层网络设备端口上使能 IGMP 协议。

(4) 与终端相连的三层网络设备端口上启用 IGMPv3。

至此,端对端的终端设备之间可以使用指定组播模式传输 IP 数据。若终端设备由于使用的操作系统或其他原因不支持 IGMPv3 版本时,还需进行如下几步工作:

(1) 在与终端相连的三层网络设备接口使能 SSM Mapping 功能。

(2) 配置静态 SSM Mapping 策略。在与终端相连的三层网络设备全局模式下使能 IGMP 协议、在与终端相连的三层网络设备全局模式下进行 SSM Mapping 映射配置。

至此,完成了终端设备不支持 IGMPv3 版本时,采用指定源组播模式传输的配置。

2. 配置命令

multicast routing-enable	//使能 IP 组播路由功能
interface interface-type interface-number	//进入接口视图
pim sm	//使能 PIM-SM 功能
igmp enable	//使能 IGMP 功能
Igmp version 3	//启用 IGMPv3 版本

第6章
航天测控通信系统安全防护

➡ 6.1 网络安全基础

6.1.1 基本概念

1. 信息安全及 CIA 模型

信息安全是保护信息和信息系统免受未经授权的访问、使用、披露、修改或破坏。在讨论安全问题时,使用一个模型作为基础或基准往往是有益的,常用的安全问题模型是保密性、完整性和可用性三元组(Confidentiality Integrity & Availability,CIA),如图 6-1 所示。保密性是指保护数据并防止非授权访问、使用、披露的能力,完整性是指保护数据不被未经授权的或不良的方式修改、破坏的能力,可用性是指访问所需数据的能力。

2. 攻击类型

攻击可以大致分为拦截、中断、修改和仿制四类,如图 6-2 所示。

图 6-1 CIA 三元组模型

图 6-2 各种类型的攻击

拦截是未经授权的用户通过各种手段获取受保护信息的攻击的统称,此类攻击主要针对数据、应用程序或运行环境,是对保密性的攻击。拦截攻击隐蔽性较强,如果实施方法较好,这种攻击很难检测。

中断攻击是指通过破坏信息系统的资源,使用户无法正常访问某些信息,造成信息服务不可用,主要是对可用性的攻击。中断攻击将会导致资产临时或永久无法使用。

修改攻击是通过篡改信息系统的文件、数据、资产等信息,造成信息系统故障、服务不可用、数据错误甚至引发更严重的危害。修改攻击的对象如果是普通的文件,则会破坏信息的完整性;如果该文件是某系统的配置文件,则会造成系统故障,破坏信息的可用性;如果修改了某加密节点的数据,则会破坏系统的保密性。因此修改攻击的破坏面较大,涉及 CIA 模型的各方面。

仿制攻击主要是对信息完整性的攻击,它通过生成虚假信息或仿造恶意文件影响合法用户的正常访问,甚至导致系统崩溃。仿制攻击主要影响系统的完整性和可用性。

攻击行为往往是由威胁、漏洞和风险等方面组成。威胁是可能对资产造成损害的具体行为。漏洞是系统中可被用来损害资产的缺陷。风险是某些危险事件发生的可能性。所谓在特定环境下存在一个风险,是指系统中存在一个威胁和该威胁可以利用的漏洞。

3. 安全控件

为了降低风险,我们可以将措施落实到位,确保一个任意给定的威胁被完全控制,这些措施称为"控件"。

控件分为物理控件、逻辑控件和行政控件三类。物理控件是用以保护系统或存储数据所在物理环境的控件。逻辑控件也称技术控件,是用来保护系统、网络和处理、传输、存储数据环境的控件,如加密、逻辑访问、防火墙和入侵检测系统等。行政控件主要是指基于规则、法律、政策、程序、指导和其他登记备案的材料。

4. 纵深防御

纵深防御是一种思路及策略,应用在战争学和安全管理学等多个领域。纵深防御的基本概念是规划一个多层次防御,特点是当一个或多个防御措施失效时,仍然能够组织一次成功的防御。图 6-3 是一个使用纵深防御策略,从逻辑角度保护资产的例子,当外部网络、内部网络、主机、应用程序和数据等层次上都实施了良

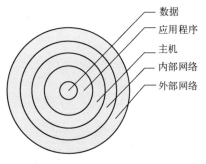

图 6-3 纵深防御

好的防御,那么要想成功渗透网络并攻击资产,将变得十分困难。

纵深防御并不是万无一失的,无论在多少层次部署防御手段,或者在每一层次布置多少种防御措施,都不能彻底抵御攻击者,这不是信息安全环境中纵深防

御的终极目标。纵深防御的目标是:在重要资产与攻击者之间设置足够的防御措施,使用户能够察觉正在进行的攻击,同时为用户赢得足够的时间来采取更加积极的措施来应对攻击。

6.1.2　航天测控通信网安全防护设计原则

航天测控通信网为保障核心系统、传输数据及信息网络的安全,按照外部网络防御(ACL、防火墙等)、内部网络防御(防火墙、入侵检测、网络隔离等)、数据防御(保密机)等层次构建了一体化的纵深防御体系。

各交换机中均配置了访问控制列表,实现对传输报文的初步过滤。在中心及各远端站的传输通道上均部署了防火墙,实现传输流量监测和访问控制。在中心部署了入侵检测系统,通过对符合常见攻击特征的行为和异常行为进行检测,以确定网络是否正常。网络隔离是在切断物理连接、剥除网络协议的条件下,通过摆渡方式提供受控数据的交换(在交换的过程中通常会对数据进行合法性检查),以保护内部网络的安全。同时,利用保密机对数据本身进行加解密处理,确保数据在传输过程中安全可靠。

6.2　访问控制技术

6.2.1　概述

访问控制列表(Access Control List,ACL)是一种报文过滤技术,是根据报文的源 IP 地址、目的 IP 地址、协议类型(TCP、UDP、ICMP 等)、源端口、目的端口这五元组及报文的传递方向等报头信息对报文进行判断,然后根据既定规则实施允许(Permit)或丢弃(Deny)。

ACL 应用在网络设备的全局或端口上,设备根据 ACL 中指定的条件检测、过滤数据包,丢弃无用的、不可靠的、值得怀疑的业务流,从而在一定程度上保障网络安全。

通过 ACL 实现报文的过滤,要先对进入端口的流量按既定的规则进行流分类,然后根据流分类和流策略(允许或丢弃)进行过滤。

ACL 的主要作用包括限制网络流量、提高网络性能;提供对通信流量的控制手段;提供网络安全访问的基本手段;在端口处决定哪种类型的通信流量被转发或被丢弃等。

6.2.2　ACL 的基本原理

航天测控通信网设备支持的 ACL 包括基本 ACL、高级 ACL、基于接口的

ACL 与基于以太网帧头的 ACL,常用的是前两种。

基本 ACL 主要是基于源地址、分片标记和时间段信息等对数据包进行分类定义。

高级 ACL 可以基于源地址、目的地址、源端口号、目的端口号、协议类型、优先级、时间段等信息对数据包进行更为细致的分类定义。

一个访问控制列表可以由多条"deny | permit"语句组成,每一条语句描述的规则是不相同的,这些规则可能存在重复或矛盾的地方(一条规则可以包含另一条规则,但两条规则不允许完全相同),在将一个数据包和访问控制列表的规则进行匹配的时候,由规则的匹配顺序决定规则的优先级。

华为网络设备有两种匹配顺序,配置顺序和自动排序。配置顺序是指按照用户配置 ACL 规则的先后进行匹配。缺省情况下匹配顺序为用户的配置排序。自动排序使用"深度优先"的原则进行匹配,即把指定数据包范围最小的语句排在最前面。

ACL 的每条规则都有一个"规则 ID",在配置规则的时候,不需要人为指定规则 ID,系统会自动为每一条规则生成一个"规则 ID"。规则 ID 之间会留下一定的空间,具体空间大小由"ACL 的步长"来设定。例如步长设定为 5,ACL 规则 ID 分配是按照 5,10,15,…这样来分配的。

系统自动生成的规则 ID 从步长值起始。例如,步长值是 5,自动生成的规则 ID 从 5 开始;步长值是 2,自动生成的规则 ID 从 2 开始。这样做是为了便于用户在第一条规则前面插入新规则。如果配置规则的时候指定了"规则 ID",则会按照"规则 ID"的位置决定该规则的插入位置。例如系统默认的规则编号是:5,10,15,…。如果指定"规则 ID"为 3,创建一条 ACL 规则,则顺序为:3,5,10,15,…,相当于在规则 5 之前插入了一条规则。

因此,在"配置顺序"的情况下,系统会按照用户配置规则的先后顺序进行匹配。但本质上,系统是按照规则编号的顺序,由小到大进行匹配,后插入的规则有可能先执行。

在"自动排序"的情况下,无法为规则指定"规则 ID"。系统会按照"深度优先"原则自动分配规则编号。指定数据包范围较小的规则将获得较小的规则编号。系统将按照规则编号的顺序,由小到大进行匹配。

6.2.3 ACL 配置

在网络中,为了过滤数据包,需要配置一系列规则,以决定什么样的数据包能够通过,这些规则就是通过访问控制列表 ACL 定义的。访问控制列表是由"permit | deny"语句组成的一系列有顺序的规则,这些规则根据数据包的源地

址、目的地址、端口号等来描述。

航天测控通信网的 ACL 主要配置在中心核心交换机和各远端站接入层交换机,主要用于对数据进行分流,实现 QoS 功能。

1. 建立配置任务

在配置 ACL 之前,需准备以下数据:

(1) ACL 的编号。

(2) ACL 起作用的时间段名,以及起始时间和结束时间(可选)。

(3) ACL 的描述内容(可选)。

(4) ACL 规则的编号,以及确定报文类型的规则,具体包括协议、源地址和源端口、目的地址和目的端口、ICMP 类型和编码、IP 优先级、tos 值。

(5) ACL 的步长(可选)。

2. 创建 ACL

acl [**number**] acl-number [match-order {auto ∣ config}]

命令参数说明:

(1) 创建基本 ACL,acl-number 的取值范围是 2000~2999。

(2) 创建高级 ACL,acl-number 的取值范围是 3000~3999。

(3) 创建以太帧头 ACL,acl-number 的取值范围是 4000~4999。

(4) match-order 指定了该 ACL 规则的匹配顺序。

(5) auto 表示匹配规则时系统自动排序(按"深度优先"的顺序)。

(6) config 表示匹配规则时按用户的配置顺序。

(7) 不指定 match-order 时,规则的匹配顺序为 config(配置顺序)。

3. 配置基本 ACL 规则

rule [rule-id] {**deny** ∣ **permit**} [**fragment** ∣ **source** {source-address source- wildcard ∣
any} ∣ **time-range** time-name]

命令参数说明:

(1) rule-id 为规则号。

(2) source-address source-wildcard 为源地址及掩码。

4. 配置高级 ACL 规则

参数 protocol 为 TCP、UDP。

rule [rule - id] {**deny** ∣ **permit**} {**tcp** ∣ **udp**} [**destination** {destination – address
destination-wildcard ∣ **any**} ∣ **destination-port eq** port ∣ **dscp** dscp ∣ **fragment** ∣ **preced-
ence** precedence ∣ **source** {source-address source-wildcard ∣ **any**} ∣ **source-port eq** port
∣ **time-range** time-name ∣ **tos** tos]

参数 protocol 为 ICMP。

rule 〔 rule-id 〕| **deny** | **permit** | **icmp** 〔 **destination** | destination-address destination-wildcard | **any** | | **fragment** | **icmp-type** | icmp-name | icmp-type icmp-code | | **precedence** precedence | **source** | source-address source-wild-card | **any** | | **time-range** time-name 〕

参数 protocol 为除 TCP、UDP 或 ICMP 之外的协议。

rule 〔 rule-id 〕| **deny** | **permit** | | protocol-number | **gre** | **igmp** | **ip** | **ipinip** | **ospf** | 〔 **destination** | destination-address destination-wildcard | **any** | | **dscp**dscp | **fragment** | **precedence** precedence | **source** | source-address source-wildcard | **any** | | **time-range** time-name | **tos**tos 〕

命令参数说明：

需要配置的主要参数为协议、目的地址及掩码(或 any)、目的端口号、源地址及掩码(或 any)、源端口号。

其他可选 ACL 参数配置命令。

acl acl-number   //进入 ACL 视图
description text   //配置 ACL 描述信息
step step-value   //配置 ACL 步长

5. 检查配置结果

display acl | acl-number | **all** | //查看配置的 ACL 规则

6.3 防火墙技术

6.3.1 概述

防火墙是一种高级访问控制设备,部署于不同网络安全域之间,是不同网络安全域间通信流的唯一通道,通过监测、限制、更改跨越防火墙的数据流,尽可能地对外部屏蔽网络内部的信息、结构和运行状况,有选择地接受外部访问,对内部网络强化监管,控制服务器对外部网络的访问,在被保护网络和外部网络之间架起一道屏障,以防止发生不可预测的、潜在的破坏性侵入。

1. 防火墙的优点

1) 防火墙能够强化安全策略

网络上每天都有上百万人在收集信息、交换信息,难免出现违反规则的现象,防火墙就是为了防止不良现象发生的"交通警察",它执行站点的安全策略,仅仅容许"认可的"和符合规则的请求通过。

2）防火墙能有效地记录网络上的活动

所有进出信息都必须通过防火墙，它非常适合收集关于系统和网络使用和误用的信息。作为访问的唯一点，防火墙能在被保护的网络和外部网络之间进行记录。

3）防火墙限制暴露用户点

防火墙能够用来隔开网络中的两个网段，这样就能够防止影响一个网段的信息通过整个网络进行传播。

2. 防火墙的缺点

1）不能防范恶意的知情者

防火墙可以禁止系统用户经过网络连接发送信息，但用户可以将数据复制到磁盘、磁带上，放在公文包中带出去。如果入侵者已经在防火墙内部，防火墙是无能为力的。内部用户可以偷窃数据，破坏硬件和软件，并且巧妙地修改程序而不接近防火墙。对于来自知情者的入侵，只能通过加强内部管理来防范。

2）不能防备全部的威胁

防火墙被用来防备已知威胁，如果是一个很好的防火墙设计方案，就可以防备新的威胁，但没有一个防火墙能自动防御所有新的威胁。

3）防火墙不能防范未知病毒

防火墙一般不能防范网络上未知的病毒。

随着防火墙技术的发展，防火墙可以结合入侵检测系统使用，或者其本身集成入侵检测功能，能够根据实际情况动态地进行策略调整，以达到更好的防御效果。

6.3.2 功能与应用

1. 主要功能

（1）访问控制。通过对特定网段和特定服务建立的访问控制体系，将绝大多数攻击阻止在防火墙外侧。

（2）攻击监控。通过对特定网段、服务建立的攻击监控体系，可实时检测出绝大多数攻击，并采取相应的行动（如断开网络连接、记录攻击过程、跟踪攻击源等）。

（3）加密通信。主动加密通信，可使攻击者不能了解、修改敏感信息。

（4）身份认证。良好的认证体系可防止攻击者假冒合法用户。

（5）多层防御。攻击者在突破第一道防线后，延缓或阻断其到达攻击目标。

（6）隐藏内部信息。使攻击者不能了解系统内的基本情况。

（7）安全监控中心。为信息系统提供安全体系管理、监控，保护及紧急情况服务。

在实际的网络中,保障网络安全与提供高效灵活的网络服务是矛盾的。从网络服务的可用性、灵活性和网络性能考虑,网络结构和技术实现应该尽可能简捷,不引入额外的控制因素和资源开销。但从网络安全保障考虑,则要求对网络系统提供服务的种类、时间、对象、地点甚至内容有尽可能多的了解和控制能力,实现这样附加的安全功能不可避免地要耗费有限的网络资源或限制网络资源的使用,从而对网络系统的性能、服务的使用方式和范围产生显著影响。

2. 典型应用

1) 边界防火墙

边界防火墙部署在内部网络与外部网络之间。防火墙的内外网卡分属于内部和外部网段,内部网络和外部网络被完全隔开,所有来自外部网络的服务请求只能到达防火墙,防火墙对收到的数据包进行分析后将合法的请求传送给相应的服务主机,并拒绝非法访问。内部网络的情况对于外部网络的用户来说是完全不可见的。防火墙是内部网络和外部网络的唯一通信信道,因此防火墙可以详细记录所有对内部网络的访问,形成完整的日志文件。若防火墙还有其他通路,防火墙将被短路,无法完成保护内部网络的工作。如果内部网络有多个外部连接,就应该在每个入口处都放置防火墙。

2) 内部防火墙

计算机网络是一个多层次、多节点、多业务的网络,各节点间的信任程度较低,但由于业务的需要,各节点和服务器群之间又要频繁地交换数据。通过在服务器群的入口处部署内部防火墙,并制定完善的安全策略,可以有效地控制内部网络的相互访问。

内部防火墙可以精确制定每个用户的访问权限,保证内部网络用户只能访问指定的资源。防火墙对安全策略集中管理,每个网段上的主机不必再单独设立安全策略,减少了人为因素造成的网络安全问题。

6.3.3　防火墙配置

航天测控通信网防火墙,以天融信公司的 TOS 系统(Topsec Operating System)为系统平台,可以提供完整的访问控制功能,可以自由地采用路由、透明及混合等多种方式集成到网络环境中,为航天测控通信网提供强大的安全保护功能。

1. 登入防火墙

通过防火墙端口的默认配置,将管理主机 IP 地址设置为同一网段内的任意地址,接口地址如下:

184

管理员在管理主机的浏览器上输入防火墙的管理 URL，https://xxx.xxx.xxx.xxx，弹出如图 6-4 所示的登录页面。

图 6-4　登录页面

输入用户名密码后，单击"提交"，就可以进入管理页面。

2. 设置主机地址

选择资源管理→地址→主机，右侧界面显示已有的主机对象，如图 6-5 所示。

图 6-5　主机对象页面

单击"添加"，系统出现添加主机对象属性的页面，如图 6-6 所示。

图 6-6　添加主机地址

依次输入配置内容，单击"确定"完成主机对象的设定。

3. 设置范围对象

选择资源管理→地址→范围，在右侧页面内显示已有的地址范围对象，如图 6-7 所示。

图 6-7　范围地址对象页面

单击"添加",进入地址范围对象属性的页面,如图 6-8 所示。

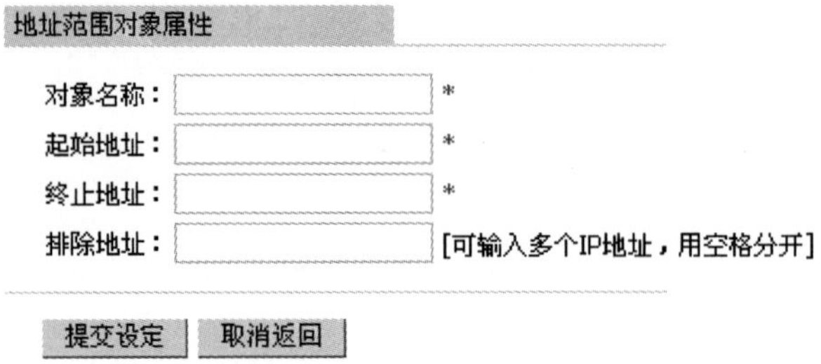

图 6-8　地址范围对象属性页面

依次输入名称、起始 IP 地址、终止 IP 地址以及排除地址,单击"提交设定"完成范围对象的设定。

4. 预定义服务

系统已预先定义了一些常见服务供用户在设置访问控制规则时使用,这些预定义的服务用户不可以进行修改和删除,只能通过选择资源管理→服务→系统定义服务来进行查看,如图 6-9 所示。

常用服务对象(系统默认)

名称	协议	端口	说明
IP	0x0800	*	Internet Protocol packet
ARP	0x0806	*	Address Resolution packet
LOOP	0x0060	*	Ethernet Loopback packet
PUP	0x0200	*	Xerox PUP packet
PUPAT	0x0201	*	Xerox PUP Addr Trans packet
X25	0x0805	*	CCITT X.25
BPQ	0x08FF	*	G8BPQ AX.25 Ethernet Packet
IEEEPUP	0x0a00	*	Xerox IEEE802.3 PUP packet
IEEEPUPAT	0x0a01	*	Xerox IEEE802.3 PUP Addr Trans packet

图 6-9　常用服务对象

5. 自定义服务

航天测控通信网用户有许多特殊的要求,可以根据需要自行定义服务,操作方法如下:

选择资源管理→服务→自定义服务,单击"添加",系统出现如图 6-10 所示页面。

输入对象名称后,设置协议类型及端口号范围,单击"提交设定",完成设置。

6. 设置服务组对象

用户可以灵活地将几个服务组合在一个服务组中,在设置访问控制时可以引用该服务组对象。

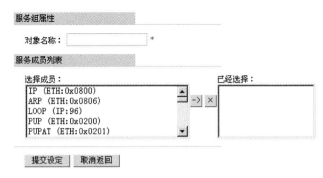

图 6-10　服务属性页面

选择资源管理→服务→服务组,单击"添加",系统出现设置服务组的页面,如图 6-11 所示。

图 6-11　服务组属性页面

输入服务组对象名称,选择组成员,单击"提交设定"后,即可生成新的服务组对象。

7. 设置属性对象

属性对象是为了映射逻辑概念(如区域)和物理概念(如接口、链路等)而设计的一个对象,通过区域—属性(属性组)—(接口或链路)的映射,用户可以更加灵活地划分安全区域,同时解决 L2TP、ADSL 等动态链路的访问控制问题。

为方便用户配置,设备出厂时已内置了一些属性对象,其中部分属性已自动和物理接口绑定,无须用户设置,如 eth0、eth1 等;部分属性可以动态地根据链路状态进行绑定,同样无须用户设置,如 L2TP、PPTP 等;其他属性以及用户自定义的属性,需要用户手工绑定到物理接口,如 adsl、ssn、lan 等。

设置属性对象,选择资源管理→属性→属性,右侧界面显示已有的属性对象,如图 6-12 所示。

图 6-12 显示的是网络卫士防火墙在出厂时内置的属性对象,其中 eth0、eth1、eth2 等与物理接口同名的属性自动绑定到同名物理接口 eth0、eth1、eth2 等。

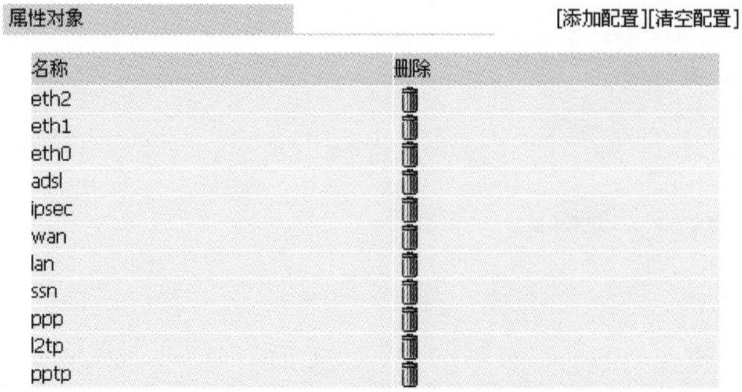
属性对象
[添加配置][清空配置]
名称
删除
eth2
eth1
eth0
adsl
ipsec
wan
lan
ssn
ppp
l2tp
pptp

图 6-12　属性对象页面

单击“添加新属性”,显示属性添加页面,如图 6-13 所示。

属性对象
对象名称:
提交设定
取消返回

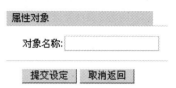

图 6-13　添加属性对象页面

8. 设置区域对象

网络卫士防火墙系统支持区域的概念,用户可以根据实际情况,将网络划分为不同的安全域,并根据其不同的安全需求,定义相应的规则进行区域边界防护。如果不存在可匹配的访问控制规则,网络卫士防火墙将根据目的接口所在区域的权限处理该报文。

设置区域对象,选择资源管理→区域,显示已有的区域对象。防火墙出厂配置中缺省区域对象为 AREA_ETH0,并已和缺省属性对象 eth0 绑定,而属性对象 eth0 已和接口 eth0 绑定,因此出厂配置中防火墙的物理接口 eth0 已属于区域 AREA_ETH0。

单击“添加配置”,增加一个区域对象,如图 6-14 所示。

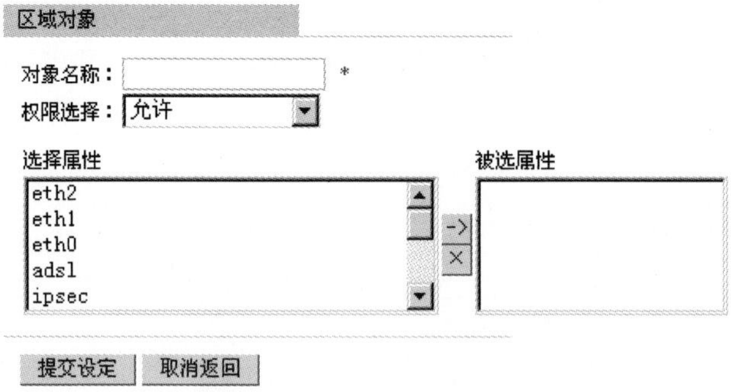
区域对象
对象名称:
*
权限选择:
允许
选择属性
被选属性
eth2
eth1
eth0
adsl
ipsec
->
×
提交设定
取消返回

图 6-14　区域对象页面

在"对象名称"部分输入区域对象名称。

在"权限选择"部分设定和该区域所属属性绑定的接口的缺省属性(允许访问或禁止访问)。

在"选择属性"部分的左侧文本框中选择接口,然后单击添加该区域具有的属性,被选接口将出现在右侧的"被选属性"文本框中,可以同时选择一个或多个。

设置完成后,单击"提交设定"按钮,如果添加成功会弹出"添加成功"对话框。

单击"取消返回"则放弃添加,返回上一界面。若要修改区域对象的设置,单击该区域对象所在行的修改图标进行修改。

若要删除区域对象,单击该区域对象所在行的删除图标进行删除。

9. 设置物理接口属性

用户可以对网络卫士防火墙的物理接口的属性进行设置,具体步骤如下:

在管理界面左侧导航菜单中选择网络管理→接口→物理接口,可以看到防火墙的所有物理接口,如图 6-15 所示,共有 Eth0、Eth1、Eth2 三个物理接口。

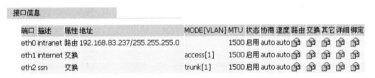

图 6-15　接口信息页面

如果要将某端口设为路由模式,单击该端口后的路由修改图标,弹出"设定路由"对话框,如图 6-16 所示。

图 6-16　设定路由页面

如果要将某端口设为交换模式,单击该端口后的交换修改图标,弹出"交换"设置窗口,如图 6-17 所示。

图 6-17　交换设置页面

首先,需要确定该接口的类型是"access"还是"trunk"。如果是"access"接口,则表示该交换接口只属于一个 VLAN,需要指定所属的 VLANID 号码。

如是"trunk"接口,则设置参数界面如图 6-18 所示。

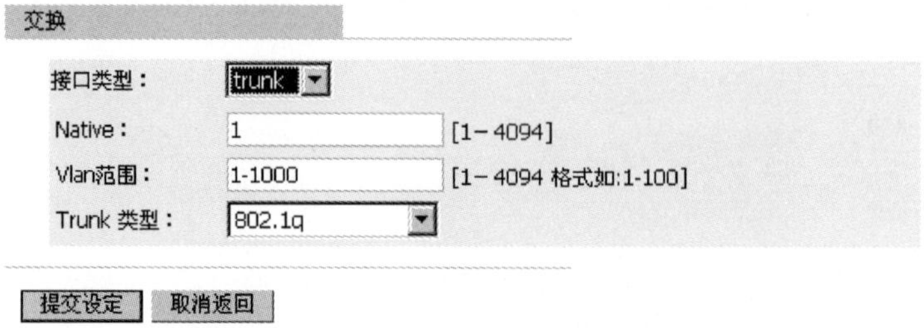

图 6-18　交换参数设置页面

图 6-18 参数说明如下:

接口类型:选择该交换接口属于 trunk 接口,即一个接口可以同时属于多个 VLAN。

Native trunk:端口的缺省 VLANID。由于 trunk 端口属于多个 VLAN,所以需要设置缺省 VLANID,当该交换接口接收到没有标记的报文时,该 trunk 端口将此报文发往缺省 VLANID 标识的 VLAN。

VLAN 的范围:该 trunk 接口属于哪些 VLAN。格式举例:1 ~ 10 表示属于 VLAN1 ~ 10;1、10 表示属于 VLAN1 和 VLAN10。

trunk 类型:trunk 口数据支持两种数据封装方式,802.1q(标准 IEEE802.1q 协议)方式和 Cisco 私有的内部交换连接协议(InterSwitchLink,ISL)方式。

10. 设置静态路由和策略路由

网络卫士防火墙支持静、动态路由协议,初次使用的用户须先设定策略路由和静态路由。策略路由可以不是只根据目的地址,而是同时根据目的地址和源地址进行路由,这种方式可以实现内部网络的指定对象使用特定外部线路与外部网络通信,从而进一步增强了网络的通信安全。

用户可以在网络卫士防火墙上设置策略路由及静态路由:

在左侧导航菜单中选择网络管理→路由→静态路由,可以看到已经添加的策略路由表以及系统自动添加的静态路由表,如图 6-19 所示。

设置策略路由,单击"添加策略路由",如图 6-20 所示。

其中"网关"为下一跳路由器的入口地址,"端口"指定了从防火墙设备的哪一个接口(包括物理接口和 VLAN 虚接口)发送数据包。Metric 为接口跃点数,默认为 1。

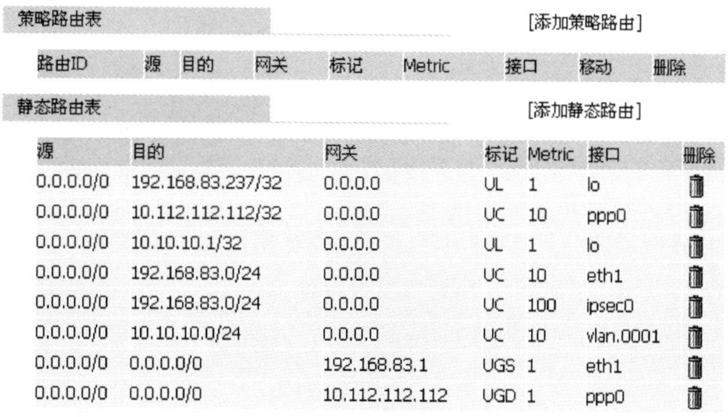
策略路由表　[添加策略路由]

路由ID	源	目的	网关	标记	Metric	接口	移动	删除

静态路由表　[添加静态路由]

源	目的	网关	标记	Metric	接口	删除
0.0.0.0/0	192.168.83.237/32	0.0.0.0	UL	1	lo	
0.0.0.0/0	10.112.112.112/32	0.0.0.0	UC	10	ppp0	
0.0.0.0/0	10.10.10.1/32	0.0.0.0	UL	1	lo	
0.0.0.0/0	192.168.83.0/24	0.0.0.0	UC	10	eth1	
0.0.0.0/0	192.168.83.0/24	0.0.0.0	UC	100	ipsec0	
0.0.0.0/0	10.10.10.0/24	0.0.0.0	UC	10	vlan.0001	
0.0.0.0/0	0.0.0.0/0	192.168.83.1	UGS	1	eth1	
0.0.0.0/0	0.0.0.0/0	10.112.112.112	UGD	1	ppp0	

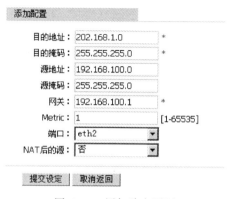

图 6-19　路由表页面

图 6-20　添加路由页面

11. 添加 VLAN 到防火墙设备

VLAN 指定 IP 地址前，需要给 VLAN 创建一个虚拟路由接口。

在左侧导航菜单中选择网络管理→二层网络→VLAN，如图 6-21 所示。

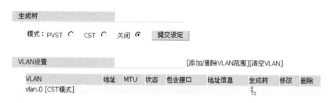

图 6-21　VLAN 页面

单击“添加 VLAN/删除范围 VLAN”，进行对 VLAN 的管理，可以一次添加一个或多个 VLAN，也可以一次删除多个 VLAN。如图 6-22 所示，添加一个 VLAN 时在“添加 VLANID”填入预设的 VLANID，该 ID 号是不同 VLAN 的标识。

添加或删除多个 VLAN 时在"添加 VLAN 范围"或"删除 VLAN 范围"中,输入一个范围来指定一段 ID 连续的 VLAN,则可以一次添加或删除多个 VLAN 虚拟接口。

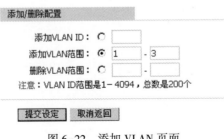

图 6-22　添加 VLAN 页面

12. 设定 VLAN 的 IP 地址

添加 VLAN 虚接口后,需要给 VLAN 接口配置 IP 地址和子网掩码。

在 VLAN 虚接口的"地址信息"一栏单击图标,弹出如图 6-23 显示该虚接口的地址配置信息。

图 6-23　VLAN 设定 IP 地址页面

单击"添加配置"按钮,如图 6-24 所示,为该 VLAN 虚接口添加一个或多个 IP 地址和子网掩码。

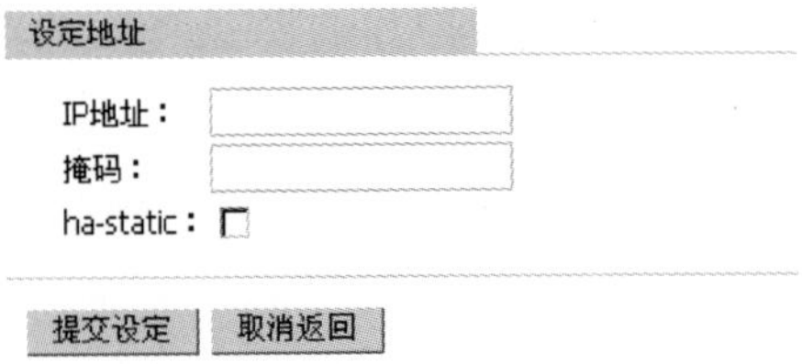

图 6-24　VLAN 配置 IP 地址页面

如果选择"ha-static",表示双机热备的两台设备在进行主从切换时,可以保存原来的地址不变;否则,从防火墙的地址将被主防火墙覆盖。网络卫士防火墙不支持不同的 VLAN 虚接口配置相同的 IP 地址或 IP 地址在同一子网内。对于已经添加的虚接口的 IP 地址,如图 6-25 所示,无法修改,只能单击删除图标进行删除。

图 6-25　VLAN 显示 IP 地址页面

13. 导入本地证书

大多数认证方式都需要被认证的一方(用户或设备)提供数字证书以证明其身份,也就是我们常说的证书认证。根据 X. 509 标准,网络卫士防火墙需要使用颁发给被认证对象的机构证书(也就是根证书)来验证被认证对象的证书的合法性。

导入根证书的步骤:

选择认证→本地证书,单击右侧"导入",如图 6-26 所示。

图 6-26　导入证书页面

添加"证书文件"和"证书撤销列表文件"的存放路径。

单击"提交设定"导入证书,或"取消返回"放弃导入。

图 6-27　系统证书显示页面

对已经导入的证书文件,可以下载到本地,也可以删除该证书文件。

14. 恢复出厂

系统除了提供上节所述的设备配置维护功能外,还提供了恢复出厂默认配置的功能,以方便用户重新配置设备。恢复出厂配置后,设备的网络接口地址可能会改变,配置信息会被清除,进而导致失去连接,请用户提前做好准备。

恢复出厂配置时:

选择系统管理→维护→配置维护恢复出厂设置,出现如图 6-28 所示。

单击"恢复配置"按钮,经用户确认后,系统恢复出厂配置并自动重启,此时用户与 TOS 设备的连接断开。

图 6-28　恢复出厂设置页面

15. 报文阻断策略

用户可以通过设置报文阻断策略实现简单的二、三层的访问控制。当设备接收到一个数据报文后,会顺序匹配报文阻断策略,如果没有匹配到任何策略,则会依据默认规则对该报文进行处理。设置报文阻断策略的步骤如下:

选择防火墙→阻断策略,在右侧页面内显示已有的报文阻断策略和默认规则,如图 6-29 所示。

图 6-29　报文过滤页面

表中"ID"为每项策略的编号,在移动策略顺序时将会使用。"控制"中的图标,分别表示该项策略的功能是允许还是禁止。

单击"设置默认规则"设置默认的报文阻断策略,即默认情况下是允许还是拒绝数据报文通过设备,如图 6-30 所示。

图 6-30　设置默认规则页面

单击"添加配置"添加一条报文阻断策略,如图 6-31 所示。

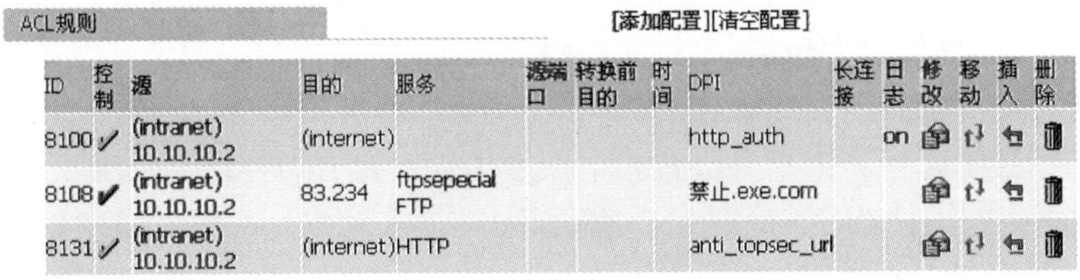

ID	控制	源	目的	服务	源端口	转换前目的	时间	DPI	长连接	日志	修改	移动	插入	删除
8100	✓	(intranet)10.10.10.2	(internet)					http_auth	on					
8108	✓	(intranet)10.10.10.2	83.234	ftpsepecialFTP				禁止.exe.com						
8131	✓	(intranet)10.10.10.2	(internet)HTTP					anti_topsec_url						

图 6-31　ACL 规则页面

表中"ID"为每项规则的编号,在移动规则顺序时将会使用。"控制"中的图标分别表示该项规则是否启用。

6.4　网络隔离系统

6.4.1　发展历程

网络隔离概念最早是由美国、以色列等国的军方提出,是解决涉密网络与公共网络连接安全问题的一种技术。在实现隔离网络间数据正常传输的同时,将传输的数据进行校验,过滤其中的黑客程序和病毒代码等破坏性信息,只允许与系统相关的数据进入内部网络中。该技术包括"安全隔离""信息交换"和"信息安全"三方面内容。"安全隔离"的本质是物理隔离技术,即采用高速电子开关隔离硬件和专有协议,确保内外网在任意时刻物理上完全断开;"信息交换"即指定的数据和文档可以在内外网物理隔离的条件下单向或双向流转;"信息安全"即内外网传输的信息是安全的、纯净的,对内部网络系统和数据不会造成影响和破坏。

基于网络隔离技术的安全隔离产品的发展,主要经历了四个阶段。

第一阶段:完全的隔离。该阶段要求内外网络各自独立运行,彼此之间彻底地切断连接,也就是双机双网系统。两个网络之间没有数据交换的通道,数据交换只能通过人工离线拷盘的方式进行,达到了目前最高的安全水平。但这种方式建设成本高、管理维护困难,信息交换十分不便,优点和缺点都十分突出。

第二阶段:硬件卡隔离。以安全隔离卡、隔离交换机、隔离集线器等技术为代表,通过在客户端安装安全隔离卡,或配置隔离交换机、隔离集线器,控制客户端与内网或外网的连接。这种方式安全性比较高,但信息交换实时性差。与完全隔离的方式相比,硬件卡隔离的优势是能够节约设备、建设以及管理成本。其单向隔离模式还能够提供有限的、非实时的安全数据导入服务。

第三阶段:空气开关隔离。利用单刀双掷开关使得内外网的处理单元分时存取共享存储设备来完成数据交换,实现了在空气缝隙隔离(Air Gap)情况下的数据交换,即在物理隔离的情况下交换数据。该技术的安全原理是通过应用层数据提取与安全审查,达到杜绝基于协议层的攻击和增强应用层安全的效果。基于此技术的产品被命名为安全隔离与信息交换系统,即隔离网闸。但受到技术成熟度和硬件能力的限制,此类产品在安全上和性能上都存在许多问题。

第四阶段:安全通道隔离。该技术通过专用通信硬件和专有安全协议等安全手段,来实现内外部网络的隔离和数据交换,不仅解决了以前隔离技术存在的问题,并有效地把内外部网络隔离开来,而且高效地实现了内外网数据的安全交换,透明支持多种网络应用,成为当前隔离技术的发展方向。

6.4.2　工作原理

网络隔离系统在物理隔离的内外网络间建立逻辑连接,通过对流经系统的协议数据进行检查、分解、重组处理,支持各种应用协议的数据交换。根据数据处理流程,网络安全隔离系统分为两大板块,内、外代理机模块,以及中间交换存储介质与开关控制模块。

1. 代理机模块及功能

内、外代理机模块相当于堡垒主机,运行简化的服务器端程序和客户端程序,并作为网关负责处理流经它的所有通信数据。其主要包括 TCP/IP 协议栈、协议分解、协议重构以及会话处理模块。TCP/IP 协议栈、协议分解及协议重构模块完成对 TCP/IP 应用会话的处理,也称为应用代理子模块。应用代理子模块结合包过滤和应用层防火墙的特性,不仅对 IP 包进行检查、过滤,还实现对应用层协议的细粒度访问控制。图 6-32 中展示了代理机完整的数据结构和会话处理流程。

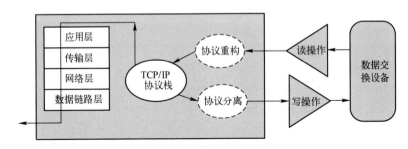

图 6-32　代理机数据处理流程

TCP/IP 协议栈单元相当于通用网络协议栈,包含处理多种应用层会话的功能组件,如 HTTP、FTP、SMTP 协议组件等,负责与网络进行对应的应用协议通信。

协议分解模块负责将 TCP/IP 协议头中的各项参数按称谓不同进行特殊格式映射,而协议重构模块负责将接收到的表单按照 RFC 规定重构、封装协议段数据。

表单结构包含所有重要的 TCP/IP 协议头参数,如源地址、目的地址、协议类型等。通过映射过程中对 TCP/IP 协议段各项内容进行严格的检查,并添加校验序列号进行加密、校验,不但实现了对协议的细粒度检查,还能防止篡改、重放等攻击穿透代理机模块。

安全访问控制规则包括 TCP/IP 协议栈中对 IP 层至应用层协议的各项访问控制,通过内网等可信路径进行配置,并驻留在代理机外,以保证规则实施安全、有效、可靠。

2. 代理机中的会话处理流程

通过描述由内网主机发起的,流经网络安全隔离与信息交换系统的对外访问,可以清晰表现会话处理流程。

内部代理机中的 TCP/IP 协议栈单元接收到会话连接请求后,首先终止会话连接,确保内、外网络间没有存活的网络连接。在接管会话连接后,TCP/IP 协议栈单元根据安全访问控制规则及 RFC 规定实施基本安全检查。一旦发现使用不符合访问控制规则的非法协议,TCP/IP 协议栈单元将终止会话处理。在协议会话的检查过程中,TCP/IP 协议栈单元将从会话分组中提取各项应用层协议数据,包括各种命令参数。协议的检查、处理层次从 IP 层一直到应用层协议。随后,TCP/IP 协议栈单元为通过安全检查的应用会话建立并维护一个会话表项,记录与会话进程相关联的参数,以处理外网经协议重构模块传回的回应信息。

符合访问控制规则的会话请求被传递到协议分解模块,在这里,会话分组被分解为协议段和用户数据段两部分。协议数据段内容按照特殊格式进行映射,并以静态的形式封装,应用协议段中的特定内容被提取出来,填入称为表单的特定内容格式,附加校验序列号后再通过会话处理模块写入中间交换存储设备。

表单结构如图 6-33 所示,满足专用、灵活、内容全面的要求,既能支持大多数的应用协议,又能保证表单的格式不易被篡改、假冒。必要时还可以对表单加密处理,以防止重放、篡改等各种攻击。由于不符合格式要求的表单不能被另一端代理机协议重组模块识别,内容全面的表单不仅可以满足各种协议的要求,还能在映射过程中被动检查协议各项内容。这样,内部网络具备了针对各种 TCP/IP 协议攻击的免疫能力,尤其是未知的复杂攻击。

应用协议类型	会话序号	目标IP地址	目标端口号	源IP地址	协议命令	协议/数据位	数据段	校验序列号

图 6-33　表单结构形式

连接外网的外部代理机通过会话处理模块,从中间交换存储设备中读取出协议段表单,由协议重构模块按照相应的 RFC 格式,重新生成协议段。具有相同校验序列号的协议段和用户数据将被组合在一起,封装生成安全的会话请求,向外网中的服务器发起连接。会话的回应处理及外网向内网发起的会话连接与上述流程相似。

3. 交换存储与开关控制单元

只通过专用协议在代理机之间实现逻辑隔离,会话数据没有实现静态化,可能出现绕过安全规则,或利用底层协议对内发起攻击,向外泄露信息的情况。只有在内、外网络之间实现安全隔离机制,才能保证访问控制规则有效执行,有效防范各类漏洞攻击。

交换存储与开关控制模块是保证内、外网络间安全隔离,提高内部网络安全级别的核心部件。该模块通常以硬件实现,满足高速、稳定的要求。由分时开关控制中间交换存储设备与内、外代理机通断,保证中间交换存储设备在一个时间片段内只能与内部或外部代理机连通,从而切断内、外网络间直接会话连接。

中间交换设备存储设备只接受会话处理模块的控制命令,不存在其他通信接口。数据读写通过最底层的 I/O 操作实现,且满足互斥要求,从硬件机制上实现隔离。在从中间交换设备中读取数据后,残余信息保护机制将防止数据重用或泄露。

6.4.3 安全隔离网闸配置

安全隔离网闸应用于边界网络安全防护,部署在不同安全网络节点之间,在网络通信过程中采用内部私有协议进行数据安全摆渡,彻底阻断通用的网络协议,仅保留其中的数据信息,从而解决了不同安全域之间,在网络隔离的基础上实现信息交换的问题,并在此基础上进行信息交换的底层访问控制和应用层内容检查,确保安全可靠的通信。

安全隔离网闸在硬件架构上采用"2+1"硬件架构,即 2 个主机模块和 1 个隔离交换模块。内、外网主机模块具有独立运算单元和存储单元,分别连接可信及不可信网络,对访问请求进行预处理,以实现对应用数据的安全隔离。隔离交换模块采用专用的双通道隔离交换卡实现,通过内嵌的安全芯片完成内外网主机模块间安全的数据交换。内外网主机模块间不存在任何网络连接,因此不存在基于网络协议的数据转发。隔离交换模块是内外网主机模块间数据交换的唯一信道,本身没有操作系统和应用程序设计界面,所有的控制逻辑和传输逻辑固化在安全芯片中,自主实现内外网数据的交换和验证。在极端情况下,即使非法攻破了外网主机模块,但由于无从了解隔离交换模块的工作机制,因此无法进行渗透,内网系统的安全仍然可以保障。

6.4.3.1 系统登录

网络安全隔离控制系统提供三种登录身份,分别是系统管理、安全管理、审计管理。三种身份使得系统设置、安全管理、日志审计三大模块间的功能分属于不同的管理者,形成有效的内控机制,以保证系统安全。网络安全隔离控制系统登录窗口如图 6-34 所示。

图 6-34　网络安全隔离控制系统登录窗口

该设备首次使用时,管理系统的默认 IP 地址为:

内网:https://192.168.0.201

外网:https://192.168.0.202

管理机的 IP 地址必须与管理地址的 IP 在相同网段。

系统默认三种身份的权限说明如下:

系统管理:配置设备策略,管理系统设置。

安全管理:管理账户,配置登录设置,管理口等。

审计管理:监控系统审计日志。

默认最大登录失败次数:3 次。

默认锁定时间:5min。

超时时间:10min。

默认情况下,业务访问控制为禁止,管理访问控制为允许。

兼容该接口的浏览器:IE8、火狐等。

6.4.3.2　系统管理

系统管理员主要实现设备的系统管理、网络配置、通用文件同步、数据库同步、安全 FTP、安全浏览、邮件访问、TCP 代理、UDP 代理、组播服务、定制访问、病毒检测和热备服务。初始情况下,账户管理的默认用户名为 admin,密码为

cyberadmin(若用户名或密码输入错误,会弹出用户名或密码错误对话框)。单击"登录"按钮,进入系统管理。

状态监控可监控网络安全隔离控制系统设备和管理设备的 CPU 利用率和内存利用率、网络流量、状态信息(状态信息实时更新),如图6-35所示。

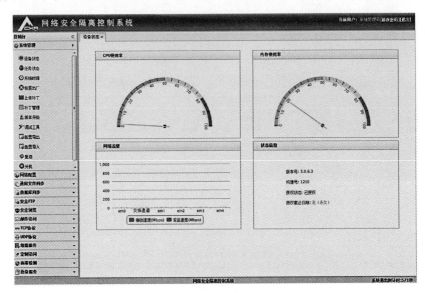

图 6-35　设备状态显示

6.4.3.3　网络地址配置

地址配置功能为对设备网络接口配置 IP 地址。操作步骤如下:

(1) 在控制台上单击"地址配置",跳转到地址配置设置窗口如图 6-36 所示。

序号	网卡名称	IP地址	子网掩码
1	eth0	192.168.10.100	255.255.255.0

图 6-36　地址配置窗口

(2) 单击"增加"按钮,对网卡进行地址配置。

(3) 选择一条地址,单击"修改"按钮,对地址进行修改。

(4) 选择一条地址,单击"删除"按钮,将该地址删除。

6.4.3.4　通用文件同步

此窗口可添加通用文件同步任务,进行通用文件同步业务传输,任务号必需一致,方可传输成功。通用文件同步采用挂载的方式实现文件同步,目前支持的方式为 Samba、NFS、FTP、SFTP(SSH)。

可在此窗口中配置通用文件同步任务,其中文件同步策略为首次复制+增量更新、增量更新、源端移动、源端删除及完全复制。并且,可对时间策略进行设置,包括实时、周期和定时,文件添加如图 6-37 所示。

图 6-37　文件添加

操作步骤:

(1)在控制台上单击"通用文件同步—任务配置"按钮,跳转到通用文件同步任务设置。

(2)单击"增加"按钮,添加专用文件同步任务策略。

(3)选择一条策略,单击"修改"按钮,对策略进行修改。

(4)选择一条策略,单击"删除"按钮,将该策略删除。

6.4.3.5　基本配置

"基本配置"部分,主要配置文件交换任务的工作模式和当前服务状态等,基本配置界面如图 6-38 所示。

工作模式用于控制网闸提供文件交换服务的工作模式。分为可接收发送,仅接收,仅发送三种工作模式。默认为可接收发送模式。界面如图 6-39 所示。

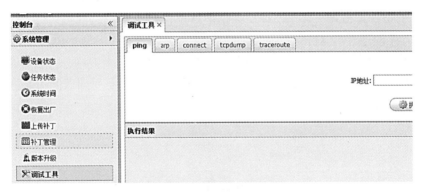

图 6-38　基本配置界面

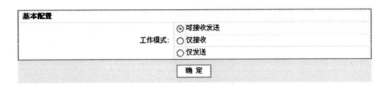

图 6-39　工作模式配置界面

6.4.3.6　任务管理

1. 发送任务

该部分可以对文件交换中的发送任务进行添加、修改和删除等操作,如图 6-40 所示,单击"添加"按钮,弹出如图 6-41 所示界面。

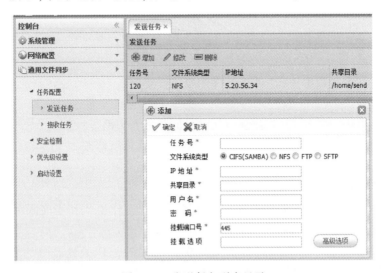

图 6-40　发送任务列表显示

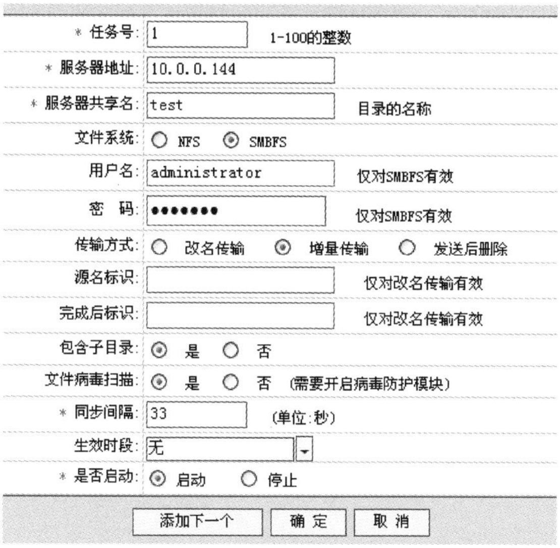

图 6-41　添加发送任务

图中发送任务的配置项,说明如下:

1)任务号

任务号是文件交换的基础,每个发送任务的任务号必须与接收任务相应的任务号对应,否则文件无法正常传输,该配置项为必填项。任务号只用数字表示,最多可以添加 100 个任务。

2)服务器地址

服务器地址指出网闸访问的共享服务器地址,该配置项为必填项。其值直接在文本框中输入,其格式必须符合 IP 地址的形式,如 10.50.10.10,且不带掩码,也支持 IP 地址 0.0.0.0。

3)服务器共享名

服务器共享名为网闸访问的服务器共享文件目录名,该配置项为必填项。若所选文件系统为 SMBFS,则服务器共享名不需填写完整路径,只填写共享文件目录名即可。

4)文件系统

文件系统为网闸访问的服务器主机文件系统类型,分为 NFS 和 SMBFS 两种,默认为 NFS 文件系统。若选择 NFS 文件系统,则不需填写用户名和密码,用户名和密码输入框不可用;若选择 SMBFS 文件系统,则需填写用户名和密码,其中用户名和密码为登录共享服务器所用的用户名和密码,文件系统配置界面如图 6-42 所示。

图 6-42　文件系统配置界面

5）传输方式

传输方式为设置共享文件传输的处理动作,分为改名传输,增量传输和传输后删除三种方式,默认为改名传输。三种方式分别介绍如下:

改名传输:仅发送文件名形如"＊_源名标记"的文件,发送完成后将文件名修改为"＊_完成后标记"。若选择改名传输,则需填写源名标记和完成后标记。

增量传输:首次发送全部共享文件,发送完成后每次同步时检查共享文件有无添加或修改。如有更新,仅发送更新的共享文件。若选择增量传输,则不需填写源名标记和完成后标记。

发送后删除:发送全部共享文件,发送完成后删除共享文件。若选择传输后删除,则不需填写源名标记和完成后标记。传输方式配置界面如图 6-43 所示。

图 6-43　传输方式配置界面

6）包含子目录

设置发送任务是否包含共享文件夹的子目录,默认为"是"。

7）文件病毒扫描

设置是否对发送的共享文件进行病毒扫描,默认为"是"。启动文件病毒扫描需要开启病毒防护模块。

8）同步间隔

设置网闸同步共享服务器的时间间隔,默认单位为 s。该配置项为必填项。

9）生效时段

"生效时段"指该任务在指定的时间段内生效,其他时间内为失效状态。

其值从下拉列表中选取,默认为"无"。

下拉列表初始仅有"无"一项,其菜单项来源于"资源定义">>"时间"中的时间列表、时间组两类。

10）是否启动

设置是否启动该发送任务,默认为"启动"。

设置完各配置项后,单击"添加下一条",继续添加;单击"确定",返回列表显示界面,并刷新该界面;单击"取消",返回列表显示界面。

2. 接收任务

该部分可以对文件交换中的接收任务进行添加、修改和删除等操作,接收任务列表显示如图 6-44 所示。

图 6-44　接收任务列表显示

在图 6-44 中,单击"添加"按钮,弹出如图 6-45 所示界面。

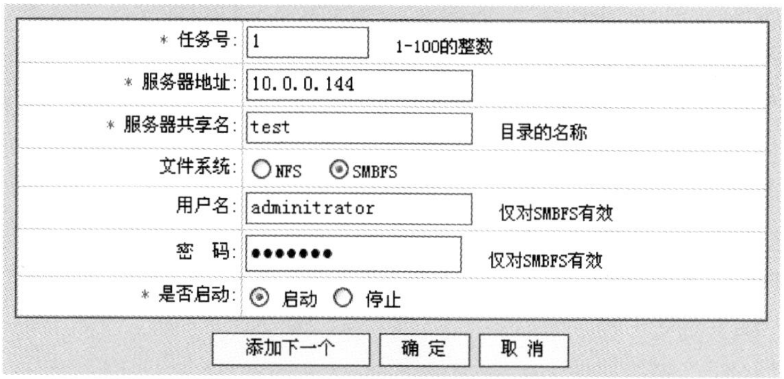

图 6-45　添加接收任务

图中接收任务的配置项,说明如下:

1) 任务号

任务号是文件交换的基础,每个接收任务的任务号必须与发送任务相应的任务号对应,否则文件无法正常传输,该配置项为必填项。任务号只用数字表示,最多可以添加 100 个任务。

2) 服务器地址

服务器地址指出网闸访问的共享服务器地址,该配置项为必填项。其值直接在文本框中输入,其格式必须符合 IP 地址的形式,如 10.50.10.10,且不带掩码,也支持 IP 地址 0.0.0.0。

3) 服务器共享名

服务器共享名为网闸访问的服务器共享文件目录名。该配置项为必填项。

4) 文件系统

文件系统为网闸访问的服务器主机文件系统类型,分为 NFS 和 SMBFS 两种,默认为 NFS 文件系统。若选择 NFS 文件系统,则不需填写用户名和密码,用户名和密码输入框不可用。若选择 SMBFS 文件系统,则需填写用户名和密码,其中用户名和密码为登录共享服务器所用的用户名和密码。文件系统配置界面如图 6-46 所示。

图 6-46 文件系统配置界面

5) 是否启动

设置是否启动该接收任务,默认为"启动"。

设置完各配置项后,单击"添加下一条",继续添加;单击"确定",返回列表显示界面,并刷新该界面;单击"取消",返回列表显示界面。

6.4.3.7 内容控制

该部分用于所有与文件交换任务中内容控制有关的配置,包括文件名控制、内容黑名单、内容白名单和文件属性控制四个过滤选项。

1. 文件名控制

文件名控制列表显示如图 6-47 所示。

单击"添加"按钮,弹出如图 6-48 所示界面。

图中添加文件名的配置项,说明如下:

1) 名称

文件名组名称,可以是数字、点、减号、字母、下划线的组合。名称不能为空且必须唯一。

2) 允许的文件名为"允许通过"的文件名

其格式为:以点号开始,后接具体名称。单个点号表示所有没有扩展名的文件。名称由 0 至多个合法字符(合法性说明参考公共操作说明),且字符总数不超过 30 个。文件名中可以使用通配符“ * ”和“ ? ”。

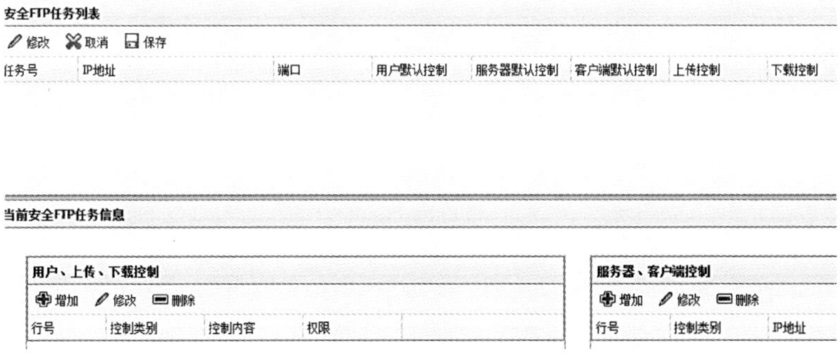
安全FTP任务列表
修改 取消 保存
任务号 IP地址 端口 用户默认控制 服务器默认控制 客户端默认控制 上传控制 下载控制
当前安全FTP任务信息
用户、上传、下载控制
增加 修改 删除
行号 控制类别 控制内容 权限
服务器、客户端控制
增加 修改 删除
行号 控制类别 IP地址

图 6-47　文件名控制列表显示

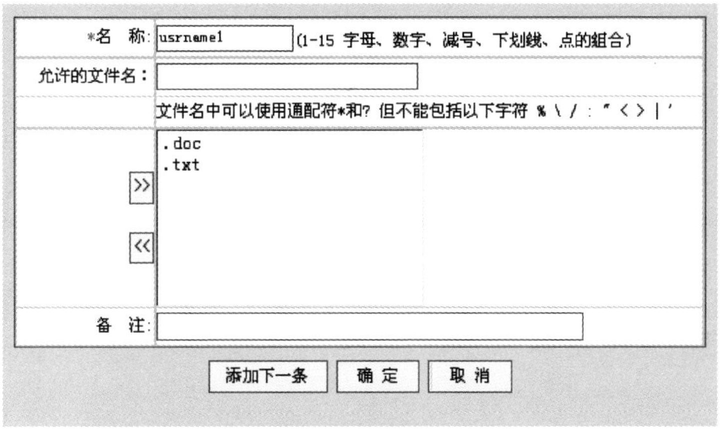
*名　称: usrname1 (1-15 字母、数字、减号、下划线、点的组合)
允许的文件名:
文件名中可以使用通配符*和? 但不能包括以下字符 % \ / : " < > | '
.doc
.txt
备　注:
添加下一条
确 定
取 消

图 6-48　添加文件名

单击[>>]按钮将输入的文件名加入白名单组,新加入的文件名会在下方的白名单组显示框中显示出来,继续输入文件名单击[>>]可以重复添加;选中白名单组显示框中一项,单击[<<]可以删除此文件名。

3）备注

该文件名的备注或说明。

设置完各配置项后,单击“添加下一条”,继续添加文件名;单击“确定”,返回列表显示界面,并刷新该界面;单击“取消”,返回列表显示界面。

2. 内容黑名单

在图 6-49 中,单击“添加”按钮,弹出如图 6-50 界面。

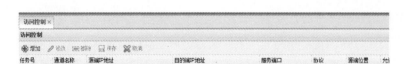

图 6-49　内容黑名单列表显示

图 6-50　添加禁止的内容

图中添加黑名单的配置项,说明如下:

1) 名称

内容黑名单组名称,可以是数字、点、减号、字母、下划线的组合。名称不能为空且必须唯一。

2) 禁止的内容

向列表中添加一个禁止的内容,内容支持通配符:

＊代表任意字符串,包括空串。

? 代表任意单个字符。

\\表示单个字符'\'。

\ * 表示单个字符' * '。

\? 表示单个字符'? '。

单击⊠按钮将输入的内容加入黑名单组,新加入的内容会在下方的黑名单组显示框中显示出来,继续输入内容单击⊠可以重复添加;选中黑名单组显示框中一项,单击⊠可以删除此内容。

3）备注

该禁止内容的备注或说明。

设置完各配置项后,单击"添加下一条",继续添加;单击"确定",返回列表显示界面,并刷新该界面;单击"取消",返回列表显示界面。

3. 内容白名单

内容白名单列表显示如图 6-51 所示。

图 6-51　内容白名单列表显示

单击"增加"按钮,弹出如图 6-52 所示界面。

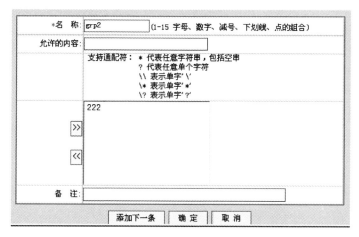

图 6-52　添加允许的内容

添加白名单的配置项的说明如下:

1）名称

内容白名单组名称,可以是数字、点、减号、字母、下划线的组合。名称不能为空且必须唯一。

2）允许的内容

向列表中添加一个允许的内容，内容支持通配符：

﹡代表任意字符串，包括空串。

? 代表任意单个字符。

\\表示单个字符'\'。

\﹡表示单个字符'﹡'。

\? 表示单个字符'? '。

单击⊠按钮将输入的内容加入白名单组，新加入的内容会在下方的白名单组显示框中显示出来，继续输入内容单击⊠可以重复添加；选中白名单组显示框中一项，单击⊠可以删除此内容。

3）备注

该禁止内容的备注或说明。

设置完各配置项后，单击"添加下一条"，继续添加；单击"确定"，返回列表显示界面，并刷新该界面；单击"取消"，返回列表显示界面。

6.4.3.8　安全通道

该模块支持内外网用户安全快速地访问所有应用服务器。通过配置安全通道服务端和客户端任务，实现控制应用服务的访问请求，达到更加安全的效果。该模块包括基本配置、客户端任务配置、以及服务端任务配置等三个模块。

1. 基本配置

"基本配置"部分，用于配置安全通道任务的基本参数，目前仅包括"当前服务状态"参数。

2. 客户端

该部分用于配置所有的安全通道的客户端任务。配置步骤：单击"添加"按钮，弹出如图6-53所示界面。

图中安全通道客户端任务的各配置项，说明如下：

1）任务号

发送任务号，只能为1~200的数字。该项配置必须填写。任务号是安全通道访问的基础，网闸同侧的任务号必须唯一。

注意：若配置"普通访问"任务，则要求客户端与服务端对应的任务号一致，否则会导致运行不正常。

2）访问类型

访问类型包括普通访问、透明访问，默认选中透明访问。

普通访问，指与网闸相连的外部客户端访问的目的主机是网闸客户端公开

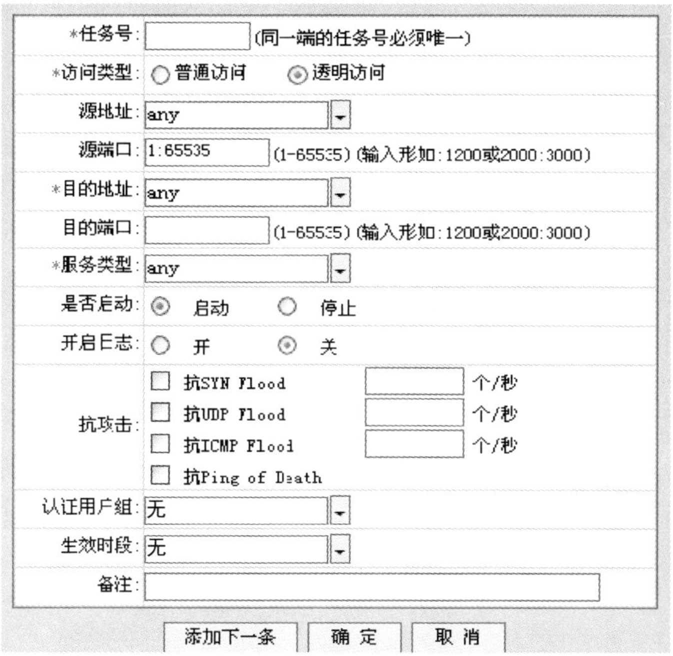

图 6-53　添加安全通道客户端任务

服务地址,网闸通过隔离交换模块将用户请求转到服务端相同任务号的任务所指定的实际服务器。这种访问类型,配置任务时,需要分别在网闸的客户端、服务端配置任务,且任务号必须相同。支持网闸两侧 IP 地址同属一网段的网络。

透明访问,访问原理与普通访问类型完全相同,区别在于此时外部客户端访问的目的地址是网闸另一侧的实际服务器地址,且往往网闸两侧的 IP 地址在不同网段。这种类型最大的好处在于无须修改用户的网络拓扑,实现透明接入。

注意:透明访问模式不支持内外网为同一网段的网络应用。

3)源地址

源地址指出该任务允许通过的源地址。其值从下拉列表中选取即可,但不能为空,也不能选取"无"菜单选项,默认为"any"。其菜单项来源于"资源定义"中定义的地址列表、地址组、服务器地址、域名地址等四类地址。

4)源端口

源端口指出该任务允许通过的源端口。取值范围:1~65535,其值输入形如 1234 或 120:3000。

5)目的地址

目的地址表示对方网络中客户端所需访问的服务器的 IP 地址或地址对象。

211

若网闸内外网同网段,目的地址必须是 IP 地址形式,且为真实服务器 IP 地址,该真实服务器 IP 地址必须绑定到网闸上;若网闸内外网不在同一网段,目的地址必须是地址对象,且为真实服务器 IP 地址对象。

其值从下拉列表中选取即可,但不能为空,也不能选取"无"菜单选项,默认为"any"。下拉列表初始只有两项:"无""any"或映射 IP 地址,其菜单项来源于"资源定义"中定义的地址列表、地址组、服务器地址、域名地址等四类地址。

6)目的端口

目的端口指明对方网络中客户端所需访问服务器的真实端口。取值范围:1~65535,其值输入形如 1234 或 120:3000。若未填,则依据服务类型决定端口号;若已填,但又选择知名服务(非 tcp_any、非 udp_any),则所填端口号无效。

7)服务类型

服务类型从下拉列表中选择即可,目前支持的类型有 H323、IRC、MMS、HTTP、HTTPS、DNS、FTP、SMTP 和 POP3 等。

8)是否启动

该选项用于设置是否启动该客户端任务,默认为"启动"。

9)开启日志

此项允许用户是否开启安全通道模块的日志,"开"表示将记录业务日志,"关"则不记录业务日志,默认"关"。

10)抗攻击

此选项可以开启或关闭抗攻击功能,并可以设置抵抗攻击的每秒个数,默认为不使用抗攻击功能。

11)生效时段

"生效时段"指该任务在指定的时间段内生效,其他时间内为失效状态。其值从下拉列表中选取,默认为"无"。下拉列表初始仅有"无"一项,其菜单项来源于"资源定义">>"时间"中的时间列表、时间组两类。

12)备注

该任务的说明。

设置完上述 12 条配置项后,单击"添加下一条",允许继续添加任务;单击"确定",返回列表显示界面,并刷新该界面;单击"取消",返回列表显示界面。

3. 服务端

该部分用于配置所有的安全通道的服务端任务。特别指出的是,与客户端不同,只有配置普通访问任务时,才需要服务端任务,对于透明访问任务,服务端的任务系统内部已经配置好,无须用户配置。配置步骤:

单击"添加"按钮,弹出如图 6-54 所示界面。

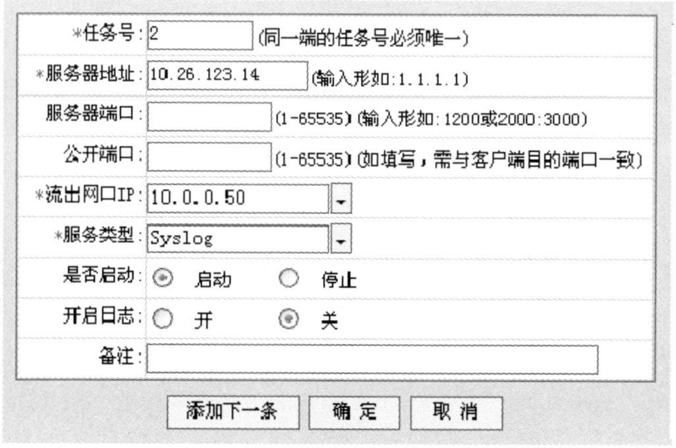

图 6-54 添加安全通道服务端任务

图中各配置项,说明如下:

1) 任务号

接收任务号,只能为 1~200 的数字,该项配置必须填写。任务号是安全通道访问的基础,网闸同侧的任务号必须唯一。要求与发送端的任务号一一对应。

2) 服务器地址

服务器地址为目标访问网络中的服务器的真实 IP 地址,该配置项为必填项。其值直接在文本框中输入,其格式必须符合 IP 地址的形式,如 10.50.10.10,且不带掩码,也不能为 0.0.0.0。

3) 服务器端口

服务器端口为目标访问网络中的服务器的真实端口。取值范围:1~65535,其值输入形如 1234 或 120:3000。若未填,则依据服务类型决定端口号;若已填,但又选择知名服务(非 tcp_any、非 udp_any),则所填端口号无效。

4) 流出网口 IP

指明网络流量从哪个口出去,到达目标服务器。其值为网闸内外网 IP 地址,在列表框中选择。

5) 服务类型

服务类型从下拉列表中选择即可,目前支持的类型有 H323、IRC、MMS、HTTP、HTTPS、DNS、FTP、SMTP 和 POP3 等。

6) 是否启动

该选项用于设置是否启动该服务端任务,默认为"启动"。

7) 备注

该任务的备注或说明。

设置完上述 7 条配置项后,单击"添加下一条",允许继续添加任务;单击"确定",返回列表显示界面,并刷新该界面;单击"取消",返回列表显示界面。

➤ 6.5 入侵检测系统

6.5.1 概述

随着信息化建设的发展,传统的防火墙系统已经不能满足关键应用的实际需要,以智能和动态分析为基础的入侵检测系统在当今的网络应用中发挥了日益重要的作用。入侵检测(Intrusion Detection),顾名思义,是对入侵行为的发觉。它通过收集计算机网络或计算机系统中得若干关键点信息并对其进行分析,从中发现网络或系统中是否有违反安全策略的行为和被攻击的迹象。入侵检测是防火墙的合理补充,帮助系统对付网络攻击,扩展了系统管理员的安全管理能力(包括安全审计、监视、进攻识别和响应),提高了信息安全基础结构的完整性。入侵检测系统与被检测的系统平台无关;实时性高;一个子网中只需要部署一个检测节点,就可以检测整个子网;不会对网络通信产生影响。

1. 入侵检测系统基本要求

(1)准确性。入侵检测系统不能将一个系统环境内的合法操作识别为一个异常或误用。将合法操作识别为入侵活动称为误报警。

(2)高性能。入侵检测系统要求具有实时检测性能,实时检测是指在入侵造成重大损害之前,应能检测到入侵。

(3)完整性。入侵检测系统理论上讲,不能未检测到任何一个入侵,如果未能检测到入侵称之为漏报警。实际上,入侵检测系统要达到这一个要求是非常困难的,因为入侵检测系统要具备过去、当前和未来攻击的完整知识库是不太现实的。

(4)容错性。入侵检测系统自身必须可防范各种攻击。

(5)可扩展性。入侵检测系统应能处理最坏情况下产生的大量事件而不丢弃信息。随着网络规模的扩大和网络速度的提高,入侵检测系统需要处理的事件将迅速地增多。

入侵检测系统是一种自动执行入侵检测过程的计算机系统。入侵检测系统执行的主要任务包括:监视、分析系统活动;审计系统构造和弱点;识别、反映已知进攻的活动模式,向管理员报警;统计分析异常行为模式;评估重要系统和数据文件的完整性;审计、跟踪管理操作系统,识别用户违反安全策略的行为。

2. 入侵检测系统的基本组成

1999 年 6 月,互联网工程任务组的入侵检测工作组提出的建议是公共入侵检测框架,它阐述了一个的通用模型。它将一个入侵检测系统分为事件产生器、事件分析器、响应单元、事件数据库等四个组件,各组件间的结构关系如图 6-55 所示。

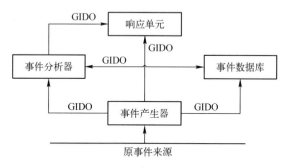

图 6-55　通用入侵检测框架

（1）事件产生器。事件产生器是负责从整个计算环境中获取事件,然后将事件转化为 GIDO 数据提交给其它组件使用。

（2）事件分析器。事件分析器从其他组件接收 GIDO 数据,并分析它们,然后以一个新的 GIDO 数据形式返回分析结果。

（3）事件数据库。事件数据库负责 GIDO 数据的存储,是存放各种中间和最终数据的地方的统称。

（4）响应单元。响应单元是对分析结果作出反应的功能单元,它可以是终止进程、切断连接、改变文件属性,也可以只是简单的报警和记录。

以上四个组件只是逻辑实体,一个组件可能是某台计算机上的一个进程甚至线程,也可能是多个计算机上的多个进程,它们以通用 GIDO 数据进行数据交换。通用入侵检测对象格式是对事件进行编码的标准通用格式,它可以是发生在系统中的审计事件,也可以是对审计事件的分析结果。事件产生器、事件分析器和响应单元常常以应用程序的形式出现,事件数据库往往以文件或数据流的形式出现,大多入侵检测系统厂商通常用数据收集部分、数据分析部分和控制台部分三个术语来分别代替事件产生器、事件分析器和响应单元。

6.5.2　分类

入侵检测系统可以根据多种元素分类。根据数据来源的不同,入侵检测系统可以分为基于主机的入侵检测、基于网络的入侵检测和基于应用的入侵检测系统。根据检测方法的不同,可以将入侵检测分为异常检测和滥用检测。根据体系结构不同,可以分为集中式、层次式和对等式入侵检测系统。

1. 基于主机的入侵检测

基于主机的入侵检测(Host-based Intrusion Detection,HID)通过监测和分析如下信息来检测入侵行为:

(1) 主机的审计数据、系统日志。

(2) 主机进程的行为,如 CPU 利用率、I/O 操作等。

(3) 主机用户活动信息。

(4) 进程的系统调用序列。

基于主机的入侵检测可以通过全面地监测主机的状态和用户的操作,检测主机、进程或用户的异常行为,发送报警信息并采取相应措施来阻止攻击。受操作系统平台的约束,可移植性差;需要在每个被检测的主机上安装入侵检测系统,难以配置和管理;难以检测网络攻击,如 DoS(Denial of Service),端口扫描等。

2. 基于网络的入侵检测

基于网络的入侵检测(Network-based Intrusion Detection,NID)通过侦听网络中的所有报文,并分析报文的内容、统计报文的流量特征来检测各种攻击行为。基于网络的入侵检测对报文分析如下:

(1) 单报文分析。通过检查报文的源地址和目的地址、源端口和目的端口等内容,检测 Land 等攻击行为。

(2) 报文重组。对 IP 分片进行重组,是进行会话内容分析的基础,同时也可以检测针对 IP 报文重组过程进行的攻击、利用 IP 分片机制来逃避入侵检测或穿透防火墙的企图。

(3) 会话内容分析。对基于网络的会话内容进行分析,是检测堆栈溢出、口令猜测等攻击的主要手段。通过会话内容检测攻击的主要方式是字符串匹配。

(4) 统计分析。通过对网络报文到达建立模型,或统计网络流量强度、服务分布,或对异常报文进行统计,可以检测各种 DoS、DDoS(Distributed Denial of Service)攻击。

3. 基于应用的入侵检测

基于应用的入侵检测(Application-based Intrusion Detection,AID),是一种特殊的基于主机的入侵检测系统,主要通过分析内部应用实现入侵检测,最重要的数据源是应用日志,主要包括 WWW Server 检测系统和数据库服务器检测系统等。通过监视用户与应用的交互过程,可以更全面地检测用户的非授权访问,但由于应用日志相对于系统日志而言容易被破坏,因此基于应用的入侵检测系统更易于被攻击,通常需要与基于主机的入侵检测系统,或者基于网络的入侵检测系统组合运用。

6.6　数据传输加密技术

6.6.1　概述

信息安全技术主要包括监控、扫描、检测、加密、认证、防攻击、防病毒以及审计等,其中加密技术是信息安全的核心技术,信息加密技术是利用数学或物理手段,在传输过程中和存储载体中对电子信息进行保护,防止泄露。随着计算机网络应用逐渐增多,信息保密显得越来越重要,信息加密技术已经渗透到大部分安全产品之中,并向芯片化方向发展。通过数据加密技术可以在一定程度上提高数据传输的安全性,保证传输数据的完整性。一个数据加密系统包括加密算法、明文、密文以及密钥,密钥用于控制加解密过程。加密系统的全部安全性是基于密钥的,而不是基于算法,所以加密系统的密钥管理是一个非常重要的问题。数据加密过程就是通过加密系统把原始的数字数据(明文),按照加密算法变换成与明文完全不同的数字数据(密文)的过程。

加密系统:由算法以及所有可能的明文、密文和密钥组成。

密码算法:也称为密码(cipher),适用于加密和解密的数学函数(通常情况下,有两个相关的函数,一个用于加密,一个用于解密)。

明文(plaintext):未被加密的消息。

密文(ciphertext):被加密的消息。

加密(encrypt)、解密(decrypt):用某种方法伪装数据以隐藏它原貌的过程称为加密;相反的过程称为解密。

密钥(key):参与加密及解密算法的关键数据,没有它明文不能转换成密文,密文也不能转换成明文。

6.6.2　分类

加密技术通常分为"对称式"和"非对称式"两大类。对称式加密就是加密和解密使用同一个密钥,这种加密技术目前被广泛采用,如美国政府所采用的DES就是一种典型的"对称式"加密技术,它的密钥长度为56b。非对称式加密就是加密和解密使用不同的密钥,通常有两种密钥,称为"公钥"和"私钥",它们必须配对使用,否则不能打开加密文件。这里的"公钥"是指可以对外公布的,"私钥"只能由持有人知道。对称式的加密方法如果是在网络上传输加密文件就很难把密钥告诉对方,不管用什么方法都有可能被别人窃听到。而非对称式的加密方法的"公钥"是可以公开的,也就不怕别人知道,收件人解密时只要用自己的私钥即可,这样就能很好地解决了密钥传输过程的安全性。

常用的数据传输加密方式有链路加密、节点加密和端到端加密三种方式。

1. 链路加密

链路加密是传输数据仅在数据链路层进行加密,不考虑信源和信宿,它用于保护通信节点间的数据。接收方是传送路径上的各台节点机,数据在每台节点机内都要被解密和再加密,依次进行,直至到达目的地。

对于在两个相邻网络节点间的某一次通信,链路加密为传输的数据提供了安全保证。对于链路加密,所有消息在传输前先完成加密,每个节点机收到消息后需要解密,转发前则需要使用下一跳链路的密钥再次加密。在到达目的地之前,一条消息需要经过多次加解密。

由于在每一个中间传输节点消息均被解密后重新加密,因此,包括路由信息在内的链路上的所有数据均以密文形式出现。这样,链路加密就屏蔽了消息的源点与终点,可以防止攻击者对通信业务进行分析。

尽管链路加密在计算机网络环境中使用相当普遍,但它并非没有缺陷。链路加密通常用在点对点的同步或异步线路上,它要求首先同步链路两端的加密设备,再使用一种链模式对数据加密。这就给网络的性能和管理带来了影响。在线路或信号经常中断的长距离线路中,链路加密设备需要频繁同步,带来的后果是数据丢失或重传。另外,即使仅一小部分数据需要加密,也必须将所有数据加密,降低了链路的传输效率。

链路加密仅在通信链路上提供安全保障,而在网络节点中消息以明文形式存在,因此所有节点在物理上必须是安全的,否则就会泄露明文内容。若要保证每个节点的安全性需要较高的费用,为每一个节点提供加密硬件设备和一个安全的物理环境所需要的费用主要包括:保护节点物理安全的雇员开销,为确保安全策略和程序的正确执行而进行审计的费用,以及为减少安全性被破坏带来的损失而参加保险的费用。

在传统的加密算法中,用于解密消息的密钥与用于加密的密钥是相同的,该密钥必须被秘密保存。这样,密钥分配在链路加密系统中就成了一个问题,因为每一个节点必须存储与其相连接的所有链路的加密密钥,这就需要对密钥进行物理传送或者建立专用网络设施,而网络节点地理分布广阔、分散,使得这一过程变得复杂,同时增加了密钥连续分配时的费用。

2. 节点加密

节点加密是在节点处采用一个与节点机相连的密码装置,密文在该装置中被解密并被重新加密,明文不通过节点机,避免了链路加密节点处易受攻击的缺点。

　　节点加密能给网络数据提供较高的安全性,它在操作方式上与链路加密类似。两者均在通信链路上为传输的消息提供安全性,都在中间节点先对消息进行解密,然后进行加密。因为要对所有传输的数据进行加密,所以加密过程对用户是透明的。然而,与链路加密不同的是,节点加密不允许消息在网络节点以明文形式存在,它先把收到的消息进行解密,然后采用另一个不同的密钥进行加密,这一过程在节点上的一个安全模块中进行。

　　节点加密要求报头和路由信息以明文形式传输,以便中间节点能得到如何处理消息的信息。这种方法的缺点是不能有效防范基于分析通信业务的网络攻击。

3. 端到端加密

　　端到端加密是为数据从一端到另一端提供的加密方式。数据在发送端被加密,在接收端解密,中间节点处不以明文的形式出现。也就是说,数据传输中除报头外的报文均以密文的形式贯穿于全部传输过程,只是在发送端和接收端才有加、解密设备,而在中间任何节点报文均不解密。端到端加密减少了密码设备的数量,加密系统的价格便宜。与链路加密和节点加密相比更可靠,更容易设计、实现和维护,还避免了其他加密系统所固有的同步问题。每个报文包均是独立被加密的,一个报文包所发生的传输错误不会影响后续的报文包。

　　数据传输信息由报头和报文组成的,报头为路由选择信息等(端到端传输中要涉及到路由选择),报文为要传送的数据集合。端到端加密时,通路上的每一个中间节点虽不对报文解密,但为将报文传送到目的地,必须检查路由选择信息。因此,只能加密报文,而不能对报头加密,这种方法的缺点不能屏蔽被传输消息的源点与终点,对于防止攻击者分析通信业务较脆弱。

　　在对链路加密中各节点安全状况不可控的情况下可使用端到端加密方式。

6.6.3　应用

　　航天测控通信网在用的保密系统(包括保密适配终端、密钥分发设备和密钥管理中心)不同于以往使用的链路保密机,属于 IP 层加解密。它将通信接口和协议与密码系统独立开来,采用模块化设计。因此,保密适配终端既是配置管理系统的末端设备(管理各用户节点安全策略配置信息),又是密码系统设备与通信系统连接的纽带(转换通信接口和加解密接口、通信协议和加解密协议)。有了保密适配终端,当通信系统接口和通信协议改变时,密码模块不必要做出相应的变化,从而实现了密码系统的加解密对通信系统的非敏感化。也就是说,今后若通信系统接口和协议发生变化,只需在保密适配终端上修改相应的适配,而密码模块不用重新改造,即可直接使用。

保密系统的安全配置采用三级管理模式,由一级配管中心、二级配管中心和用户节点的适配终端组成。一级配管中心可向全网的二级配管中心或适配终端下发用户的安全策略配置管理信息,二级配管中心可向其管辖的适配终端下发用户的安全策略配置管理信息,各适配终端可设置该节点用户的安全策略配置管理信息。适配终端配置的节点用户安全策略配置管理信息向二级配管中心、一级配管中心报备,二级配管中心配置的用户安全策略配置管理信息向一级配管中心报备。

保密系统根据源/目的 IP 地址和协议类型等参数配置数据流的明通或密通策略,策略中子网应绑定相应的 IP 保密机,完成对任务数据、指挥调度等业务的加解密。

1. 保密系统的主要工作过程

(1)通过一级配管中心、二级配管中心或保密适配终端配置全网用户路由的加密/明通等安全策略,缺省配置为加密。

(2)密钥分发密码机在线周期广播分发基本密钥,配置在用户节点上的密码模块(百兆密码模块和千兆密码模块)利用基本密钥和依节点分割的工作密钥按照安全策略实现对用户业务信息的加解密。

(3)系统工作过程中,可通过一级配管中心、二级配管中心或保密适配终端更新网络的安全策略,更新的安全策略即时启用。

(4)密钥分发密码机通过密钥管理中心接收全军一体化对称密码管理系统产生的密钥,并将这些密钥安全传递到网络的密钥分发密码机中。

(5)密钥分发密码机每年轮询为网中的密码设备分发一次广播密钥的加密密钥,每天广播分发一组基本密钥。所有的密钥分发过程可以在线自动完成,无需人工干预。

IP 保密系统按照选用通用密码模块的设计思路,实现了标准 IP 协议到标准加解密协议的转换,选配密码机和密钥分发密码机,将密码机嵌入到适配终端,通过网桥的方式串接在系统各节点交换机和路由器之间,实现对用户业务信息的加解密,对系统设置为明通的用户信息,直接由适配终端将其转发,不需经过密码机加解密。密钥分发密码机配置在指定的中心节点上,可在线实现对全网密码机的密钥分发和管理。

2. 保密系统主要特点

(1)保密适配终端的业务网口能满足千兆线速的要求。采用硬件直接俘获以太网数据并处理,最大明通速率可以达到 1000Mb/s。

(2)保密适配终端完全透明接入。两个业务网口没有 MAC 地址,像一根网线一样串接在路由器和交换机之间,接入简单,不会引起 MAC 地址风暴。

（3）保密系统采用分级管理结构,安全策略既可以分散配置,也可以集中管理,而且一级中心的权限高于二级中心。二级中心的权限高于本机设备。策略的管理既可控,又灵活。

（4）纯硬件处理,具有较强的加解密能力。百兆密码模块 64B 小包的加密速率双向可以达到 160Mb/s,1500B 大包的加解密速率双向可以达到 138Mb/s,最小加解密时延仅为 13.1μs,最大加解密时延为 220μs,其加解密能力是普通百兆 IP 网络密码机的 2 倍。千兆密码模块在 256B 以上包时能达到双向线速的加解密能力。

第7章
航天测控通信系统网络测试评估

↘ 7.1　概述

近些年来,随着航天测控通信网络规模扩大,网络带宽增加,网络新业务不断出现,网络运行质量问题日益突出。因此,在网络建设初期和网络运行过程中必须进行网络性能测试评估,以便及时全面获得网络运行数据,为网络的合理规划建设、有效运维管理奠定基础。

网络系统测试分为被动测试和主动测试。被动测试是指当网络系统出现各种故障时,进行的针对性网络系统测试,用于定位网络系统中存在的问题。主动测试是指不管网络系统是否出现故障,都定期对网络系统的性能指标进行测试,甚至对部分指标进行不间断测试,从而及时发现或预测网络系统可能出现的故障。

被动测试只进行事后纠错,而主动测试可提前发现网络系统各项性能指标变化,预防网络系统发生故障或性能下降,保障网络系统不因故障而中断运行。主动测试对于 $7 \times 24h$ 运维的数据中心非常重要,可弥补传统网络运维管理缺陷,是一种有效提高网络性能和运行质量的方式。

网络测试工具主要有线缆测试仪、网络测试仪和网络协议分析仪等。线缆测试仪用于检测线缆质量,判断线缆通断状态;网络测试仪是软硬件结合的专用测试设备,具有数据包捕获、负载流量产生和智能分析等功能;网络协议分析仪用于捕获和记录网络数据包,网络维护人员通过分析仪捕获的数据可以分析异常流量和排查网络故障。

↘ 7.2　网络性能指标测试

7.2.1　连通性测试

网络中所有接入设备应按使用需求(有特殊要求的除外)实现互联互通。

1. 测试方法

网络系统连通性测试如图 7-1 所示。将测试仪接入到被测网络设备端口，对关键设备进行不间断路由连通性检查(Ping)，测试数量为 10 次，要求 Ping 命令测试涉及所有网段。测试时需考虑遍历各网络设备。

图 7-1　网络系统连通性测试示意图

使用路径跟踪(Traceroute)命令进行路由探测，其向通往目的节点的路径上各节点发出连续探针并记录每一个返回的消息，用于查看主机间数据转发路径。

2. 测试原则

要求按照设备总数量的 10% 进行抽测，总数量少于 10 台时应全部测试。

3. 测试结果判定

单项判据。单个接入点到关键设备 Ping 命令测试全部连通，则该接入点测试通过，否则测试不通过。

综合判据。所有接入点的单项判定通过，则整个网络测试通过，否则测试不通过。

7.2.2　传播时延测试

传播时延是指发送端开始发送数据到接收端收到数据所需的全部时间，通常受到链路距离、通过设备数量和网络带宽利用率的影响。传播时延测试需要考虑两台仪器的时钟同步问题或者使用一台测试仪进行环回测试，一般情况下时延测试采用 1518B 帧长进行测试。

1. 测试方法

当使用两台仪器进行测试时，传播时延测试如图 7-2 所示，考虑到时钟同步问题，需要数据帧的发送和接收时刻都应进行时间标记，或者将测试数据流进行环回测试。当使用一台仪器进行测试时，传播时延测试如图 7-2 所示。要求在网络空载的时候实施测试，测试应包括核心层、汇聚层和接入层链路。

（1）将测试仪连接至被测网络设备端口上。

（2）从发送端口向接收端口发送帧长为 1518B 的数据帧。

（3）单向测试时,测试值就是传播时延值;环回测试时,测试值是双向往返时延,将往返时延除以二就是单向传播时延值。

（4）重复以上步骤,传播时延是对 20 次测试结果的平均值。

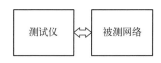

图 7-2　传播时延测试示意图

2. 测试原则

核心层设备间的骨干链路应进行 100% 测试;核心层设备到汇聚层设备的链路应进行 100% 测试;汇聚层设备到接入层设备间抽测 10%;抽测数量不足 10 条按 10 条测试;总数不到 10 条则进行 100% 测试。

3. 测试结果判定

当网络系统最大传播时延测试值都小于 1ms 时,则判定网络系统的传播时延符合标准要求。否则,判定网络系统的传播时延不符合标准要求。

7.2.3　链路传输速率测试

链路传输速率定义为以太网标称最大速率乘以接收端利用率;即百兆以太网最大传输速率为 100Mb/s,千兆以太网最大传输速率为 1000Mb/s,以此类推,发送端口和接收端口的利用率关系应符合表 7-1 的规定。

表 7-1　发送端口和接收端口的利用率对应关系

网 络 类 型	全双工交换式以太网		共享式以太网/半双工交换式以太网	
	发送端口利用率	接收端口利用	发送端口利用率	接收端口利用率
10M 以太网	100%	≥99%	50%	≥45%
100M 以太网	100%	≥99%	50%	≥45%
1000M 以太网	100%	≥99%	50%	≥45%
备注	链路传输速率=以太网标称速率×接收端利用率			

1. 测试方法

链路传输速率测试如图 7-3 所示,测试仪 1 通过被测网络向测试仪 2 发送测试流量,测试仪 2 接收测试流量。链路传输速率测试应在空载网络中进行。

（1）将测试仪连接到被测网络交换机端口上。

（2）测试仪在源端口发送满负载的数据流量。

（3）测试仪在目的端口统计收到的流量,计算链路传输速率。

图 7-3　链路传输速率测试示意图

2. 测试原则

核心层设备间的骨干链路应进行 100% 测试;核心层设备到汇聚层设备间的链路应进行 100% 测试;汇聚层设备到接入层设备间抽测 10%;若抽测数量不足 10 条按 10 条测试;若总数不到 10 条,则进行 100% 测试。

3. 测试结果判定

如果端口利用率符合表 7-2 的要求,则判定网络系统的链路传输速率符合标准要求,否则判定网络系统的链路传输速率不符合标准要求。

7.2.4　吞吐率测试

吞吐率是指在空载网络中进行满载压力测试,在未丢失测试数据包的情况下,被测网络系统可承受的数据包最大转发速率。吞吐率应分别依据 7 种标准长度的帧进行双向测试(64B、128B、256B、512B、1024B、1280B、1518B)。系统的最低吞吐率应符合表 7-2 的规定。

表 7-2　空载网络吞吐率测试要求

测试帧长/B	10M 以太网		100M 以太网		1000M 以太网	
	帧/s	吞吐率	帧/s	吞吐率	帧/s	吞吐率
64	≥14731	99%	≥104166	70%	≥041667	70%
128	≥8361	99%	≥67567	80%	≥633446	75%
256	≥4483	99%	≥40760	99%	≥362318	80%
512	≥2326	99%	≥23261	99%	≥199718	85%
1024	≥1185	99%	≥11853	99%	≥107758	90%
1280	≥951	99%	≥9519	99%	≥91345	95%
1518	≥804	99%	≥8046	99%	≥80461	99%

1. 测试方法

网络吞吐率测试如图 7-4 所示,测试仪 1 发送测试流量,测试仪 2 接收测试流量。网络吞吐率测试应在空载网络中进行。测试应包括核心层、汇聚层和接入层链路。

(1) 将测试仪分别连接到核心层、汇聚层、接入层各级交换机的端口上。

（2）测试仪 1 依据设定的帧速率,发送测试数据包到测试仪 2,同时测试仪 2 依据相同的帧速率,发送测试数据包到测试仪 1。

（3）若两台测试仪收到所有测试数据帧,则增加帧速率;否则减少帧速率。

（4）使用二分法重复以上步骤,测出被测网络系统无丢包时可以承受的最大帧速率。

（5）依照 7 种标准帧长(64B、128B、256B、512B、1024B、1280B、1518B)进行重复测试。

图 7-4 网络吞吐率测试示意图

2. 测试原则

核心层设备间的骨干链路应进行 100%测试;核心层设备到汇聚层设备间应进行 100%测试;汇聚层设备到接入层设备间抽测 10%;若抽测数量不足 10 条按 10 条测试;若总数不到 10 条则进行 100%测试。

3. 测试结果判定

网络系统在 7 种标准帧情况下双向测得的最低吞吐率均符合表 7-2 要求时,则判定网络系统的吞吐率符合标准要求,否则判定网络系统吞吐率不符合标准要求。

7.2.5 丢包率测试

丢包率是指数据包在网络中转发时,丢失数据包占所有转发数据包的比例,依据标准要求应进行 7 种帧长的数据包丢包率测试,测试结果应符合表 7-3 的要求。

表 7-3 网络丢包率测试要求

测试帧长/B	10M 以太网		100M 以太网		1000M 以太网	
	丢包率	流量负荷	丢包率	流量负荷	丢包率	流量负荷
64	≤0.1%	70%	≤0.1%	70%	≤0.1%	70%
128	≤0.1%	70%	≤0.1%	70%	≤0.1%	70%
256	≤0.1%	70%	≤0.1%	70%	≤0.1%	70%
512	≤0.1%	70%	≤0.1%	70%	≤0.1%	70%
1024	≤0.1%	70%	≤0.1%	70%	≤0.1%	70%
1280	≤0.1%	70%	≤0.1%	70%	≤0.1%	70%
1518	≤0.1%	70%	≤0.1%	70%	≤0.1%	70%

1. 测试方法

丢包率测试如图 7-5 所示，测试仪 1 向测试仪 2 发送测试流量。要求在网络负载达到 70%实施测试，如实际负载未达到要求则可以加入模拟流量进行测试，测试应包括核心层、汇聚层、接入层链路。

图 7-5　网络丢包率测试示意图

（1）将两台测试仪分别连接到被测网络的源和目的交换机上。

（2）测试仪 1 向被测网络加载 70%的流量负荷，测试仪 2 接收负荷，测试数据帧丢失的比例。

（3）分别按照不同的帧大小（64B、128B、256B、512B、1024B、1280B、1518B）开展步骤 2 中的测试工作。

2. 测试原则

核心层设备间的骨干链路应进行 100%测试；核心层设备到汇聚层间应进行 100%测试；汇聚层设备到接入层间应抽测 10%；若抽测数量不足 10 条按 10 条测试；若总数不到 10 条，则应进行 100%测试。

3. 测试结果判定

网络在测试 7 种帧长的情况下被测试网络系统的丢包率测试结果符合表 7-3 的要求，则判定该网络系统丢包率符合标准要求，否则判定网络系统丢包率不符合标准要求。

7.2.6　链路层性能指标测试

链路层性能指标包括链路利用率和网络错误率。

链路利用率是指链路上数据交互所用网络带宽占该链路最大支持网络带宽的百分比。包括：链路最大利用率，它与瞬时最大值和采样周期有关；平均利用率，它是一段采样周期内的平均值，平均利用率应符合表 7-4 的要求。

网络错误率是指网络中收发数据产生的错误帧占网络中实际收发数据帧的百分比。网络错误率（不包括冲突帧）应符合表 7-4 的要求。

当同网段设备同时发送数据帧，就有可能产生冲突帧。冲突帧会与网络上其他数据帧产生碰撞，导致帧内容被破坏。在半双工模式下，冲突帧非常容易产生，而冲突帧过多会影响网络整体性能。网络中数据交互所产生的冲突帧占网络中实际数据交互所产生的总数据帧的百分比即为冲突率或碰撞率,冲突(碰撞)率应符合表 7-4 的要求。在网络中还存在广播帧和组播帧,其数量也应符合表 7-4 的要求。

表 7-4　链路层性能指标要求表

测 试 指 标	技 术 要 求	
	半双工模式以太网	全双工模式以太网
链路平均利用率(占带宽百分比)	≤40%	≤70%
广播率/(帧/s)	≤50	≤50
组播率(帧/s)	≤40	≤40
错误率(占总帧数百分比)	≤1%	≤1%
碰撞率(占总帧数百分比)	≤5%	0%

1. 测试方法

网络健康状况测试拓扑如图 7-6 所示,将测试仪直接接入被测网络。当网络设备开启 SNMP 功能时,直接获取 SNMP 流量监测数据。统计被监测的网络流量数据,包括线路利用率,以及错误帧、冲突帧、广播帧和组播帧等。

图 7-6　网络健康状况测试拓扑图

网络健康状况测试要求在网络负载达到 30% 实施测试,如实际负载未能达到要求则加入模拟流量进行测试,测试应包括核心层、汇聚层、接入层链路。

2. 测试原则

核心层设备间的骨干链路应进行 100% 测试;核心层设备到汇聚层设备间应进行 100% 测试;汇聚层设备到接入层设备间抽测 10%;若抽测数量不足 10 条按 10 条测试;若总数不到 10 条则应进行 100% 测试。

3. 测试结果判定

当网络中链路健康状况指标都符合表 7-4 的要求,则判定网络系统的健康状况符合标准要求,否则判定网络系统的健康状况不符合标准要求。

7.3 线路与设备指标测试

7.3.1 线路测试

线路测试是网络性能测试评估的基础。在这个过程中,跳线、插座和模块等网络系统中各个连接部件的实际物理特性均可被测试,运维人员可清楚了解到每根线缆布设是否正确。据统计数据表明,60%以上的网络故障与综合布线有关。网络设备物理介质类型繁多,有单模光纤、多模光纤和双绞线等,其接口类型包括 RJ-45、BNC、RS-485 和 V35 等。上述传输介质部分物理特性是肉眼可以辨识的,如外形、长短、大小等,但仍有部分特性必须使用仪器仪表进行检测,如线路串扰、信号衰减和传输频段等。对于双绞线和光纤这两种应用最广泛的通信介质,根据 EIA/TIA568B 布线标准,应该满足表 7-5 的指标要求。

表 7-5　光纤和双绞线传输指标

双绞线	线缆长度	线路衰减	阻抗	近端串扰	环路电阻	线路延时
	<100m	<23.2dB	100Ω	>24dB	<40Ω	<1μs
光纤	500m,波长 1310nm			500m,波长 850nm		
	衰减<2.6dB			衰减<3.9dB		

7.3.2 设备测试

网络设备(如路由器、交换机和网桥等)性能测试评估,目的是为掌握网络设备完成各项功能时的性能情况。性能测试的参数包括背靠背数据处理能力、数据读写速度、地址学习速率和数据缓存容量等。测试主要是验证设备是否符合各项规范要求,确保网络设备不出现问题。因为设备使用单位往往不具备设备测试能力,因此本项测试一般在出所时由设备研制方和系统集成方完成,本节不展开论述。

7.4 测试报告

测试完毕后应提供一份完整的测试报告。测试报告应对本次测试中的测试对象、测试工具、测试环境、测试内容和测试结果进行详细论述。测试报告是整个网络工程文档的重要组成部分。

通常一份要素齐全的书面测试报告应该包括以下信息。

（1）测试目的：论述本次测试的主要目的。

（2）测试环境：用图形方式表示测试网络及测试设备的连接情况。

（3）测试内容和方法：论述测试是如何进行的，应包括测试模式、测试脚本和数据采集方法等。

（4）测试结论：根据测试数据给出测试结论，可以搭配数字、图形和列表等。

第8章
航天测控通信系统主要应用

8.1 测控终端系统

8.1.1 系统概述

　　测控终端系统即指测控数据控制转发设备,目前主要包括数据传输设备(Data Transmit Equipment,DTE)、数据交换系统(Data Exchange System,DES)设备和空间链路扩展(Space Link Extension,SLE)系统设备三种。三种设备在工作原理上基本相同,本章以最常用的 DTE 设备为例,描述测控数据控制转发设备与通信系统的关系。

8.1.2 数据流程

　　作为测控设备的分系统之一,DTE 设备主要完成其他分系统与中心计算机系统间的数据交互,其将远端站天线控制单元(Antenna Control Unit,ACU)、多功能数字基带(Base Band Equipment,BBE)等获得的测控数据经"挑点、平滑、打包"等手段进行整合后,发至中心计算机系统,同时接收中心计算机系统发送的引导数据并转发至 ACU、监控与 BBE 中。DTE 设备使用 UDP 协议与中心计算机系统进行信息交换,通过 TCP 协议与 ACU 和 BBE 等其他分系统进行信息交换。中心计算机系统与远端站系统监控台(System Monitor & Control Unit,SMCU)设备间,相互发送链监数据,实时监测链路状态,数据流程如图 8-1 所示。

　　远端站与中心间数据一般采用指定源组播模式传输。测控数据优先级为 EF,具有最高的传输优先级。同时,网络设备对该优先级数据的速率限制十分严格,保证其拥有设定的专用传输带宽,但超出部分将被丢弃。

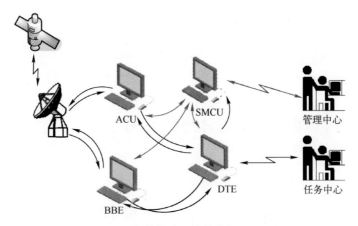

图 8-1 DTE 与其他分系统的数据流程示意图

8.1.3 网络关系

每台 DTE 设备配备四块网卡,分别接入站内设备监控网、设备数据网和中心数据网主备链路。DTE 设备采用双机热备份方式运行,双工仲裁由软件设计实现。DTE 网络拓扑结构如图 8-2 所示。

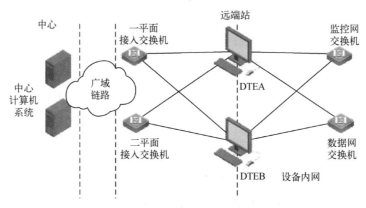

图 8-2 DTE 网络连接示意图

↘ 8.2 远程监控系统

8.2.1 系统概述

远程监控系统实现远端站测控设备在中心的集中监视控制,依托航天测控通信网中心监控数据传输系统实现数据交换。远程监控系统采用 C/S 架构,在远端站部署监控服务器,中心部署监控客户端,中心通过客户端软件登录至远端站服务器,对测控设备进行远程监视控制。

考虑带宽等重要性因素,远程监控数据仅在航天测控通信网第一平面链路中传输,不做链路备份。

由于各测控设备研制厂所不同,远程监控数据传输模式也不相同,存在指定源组播、任意源组播及单播三种模式。为适应航天测控通信网的传输特点,对目前仅能支持任意源组播的各监控业务,采用任意源至指定源映射的方式,实现指定源组播传输。

监控数据在航天测控通信网中传输时,QoS 优先级设置为 4,仅次于优先级 5,属于第二优先级。网络设备对该优先级数据的速率限制,保证其拥有限定的传输带宽,超出部分将根据网络拥塞程度选择性丢弃。

8.2.2　网络关系

通常远端站监控终端是远程监控系统的服务器,除在中心部署远程监控客户端外,在远端站内,也配置了监控客户端。中心远程监控客户端与远端站监控服务器通过航天测控通信网连接,而远端站本地监控客户端与监控服务器间通过远端站的监控内网连接。系统网络连接关系如图 8-3 所示。

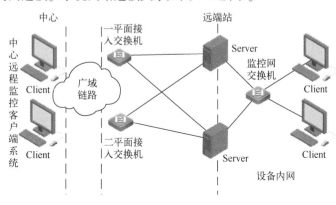

图 8-3　远程监控网络连接示意图

➘ 8.3　指挥调度系统

8.3.1　系统概述

随着指挥调度系统 IP 化改造完成,调度传输模式已由传统四线模拟调度转变为基于 TCP/IP 协议的调度模式。经过载人航天和探月工程等大型试验任务的检验,IP 调度的稳定性、可靠性较高,已基本取代传统四线模拟调度。

IP 调度采用两种模式接入航天测控通信网中,一是作为 IP 中继用户接入,二是作为 IP 单机用户接入。前者适用于调度主机间通信,通过 IP 综合级联板(16 wire Integrated eXtend Unit,IXU)实现,一般用于各中心之间、中心与国内固定远端站、海上测量船之间的调度指挥;后者适用于调度主机与调度单机间通信,通过 IP 综合调度板(16 wire Integrated Dispatch Unit,IDU)实现,一般用于城域网/局域网内部用户或者中心与国外固定远端站、活动远端站之间的调度指挥。

IP 调度用于场区间指挥通信时,IXU、IDU 和 IP 调度单机原则上接入核心或汇聚交换机;IP 调度用于场区内指挥通信时,IDU 板和 IP 调度单机原则上就近接入核心、汇聚或接入交换机。IP 调度系统组成如图 8-4 所示。

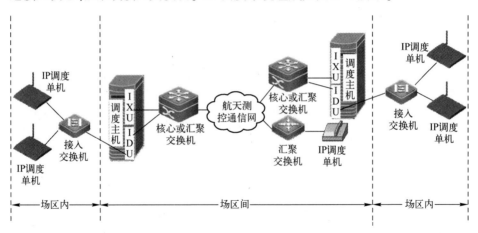

图 8-4 IP 调度系统组成图

8.3.2 实时传输协议

航天测控通信网中,调度图像系统数据传输采用实时传输协议(Real-time Transport Protocol,RTP)。该协议为实时应用提供端到端传输服务,但不提供任何服务质量保证。多媒体数据块(音频/视频)经过压缩编码处理后,先送给 RTP 封装成为 RTP 分组(也称 RTP 报文),RTP 分组再装入传输层的 UDP 用户数据报,然后向下递交给 IP 层。RTP 协议可看作是 UDP 协议之上的一个传输层子层协议。首先,RTP 分组只包含 RTP 数据;其次,RTP 协议在端口号 1025～

65535 间选择一个未使用的偶数 UDP 端口号使用,5004 为其默认端口号。

RTP 协议现已成为因特网正式标准,也是 ITU-T 的标准,并被广泛使用。RTP 协议并不对多媒体数据块做任何处理,而是向应用层提供一些附加信息,让应用层知道该如何进行数据处理。

图 8-5 描述了 RTP 分组的首部格式,在首部中,前 12B 是必须的,而 12B 以后的部分则是可选的。

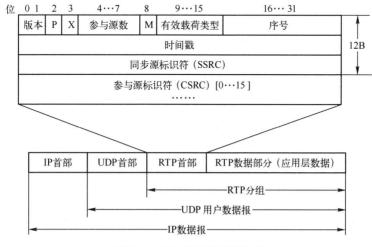

图 8-5　RTP 分组的首部格式

（1）版本:占 2 位,当前使用的是版本 2。

（2）填充 P:占 1 位,在某些特殊情况下需对应用数据块加密,往往要求每个数据块有确定的长度。如不满足这种长度要求,就需要进行填充。P 置 1,表示 RTP 分组的数据有若干填充字节。

（3）扩展 X:占 1 位,X 置 1 表示在此 RTP 首部后面还有扩展首部。

（4）参与源数:占 4 位,主要表述了参与源标识符的数目。

（5）标记 M:占 1 位,M 置 1 表示 RTP 分组具有特殊意义,例如,在传送视频流时用来表示每一帧的开始。

（6）有效载荷类型:占 7 位,这个字段指出后面的 RTP 数据属于何种格式的应用。收到 RTP 分组的应用层根据此字段指出的类型进行处理。

（7）序号:占 16 位。RTP 会话开始时的初始序号是随机选择的,对随后发送出的 RTP 分组,其序号依次加 1。序号能使接收端及时发现丢失的分组,同时也能将失序的 RTP 分组重新按序排列好。

（8）时间戳:占 32 位,时间戳反映了 RTP 分组中数据的第一个字节的采样时刻。会话开始的时间戳初始值是随机选择的。即使在没有信号发送时,时间戳的数值也要随时间而不断地增加。接收端使用时间戳可准确知道应当在什么时间还原哪一个数据块,从而消除时延抖动。时间戳还可用来使视频应用中声音和图像同步。在 RTP 协议中并未规定时间戳的粒度,这取决于有效载荷的类型。例如,对于 8kHz 采样的语音信号,若每隔 20ms 构成一个数据块,则一个数据块中包含 160 个样本(0.02×8000 = 160)。因此,发送端每发送一个 RTP 分组,其时间戳的值就增加 160。

(9) 同步源标识符:占 32 位,同步源标识符用来标志 RTP 流的来源。SSCR 与 IP 地址无关,在新的 RTP 流开始时随机产生。由于 RTP 使用 UDP 传送,因此可以有多个 RTP 流复用到一个 UDP 用户数据报中。SSCR 可使接收端的 UDP 将收到的 RTP 流送到各自的终点。

(10) 参与源标识符:占 32 位,用来标志来源于不同地点的 RTP 流,最多可有 15 个。在多播环境中,可以用中间的一个站把发往同一地点的多个 RTP 流混合成一个流(可节省通信资源),在目的站再根据参与源标识符的数值把不同的 RTP 流分开。

8.3.3 工作原理

目前综合指挥调度系统集 IP 语音与数字语音为一体,其综合业务平台采取时分复用模式(Time Division Multiplexing,TDM)电路交换网络及 IP 分组交换网络共存的双网络架构体系,同时支持 TDM 通播业务(基于电路交换网络)及 IP 通播业务(基于 IP 交换网络)。

一般而言,对于开通 IP 调度的双方需定义其主、从关系,调度主机之间根据双方约定确立主、从关系,调度主机与调度单机之间定义主机为主、单机为从。IP 调度采用 TCP、UDP 两种端口类型,TCP 用于信令连接及网管代理等,UDP 用于语音通信,具体如表 8-1 所列。

表 8-1　IP 调度端口配置表

端 口 类 型	端 口 号	用 途
TCP	4000	IDU/IXU 板上信令连接监听端口
TCP	3000~3030	IDU/IXU 板上信令连接端口
TCP	3000	IP 调度单机上信令连接端口
UDP	3000~3031	IDU/IXU 板上 RTP 语音通信端口
UDP	3000~3001	IP 调度单机上 RTP 语音通信端口
TCP	9001	电平显示服务器端口

（续）

端口类型	端 口 号	用 途
TCP	6500、7500、8500、9500	日志服务器端口
TCP	6000、8888	语音直播服务器端口
TCP	8889	网管代理服务器

开通 IP 调度,双方需建立信令链路及数据链路。

信令链路基于 TCP 协议,其包频为 2 包/3s,信令通信流程如图 8-6 所示。

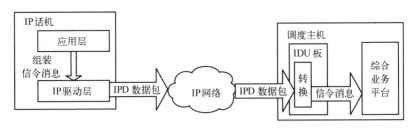

图 8-6　信令通信流程图

信令数据包格式如图 8-7 和图 8-8 所示。

图 8-7　信令数据包格式

图 8-8　网络层信令数据包格式

具体建立过程如下:

IP 调度主设备运行后,自动创建一个 TCP SOCETK,并将其绑定到 4000 端口进行侦听。

IP 调度从设备运行后,自动创建一个 TCP SOCETK,并将其绑定到固定端口,不断尝试与 4000 端口的 IP 调度主设备进行连接,直到连接成功。

IP 调度主从连接成功后,按照 2 包/3s 的包频实时发送心跳包,确定双方连接正常。

IP 调度从设备绑定的固定端口分配算法为

$$TCP\_Port = 3000 + (Circuit\_No - 1) \times 2 \qquad (7-1)$$

式中:Circuit_No 为电路号,与设备有关,IP 调度单机电路号为 1,IDU/IXU 电路号取值为 1~16。

数据链路基于 RTP 协议是一个无连接协议,通过 UDP 协议实现。IP 调度主、从双方在信令链路已建立的基础上,各自创建 UDP SOCETK,并将其绑定到指定端口,用于传输调度语音数据。通信流程如图 8-9 所示,包格式如图 8-10 所示。

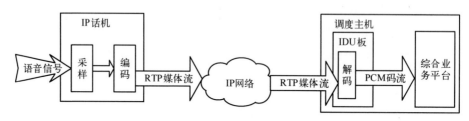

图 8-9　语音通信流程图

图 8-10　网络层语音数据包格式

RTP 会话端口分配算法为

$$RTP\_Port = 3000 + (Circuit\_No - 1) \times 2 \qquad (7-2)$$

式中:Circuit_No 与设备有关,IP 调度单机电路号为 1,IDU/IXU 电路号取值为 1~16。

当通信双方均为调度主机时,通过 IXU 板建立连接,具体通信流程如图 8-11 所示。

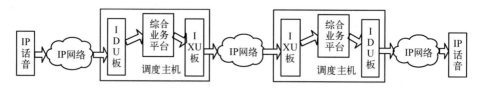

图 8-11　通信流程图

8.3.4　编码方式

IP 调度采用 G.711、G.729 两种语音编码方式。G.711 是由国际电信联盟 (ITU-T)定义的音频编码方式,它主要用脉冲编码调制对音频采样,采样率为 8kb/s,并利用一个 64kb/s 未压缩通道传输语音数据。压缩率为 1:2,即把 16 位数据压缩为 8 位。G.729 也是由国际电信联盟(ITU-T)定义的音频编码方式,采样率为 8kb/s,利用一个 8kb/s 未压缩通道传输语音数据。采用 G.711 编码时,占用链路带宽为 86kb/s,一般用于地面电路传输;采用 G.729 编码时,占用链路带宽为 30kb/s,一般用于卫通电路传输。其算法为

$$带宽(kb/s)=[(以太网+IP+UDP+RTP)包头(B)+数据载荷(B)]×8×包频 \tag{7-3}$$

两种编码方式下的包频均为 1 包/20ms,共同部分包括 16B 的以太网包头、20 B 的 IP 包头、8 B 的 UDP 包头及 12 B 的 RTP 包头。其中,G.711 编码方式下的语音数据为 160 B,G.729 编码方式下的语音数据为 20 B。

8.4　网络实况电视系统

8.4.1　系统概述

网络实况电视(IPTV)系统依托航天测控通信网,用于中心及各远端站机房、天线和工作环境监视,指挥显示图像信息的传输和分发。

IPTV 系统构架为树型结构,如图 8-12 所示,设一个一级 IPTV 中心,若干二/三级 IPTV 中心,以及多个三级域。每个中心可独立完成本地域内图像传输任务,也可通过多域之间互联组成一个更大型的 IPTV 业务系统,上级中心与下级中心或下级域之间可以分别通过地面信道和卫通信道组网。

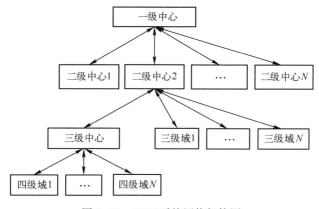

图 8-12　IPTV 系统网络架构图

IPTV 系统的各个域均为独立的监控点,分别部署了一套 IPTV 图像管理平台,管理其下属视频设备并与上级 IPTV 中心联网。

8.4.2 中心 IPTV 系统

1. 系统组成

中心 IPTV 系统负责与各远端域及上级 IPTV 中心建立视频信息联网。系统包括摄像机、视频编码器、视频综合管理平台、多格式解码工作站、多格式矩阵和电视墙等设备,系统连接关系如图 8-13 所示。

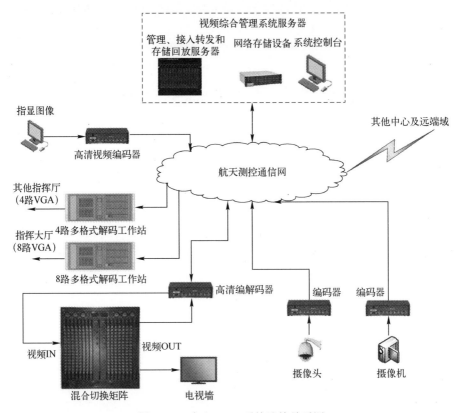

图 8-13 中心 IPTV 系统连接关系图

视频综合管理平台硬件配置包括 1+1 管理单元、1+1 接入转发单元、1+1 存储回放单元、1 套网络存储设备和 1 台系统控制台,完成信令控制、媒体交换、媒体存储、业务管理、用户管理、设备管理、网络管理和认证鉴权等功能。

2. 信息流程

中心 IPTV 系统信息流程分为图像编码信息流程与图像解码信息流程。图像编码信息流程为图像源(指显终端、摄像机等)输入视频信号(数字信号或复合分量信号)经编码器编码为 IP 视频流,经航天测控通信网传输至服务器进行存储,并转发至其他用户浏览。图像解码信息流程为 IP 视频流经航天测控通信网传输至服务器,再分发至指定解码器解码输出视频信号,系统业务流程如图 8-14 所示。

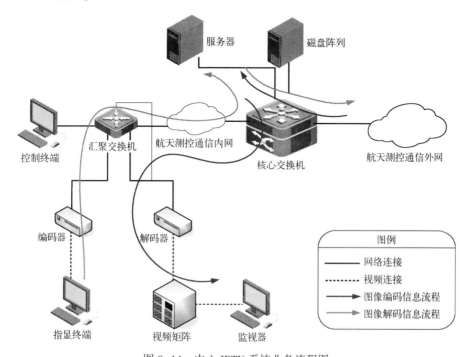

图 8-14　中心 IPTV 系统业务流程图

8.4.3　远端域 IPTV 系统

远端站 IPTV 系统负责域内视频信息的分发和本地图像信息对外域 IP 视频流的转发。为完整起见,本节将三级中心及其下辖的四级域作为一个远端域统一描述。

如图 8-15 所示,三级 IPTV 中心系统将两个四级域及三级中心自身的视频画面和指显图像接入航天测控通信网,其中系统综合管理服务器放置在三级中心,两个四级域的图像通过航天测控通信网传输到三级中心服务器。设备主要由摄像机、视频编码器、交换机和视频综合管理平台组成。

243

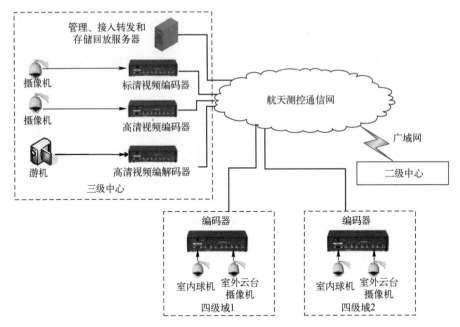

图 8-15　远端域 IPTV 系统硬件部署示意图

第9章
航天测控通信系统故障处置

9.1　故障诊断常用工具

9.1.1　路由连通性检查命令(Ping)

9.1.1.1　Ping 命令概述

在网络故障诊断中,经常使用因特网探索器(Packet Internet Group,Ping)命令检测网络连接性故障,帮助用户识别网络连接。该命令通过发送 ICMP 的回送请求报文和回送应答报文来验证本地计算机与对端设备的连通性。发送方可以设置选项来指定发送到目的地址的回应请求报文的大小和数量。超时选项可用于指定程序等待响应的时间。如果指定了目的主机名称,先通过域名服务(Domain Name Service,DNS)查找获取主机的 IP 地址,再向目的主机发送回应请求。

华为 VRP 平台下,Ping 命令格式:

ping [–asource-ip-address | –ccount | –s packetsize | –ttimeout] [host]

命令中各参数的定义如下:

–asource-ip-address:发送 ICMP Echo Request 报文的源 IP 地址。

–ccount:发送 ICMP Echo Request 报文的次数,缺省值为5。

–s packetsize:发送 ICMP Echo Request 报文的长度(不包括 IP 和 ICMP 报文头),以字节为单位,缺省值为56。

–ttimeout:Ping 报文的超时时间,缺省值为2000ms。

通过 Ping 命令,可以了解 Ping 分组在查找指定系统并返回的过程中花费的最小、平均和最大时间。例如,向主机 110.1.1.1 发出 2 个 8100B 的 Ping 报文。

<switch> ping –c 2 –s 8100 110.1.1.1

```
PING 110. 1. 1. 1：8100   data bytes，press CTRL_C to break
Reply from 110. 1. 1. 1：bytes = 8100 Sequence = 0 ttl = 123 time = 538 ms
Reply from 110. 1. 1. 1：bytes = 8100 Sequence = 1 ttl = 123 time = 730 ms
--- 110. 1. 1. 1 ping statistics ---
2 packets transmitted
2 packets received
0. 00% packet loss
round-trip min/avg/max = 538/634/730 ms
```

上述结果表明,本端到 110. 1. 1. 1 终端连通正常,最短时间 538ms,平均时间 634ms,最大 730ms。

9.1.1.2　故障处置案例

案例 1:配置完成一台路由器后执行 Ping 命令检测链路连通情况,发现 5 个报文都没有响应。

检查双方网络设备的配置文件和路由表,没有问题。继续 Ping 一次,5 个报文中有 1 个 Ping 通;使用 Ping 命令进行连续测试路由器间广域网信道,丢包严重,使用误码仪测试物理层电路质量,发现链路误码较大,原因在于广域网电路质量较差。为提高效率需要由内到外,逐段压缩故障点。

案例 2:配置完成一台路由器后,通过 Ping 命令访问航天测控通信网上一 FTP 站点的 IP 地址,没有 Ping 通。再次 Ping 了 20 个报文,仍没有响应。

初步判断为网络故障,采用由里及外的方法逐次测试链路中的网络设备,发现均可 Ping 通,但响应时间越来越长,最后一个网络设备的响应时间在 1800ms 左右,最后发现对端路由器上有异常的大数据流量,导致 CPU 占用率很高,影响数据处理速度,导致时延剧增。

连通性问题和性能问题的关注点是不一样的,问题定位错误必然导致故障排查过程多走弯路,降低效率。Ping 命令缺省发送 5 个报文,超时时长是 2000ms。如果 Ping 不通,建议用带参数-c 和-t 的 Ping 命令再执行一遍,如 ping -c 20 -t 4000 ip-address。即连续发送 20 个报文,每个报文的超时时长为 4000ms,这样即可判断出是连通性问题,还是性能问题。

案例 3:A 能 Ping 通 B,B 就一定能 Ping 通 A 吗？如图 9-1 所示,在 RouterA 上配置一条指向 100. 2. 2. 2/16 的静态路由,在 RouterA 上 Ping 路由器 RouterB 的以太网接口地址 100. 2. 2. 2,可以 Ping 通;但在 RouterB 上 Ping 路由器 RouterA 的以太网接口地址 100. 3. 3. 3,却无法 Ping 通。

在 RouterB 上通过 display ip routing-table 命令,发现没有到 100. 3. 0. 0/16 的路由,所以 RouterB 上 Ping 不通 RouterA 的以太网接口 100. 3. 3. 3;启用路由

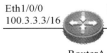

Eth1/0/0　　　　POS2/0/0　　　　　POS2/0/0　　　　Eth1/0/0
100.3.3.3/16　　100.1.1.1/16　　　100.1.1.2/16　　100.2.2.2/16

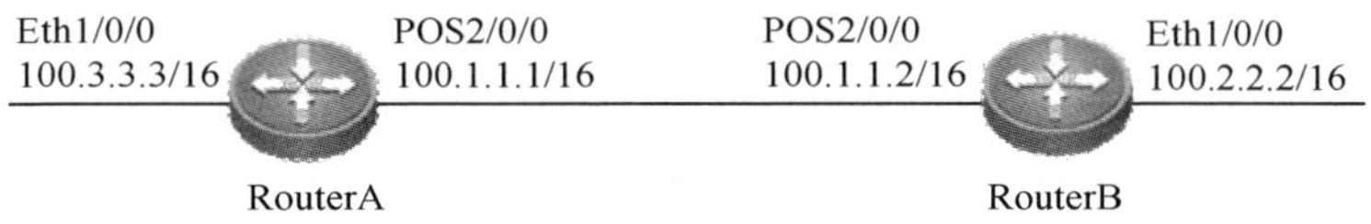

RouterA　　　　　　　　　　　RouterB

图 9-1　网络连接示意图

器上的 IP 报文调试开关,发现从 RouterA 上发出的 ICMP 报文的源地址为 100.1.1.1 并不是 100.3.3.3,由于两台路由器的 POS 接口处于同一网段,所以响应报文可以顺利到达 RouterA。

9.1.2　路径检查命令(Tracert)

9.1.2.1　Tracert 命令概述

航天测控通信网运行维护中,经常使用 Tracert 命令探测报文从源节点到目的节点所经过的路径,可用于检查路由正确性。Tracert 利用 IP 报文的 TTL 值每经过一个路由器转发后减 1,当 TTL=0 时向源节点报告 TTL 超时,这个特性确定从源端到目的端采用的路由,进而判断该路由是否为用户规划的路由,或通过该方法确定数据包在网络上中断的位置。首先,发送一个 TTL 为 1 的 UDP 报文,第一跳发送回一个 ICMP 错误消息,表明此数据报不能被发送;然后,再发送一个 TTL 为 2 的报文,第一跳返回正常,第二跳返回 TTL 超时,这个过程不断进行,直到到达目的主机;当目的主机不可达时,返回一个 ICMP 目的地不可达消息,该 Tracert 操作结束。

在上述过程中,Tracert 记录下每一个 ICMP TTL 超时消息的源地址,从而获得报文到达目的地所经过的网络设备的 IP 地址。

华为 VRP 平台下,Tracert 命令格式:

tracert [**-a** source-ip-address | **-f** first-TTL | **-m** max-TTL | **-p** port | **-q** nqueries | **-w** timeout] * **host**

命令中各参数定义如下:

-a source-ip-address:Tracert 报文的 IP 地址。

-f first-TTL 为设置初始 TTL,-m max-TTL 为设置最大 TTL。

-p port:主机的端口号,一般无须更改此选项。

-q nqueries:每次发送的探测数据包的个数。

-w timeout:报文的超时时间,单位是 s。

host:目的主机的 IP 地址。

通过 tracert 命令检查去往目的主机 100.1.1.1 所经过的网络设备的举例如下:

```
<> tracert 100. 1. 1. 1
traceroute to 100. 1. 1. 1(100. 1. 1. 1) 30 hops max,40 bytes packet
1 100. 10. 10. 1              14 ms   5 ms   5 ms
2 100. 10. 2. 30             10 ms   5 ms   5 ms
3 100. 10. 3. 21             10 ms   5 ms   5 ms
4 100. 20. 1. 17            175 ms  160 ms  145 ms
5 110. 1. 27. 32           185 ms  210 ms  260 ms
6 100. 1. 1. 1             230 ms  185 ms  220 ms
```

9.1.2.2 故障处置案例

案例 1:使用 tracert 命令定位网络配置不当。

网络拓扑如图 9-2 所示,RouterB 和 RouterC 同属于一个运行 RIPv2 协议的网络,主机 100.4.0.2 访问数据库服务器 100.5.0.2,用户反映访问速度慢。

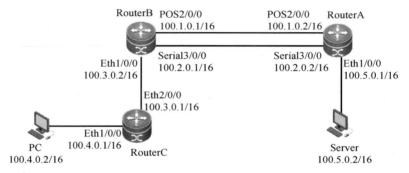

图 9-2　网络连接示意图

登录 RouterC,使用带参数的 Ping 远端服务器 100.5.0.2,显示如下:

```
<RouterC> ping -c 10 -s 4000 -t 6000 100. 5. 0. 2
PING 100. 5. 0. 2: 4000    data bytes, press CTRL_C to break
Reply from 100. 5. 0. 2: bytes=4000 Sequence=0 ttl=249 time = 552 ms
Reply from 100. 5. 0. 2: bytes=4000 Sequence=1 ttl=249 time = 5733 ms
Reply from 100. 5. 0. 2: bytes=4000 Sequence=2 ttl=249 time = 552 ms
Reply from 100. 5. 0. 2: bytes=4000 Sequence=3 ttl=249 time = 5714 ms
Reply from 100. 5. 0. 2: bytes=4000 Sequence=4 ttl=249 time = 552 ms
Reply from 100. 5. 0. 2: bytes=4000 Sequence=5 ttl=249 time = 5711 ms
Reply from 100. 5. 0. 2: bytes=4000 Sequence=6 ttl=249 time = 552 ms
Reply from 100. 5. 0. 2: bytes=4000 Sequence=7 ttl=249 time = 5709 ms
Reply from 100. 5. 0. 2: bytes=4000 Sequence=8 ttl=249 time = 552 ms
Reply from 100. 5. 0. 2: bytes=4000 Sequence=9 ttl=249 time = 5710 ms
```

Ping 结果表明,偶数报文返回的时长是奇数报文的 10 倍还多。初步推断,奇数报文和偶数报文采用了不同路由传输。

使用 Tracert 命令追踪路由。在 RouterC 上,Tracert 远端 RouterA 的以太网接口 100.5.0.1。

```
<RouterC> tracert -q 8 100.5.0.1
    traceroute to 100.5.0.1(100.5.0.1) 30 hops max,40 bytes packet
1 100.4.0.1 6 ms    4 ms    4 ms    4 ms    4 ms    4 ms    4 ms    4 ms
......
5 100.3.0.2 20 ms    16 ms    15 ms    16 ms    16 ms    16 ms    16 ms    16 ms
6 100.5.0.1 30 ms    278 ms    25 ms    279 ms    25 ms    278 ms    25 ms    277 ms
```

结果表明,跟踪到 100.3.0.2 时,UDP 探测报文的返回时长都基本一致,而到 100.5.0.1 时,则发生明显变化,出现奇数报文时用时短,偶数报文时用时长的现象。初步判断,问题发生在 RouterB 和 RouterA 之间。

检查该段网络拓扑和配置,发现 RouterB 和 RouterA 之间有两条电路,一条电路带宽为 155Mb/s(PoS2/0/0 之间),一条电路为 2Mb/s(Serial3/0/0 之间)。两路由器间配置了如下静态路由。

```
RouterB:
ip route-static 100.5.0.0 255.255.0.0 100.1.0.2
ip route-static 100.5.0.0 255.255.0.0 100.2.0.2
RouterA:
ip route-static 0.0.0.0 0.0.0.0 100.1.0.1
ip route-static 0.0.0.0 0.0.0.0 100.2.0.1
```

由于配置时没有指定静态路由的优先级,两条路由项的优先级都采用缺省值 60。因此,两条路由同时出现在路由表中,使用负载分担模式,而不是相互备份。确定了故障原因后,使用两种方法可以解决此问题。

1. 继续使用静态路由,更改优先级

RouterB 的主链路使用缺省优先级 60,备份链路优先级改为 100。

```
[RouterB] ip route-static 100.5.0.0 255.255.0.0 100.1.0.2
[RouterB] ip route-static 100.5.0.0 255.255.0.0 100.2.0.2 100
[RouterA] ip route-static 0.0.0.0 0.0.0.0 100.1.0.1
[RouterA] ip route-static 0.0.0.0 0.0.0.0 100.2.0.1 100
```

路由修改后,只有当主链路发生故障时,备份链路的路由项才会出现在路由表中。

2. 更换路由协议

在两路由器上启用动态路由协议,如 IS-IS、OSPF 等,不运行 RIP(因为 RIP

仅以 hop 作为 Metric）。

实际网络故障排查中，需要 Ping 命令和 Tracert 命令相结合，快速定位发生问题的路由或网络设备故障。

案例 2：使用 Tracert 命令发现路由环路。如图 9-3，三台路由器均配置静态路由，配置完成后，登录到 RouterA 上 Ping 主机 100.4.0.2，不能 Ping 通。

```
<RouterA> ping -c 6 -t 5000 100.4.0.2
    PING 100.4.0.2: 56   data bytes, press CTRL_C to break
    Request time out
    Request time out
    Request time out
    Request time out
<RouterA> tracert 100.4.0.2
    traceroute to 100.4.0.2(100.4.0.2) 30 hops max,40 bytes packet
1 100.1.0.1 7 ms    5 ms    5 ms
2 100.1.0.2 7 ms    6 ms    6 ms
…
29 100.1.0.1 25 ms   25 ms   16 ms
30 100.1.0.2 18 ms   17 ms   17 ms
```

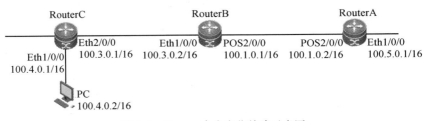

图 9-3   Tracert 命令定位故障示意图

从 Tracert 输出信息可以发现，RouterA 和 RouterB 间产生了路由环路。由于配置的是静态路由，推断 RouterA 或 RouterB 的静态路由配置错误。

（1）检查 RouterA 的配置，配置的是缺省静态路由，ip route-static 0.0.0.0 0.0.0.0 100.1.0.1，没有错误。

（2）检查 RouterB 的配置，发现配置到 100.4.0.0 网段的静态路由为 ip route-static 100.4.0.0 255.255.0.0 100.1.0.2。下一跳配置的是 100.1.0.2，而不是 100.3.0.1。正是这一错误的配置导致了路由环路的产生。

（3）修改 RouterB 的配置：

```
[RouterB] undo ip route-static 100.4.0.0 255.255.0.0 100.1.0.2
[RouterB] ip route-static 100.4.0.0 255.255.0.0 100.3.0.1
```

使用 Tracert 命令,很容易发现路由环路等问题。当路由器 A 认为路由器 B 知道到达目的地的路由,而路由器 B 认为路由器 A 知道目的地时,路由环路就发生了。使用 Ping 命令只能知道接收端的超时错误,Tracert 命令则能够快速定位环路所在位置。

9.1.3　组播测试软件和诊断命令

9.1.3.1　指定源组播测试软件

航天测控通信网中,数据包采用指定源组播模式转发,指定源组播数据采用专用测试软件、数据包分析软件和网络诊断命令相结合来测试和诊断故障。指定源组播测试专用软件主要针对航天测控通信网中实际数据包的特点设计开发,可设置参数包括包长、包频、发送间隔、端口号和发送数据类型,实现多种格式和速率的组播数据收发测试。该软件包括发送软件和接收软件两部分。进行组播测试时,两部分软件配合使用。

1. 发送软件

指定源测试发送软件 netsend 文件夹中包含 IgmpV3. ini 和 NetSend. exe 两个文件。其中,IgmpV3. ini 为配置文件,NetSend. exe 为发送组播的可执行程序。

1) 配置 IgmpV3. ini

```
[ Group]
GroupNum = 1              //表示只有一个组播地址
Group1 = X. X. X. X       //配置使用的组播地址
[ X. X. X. X]             //配置使用的组播地址,与上项地址相同。
LocalIP = x. x. x. x      //本地测试计算机使用的 IP 地址
Source Num = 1           //表示只有一个源地址
Source1 = x. x. x. x      //本地计算机接收发送源端的 IP 地址。
```

参数配置完毕后,需要保存该文件。

2) 启动 NetSend. exe 程序

NetSend. exe 程序启动后界面如图 9-4 所示。

根据测试需求,配置端口号、Len(数据包长度,单位为 B)、发送倍数和码型等参数,组播地址和本机地址由该软件从 IgmpV3. ini 文件自动获取,其他参数保持默认值。

测试时收发软件参数需要配合设置,发送端的目标端口号必须与接收端的接收端口号相同。根据网络流量设置 Len 和发送间隔。网络测试流量大小 = Len(包大小 + 24(开销) + 28(开销) + 22(开销)) × 8 × 脉冲数 × 1000/发送间隔)。

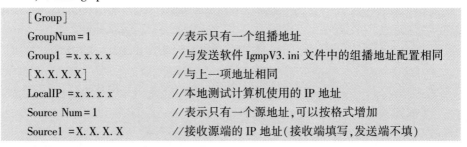

图 9-4　NetSend. exe 程序界面

2. 接收软件

指定源组播测试接收软件 netreceive 文件夹中包含 IgmpV3. ini 和 Ne-tRecv. exe 两个文件。其中,IgmpV3. ini 是配置文件,NetRecv. exe 是接收组播的可执行程序。

1）配置 IgmpV3. ini

```
［Group］
GroupNum = 1              //表示只有一个组播地址
Group1  = x. x. x. x       //与发送软件 IgmpV3. ini 文件中的组播地址配置相同
［X. X. X. X］            //与上一项地址相同
LocalIP = x. x. x. x        //本地测试计算机使用的 IP 地址
Source Num = 1           //表示只有一个源地址,可以按格式增加
Source1  = X. X. X. X      //接收源端的 IP 地址(接收端填写,发送端不填)
```

配置完成后,关闭并保存该文件。

2）启动 NetRecv. exe 程序

NetRecv. exe 程序启动后如图 9-5 所示。

勾选复选框“显示源码”和“指定源组播”,接收端口号必须与发送端的目的端口相同。配置完成后,需要接收端先开始接收,发送端再开始发送组播数据;否则,会造成收组播包数小于发送组播包数。

9.1.3.2　华为 VRP 平台常用组播诊断命令

在华为 VRP 平台下,常用组播诊断命令有 display multicast forwarding-table

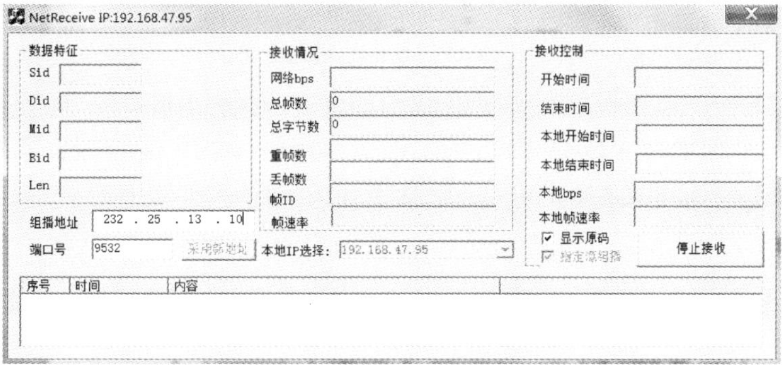

图 9-5　NetRecv. exe 程序界面

和 display multicast routing-table。

1. display multicast forwarding-table 命令

1) 命令格式

display multicast forwarding-table [group-address [mask | group-massk | group-mask-length]] | source-address [mask | source-mask | source-mask-length]]

2) 参数定义

group-address 表示组播组地址,用来指定一个组播组,显示该组对应的转发表信息,十进制形式,取值范围是 224. 0. 0. 0～239. 255. 255. 255；mask 为指定组播组或源的地址掩码,group-mask 表示组播组地址掩码,十进制形式；group-mask-length 表示组播组地址掩码长度,整数形式,取值范围是 4～32。

source-address 表示组播源地址,用来指定一个组播源,显示该源对应的转发表信息；source-mask 表示组播源地址掩码；source-mask-length 表示组播源地址掩码长度,整数形式,取值范围是 0～32。

3) 实例说明

```
<switch> display multicast forwarding-table
Multicast Forwarding Table of VPN-Instance：public net
Total 1 entry, 1 matched
00001. (15. 13. 35. 2, 232. 5. 13. 2)
      MID：0, Flags：0x0：0
      Uptime：00：08：32, Timeout in：00：03：26
      Incoming interface：GigabitEthernet1/2/1
      List of 1 outgoing interfaces：
        1：　GigabitEthernet1/2/2
```

Matched 38264 packets(1071392 bytes), Wrong If 0 packets

Forwarded 38264 packets(1071392 bytes)

通过指定源组播转发表,查询组播组的源 IP 地址、组播地址,组播流的出入接口信息,以及数据包转发情况。

2. display multicast routing-table 命令

1) 命令格式

display multicast routing-table [group-address [mask | group-mask | group-mask-length ｜] | source-address [mask | source-mask | source-mask-length ｝]

2) 参数定义

group-address 表示组播组地址,用来指定一个组播组,显示该组对应的转发表信息。取值范围 224. 0. 0. 0～239. 255. 255. 255;mask 为指定组播组或源的地址掩码;group-mask 表示组播组地址掩码;group-mask-length 表示组播组地址掩码长度,取值范围是 4～32;source-address 表示组播源地址,用来指定一个组播源,显示该源对应的转发表信息;source-mask 表示组播源地址掩码;source-mask-length 表示组播源地址掩码长度,取值范围是 0～32。

3) 实例说明

<>display multicast routing-table

Multicast routing table of VPN-Instance:public net

Total 1 entry

00001. (172. 168. 0. 2, 232. 5. 21. 8)

  Uptime:00:00:28

  Upstream Interface:GigabitEthernet1/2/1

  List of 2 downstream interfaces

   1: GigabitEthernet1/2/2

   2: GigabitEthernet1/2/0

通过查看组播路由表,分析组播条目内容、上下游具体接口视图。但组播路由表仅表征该网络设备上组播路由关系是否建立,并不能展示组播流是否到达,需通过组播转发表查询是否正常转发。

9.1.4 网络数据包分析软件

9.1.4.1 Wireshark 概述

作为一款开源软件,Wireshark 是世界上最流行的网络分析工具,通过捕捉网络中的数据包,为用户提供关于网络和上层协议的各种信息。它的优势在于安装方便、界面简单易用、功能丰富,支持超过 1000 种协议的分析。

254

航天测控通信网中经常使用 Wireshark 网络数据包分析软件捕捉网络中的数据,为用户提供 IP 数据包从数据链路层到上层协议的各种信息,包括 IP 地址、端口号、优先级、TTL 值、包文开销、包分片等信息。

9.1.4.2　捕获数据包分析

1. 安装启用 Wireshark

在测量计算机上安装并运行 Wireshark 软件,如图 9-6 所示。在安装和使用过程中,一是要确保 Install WinPcap 选项被选择安装,二是具有多个网卡时须选择要捕获 IP 包的网卡。

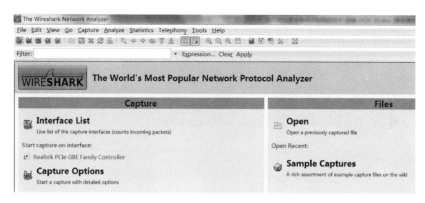

图 9-6　选择网卡示意图

2. 捕获数据包

单击 start 开始捕获数据包,主界面如图 9-7 所示。

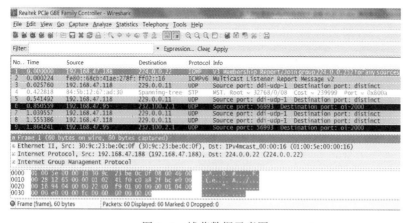

图 9-7　捕获数据示意图

第一列是捕获数据包的编号,第二列是捕获数据包的相对时间(开始捕获算为0s),第三列是源地址,第四列是目的地址,第五列是数据包的信息。

选中第一个数据帧,Wireshark 的窗口被分成三部分,上面部分是所有数据包的列表,中间部分是数据包的描述信息,下面部分是数据包应用层净荷数据。

3. 分析数据包

在图 9-8 中,Filter 编辑框中输入"udp"(字母为小写),回车或单击"Apply",将协议类型为 udp 数据包保留,其他协议数据包被过滤掉。

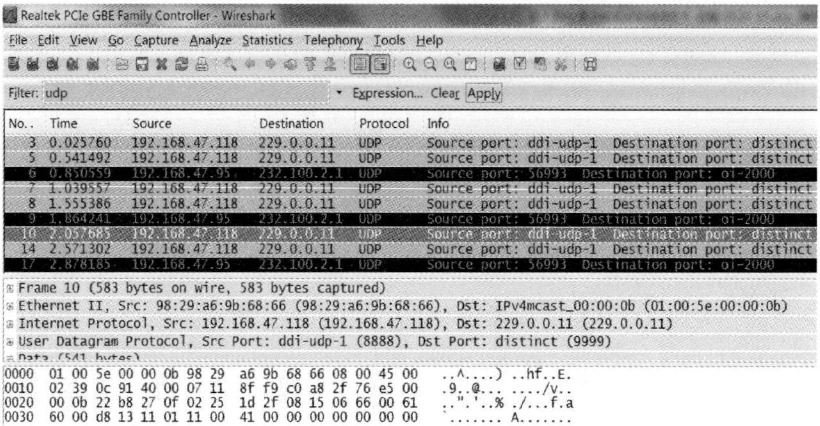

图 9-8 捕获 UDP 数据示意图

单击各协议前面"+"了解详细内容,如图 9-9 所示。以第 1 帧为例:

1)Frame 项

Frame 项基本信息包括帧的编号(如 1,捕获时的编号)、帧的大小(388B)、帧被捕获的日期和时间(Jun7,2019 16:03:28.386342000)、帧距离前一个帧的捕获时间差(0s)、帧距离第一个帧的捕获时间差(0s)和帧装载的协议(eth)等。

2)Ethernet Ⅱ项

Ethernet Ⅱ项主要显示链路层信息,包括目的 MAC 地址、源 MAC 地址、该层封装的协议类型(IP)。

帧中封装的协议类型为 0x0800,这是 IP 协议的类型编号。需要说明的是,在信息长度不足 64B 时,该项信息中还有 Trailer 参数,为了保证帧长度为 64B,用一串 0 作为填充数据。

3)Internet Protocol 项

Internet Protocol 项主要显示网络层的信息,包括 IP 协议版本号(4)、数据包开销(20B)、区分服务模型的服务等级(显示 DSCP 值)、本层数据包长度(374B,

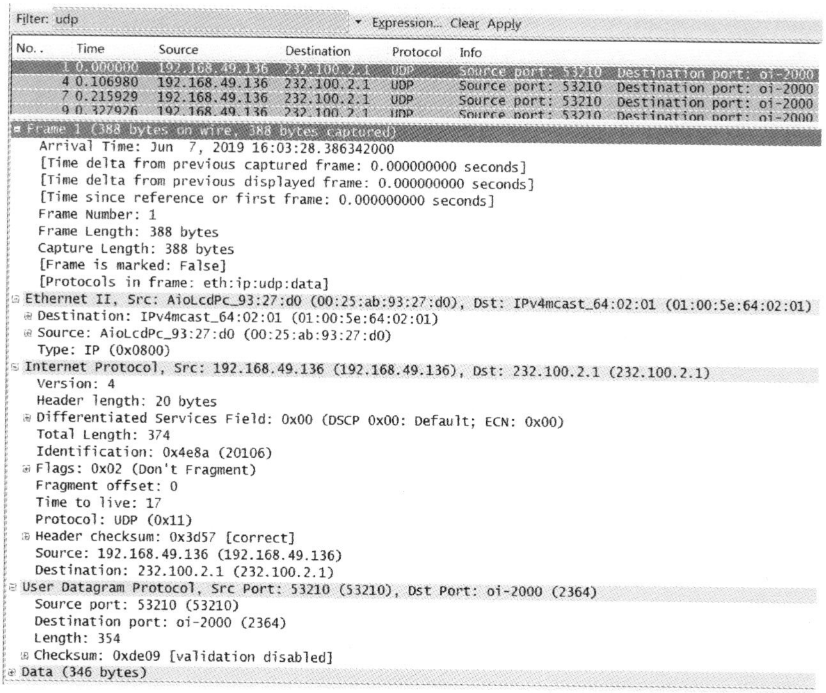

图 9-9　捕获报文各层信息的主要内容

相比 UDP 包长,增加了本层开销 20B)、TTL 值(17)、该层封装的协议类型 (UDP)。在网络实际运维中,经常由于应用层软件开发人员 TTL 值设置太小中途会被三层网络设备丢弃,造成数据包无法到达目的网络。

4) UDP 项

该层主要显示传输层的信息,包括捕获数据的源端口(53210)、目的端口 (2364)和本层数据长度(354B,相比 Data 数据,增加了本层开销 8B)。

5) Data 项

该项主要显示实际载荷的信息,包括载荷数据长度(346B),数据采用 16 进制显示。通过该项查找捕获数据的特征字段,进而分析数据的具体细节。曾经在中心与远端站的数据联调中,发现数据每隔 10s 规律性丢 1 包,通过分析 Data 项数据的内容,发现华为路由器 IOS 软件在一个字节处理上存在 BUG,恰巧航天测控通信网应用数据在该字节的值与 IOS 软件在此处判决值相同,被认为是华为路由器的内部数据而不向外转发,造成实际数据包被丢弃。

9.1.5 网络测试仪

9.1.5.1 Fluke MS 概述

Fluke MetroScope(福禄克以太网服务测试助手)简称 Fluke MS,是一款便携式集成网络测试分析和诊断仪器,可用于调试传送语音、数据和视频的运营商级以太网及城域以太网服务并排除相关故障。它提供了一个全面的网络诊断解决方案,能够帮助工程人员及时地测试网络性能,收集关于网络健康和状态的重要信息,实现对网络故障的性能分析和故障排除辅助决策。主要的功能有:

(1) 配置设备和测试物理介质,验证铜缆布线或鉴定光纤。

(2) 查找、验证并记录新的以太网和 IP 服务,确认是否符合服务级别协议。

(3) 测试 IP 连通性并针对吞吐量、损耗、延时及猝发等方面验证网络。

(4) 测量抖动,鉴定网络是否做好部署 VoIP 和 IPTV 准备。

(5) 产生 Layer 2 和 3 后台流量,给链路增加负荷。

(6) 执行活动流量的主动和被动监测,查找链路上的拥塞点和瓶颈。

其外观如图 9-10 所示。

图 9-10　Fluke MS 测试仪外观图

9.1.5.2 测试流程

Fluke MS 测试仪是对网络性能进行测试的设备,首先将设备接入已有的网络,根据需要给两个测试仪分配 IP 地址,并保证两点之间已连通,可在其中一个测试仪上进行 Ping 测试,检测是否已连通。例如,为两个测试终端分配 5.10.1.5/26 和 5.3.3.5/26 两个地址,选择 5.10.1.5/26 终端作为测试点,5.3.3.5/26 终端作为反射点,由测试点发出数据到反射点进行反射,数据返回测试点,测试两端间的网络性能。

1. 配置测试端的网络参数

首先设置 IP 地址,设备开机,连接网线或者光纤后,出现如下图 9-11 所示的主界面,单击界面左下角 1000Mb,配置测试端的网络参数。

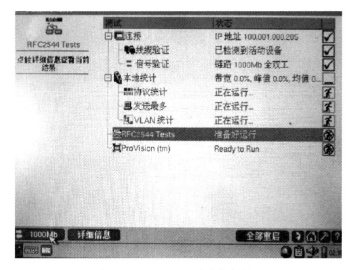

图 9-11　Fluke MS 测试仪主界面

进入界面后,选择左侧 TCP/IP 后,出现界面如图 9-12 所示,取消"自动配置 TCP/IP 设置(推荐)"前面的方框选项,禁止其自动分配 IP 地址。

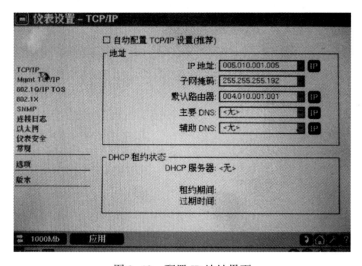

图 9-12　配置 IP 地址界面

根据网络实际情况进行 IP 地址、子网掩码和默认路由器的配置,默认路由为网关地址,可单击界面右侧的"IP"修改地址。左下角的键盘按钮可对地址等进行编辑,如图 9-13 所示。

配置完成后单击"应用"保存配置,然后单击"确定"使配置生效,如图 9-14

259

图 9-13　编辑 IP 地址

所示,此时测试端 IP 地址配置成功。

图 9-14　保存配置

2. 配置反射端的网络参数

测试仪作为反射端使用时,除设置 IP 地址(设置方式同上)外,还需要设置反射端功能。开机后,单击"1000Mb",配置测试端的网络参数,如图 9-15 所示。

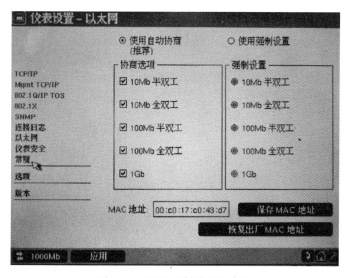

图 9-15 配置反射端网络参数

进入界面后,选择左侧"常规",进入图 9-16 所示界面,选择"启用作为 RFC2544/ITO 吞度量测试的远端",两端设备的端口需要设置相同,默认均为 "3842"。

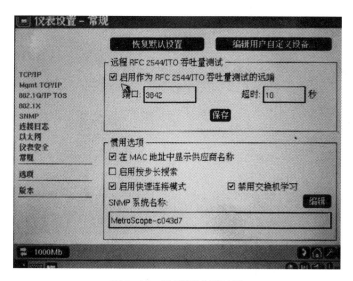

图 9-16 设置测试端口号

单击"保存",反射端的参数设置已完成。

此时,可进行 Ping 测试,检测两端是否已连通,在主界面下单击右下角设置按钮,使用 Ping 功能,如图 9-17 所示。

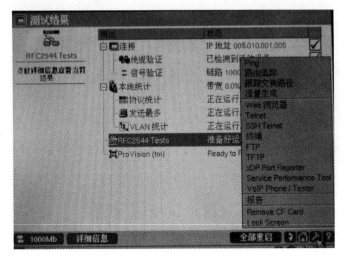

图 9-17　Ping 测试界面

设置对端的设备地址,如图 9-18 所示,单击"确定"进行 Ping 测试。

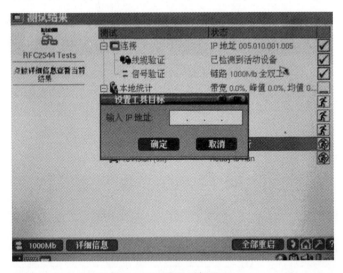

图 9-18　设置目标地址

3. 链路测试

确定两端连通后,在测试端仪的主页上单击"RFC 2544 Tests",然后单击"详细信息"进行配置,如图 9-19 所示。

262

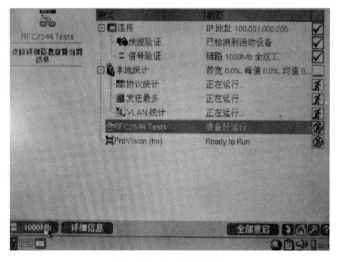

图 9-19　选择测试模式

如图 9-20 所示,单击"添加设备"。

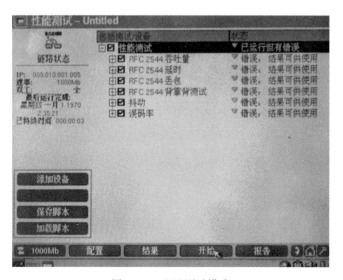

图 9-20　配置测试模式

如图 9-21 所示,配置远程设备的地址,也就是反射端设备的地址,配置成功后单击"确定"完成配置。

之后单击下方"开始",对网络进行测试,测试界面如图 9-22 所示。

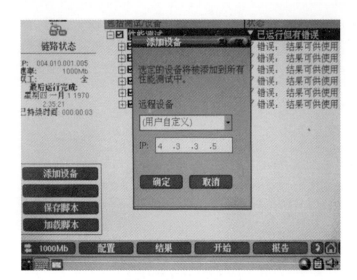

图 9-21 添加远程设备

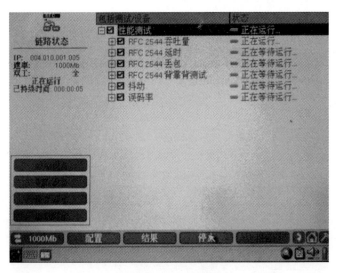

图 9-22 测试界面

测试完成后可单击"结果",查看测试结果,如图 9-23 所示。同时可对 RFC 2544 Tests 脚本参数进行配置,在未开始时单击"配置"可根据需要对其进行参数的配置。

注:在测试中也可选择 PriVision 对网络的吞吐量等性能进行测试,因为 RFC 2544 Tests 的测试使用时间较长,通常使用 PriVision 测试,使用 PriVision 测试时的配置和 RFC 2544 Tests 的配置相同。

264

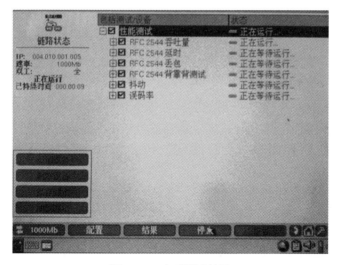

图 9-23　查看测试结果

9.2　常见故障处置方法

9.2.1　常见故障

9.2.1.1　物理级故障

1. 线路故障

线路故障在航天测控通信 IP 网全部故障中发生的概率超过 30%,其故障原因分为三类,一是地面线路老化或者人为造成线路中断,进而导致信息与数据在传输的过程中出现问题;二是电磁场干扰到卫通线路,从而造成数据在传输时不稳定或者网络中断;三是线路的带宽不能满足业务传输需求,线路承载业务的 QoS 相同或某些业务 QoS 低于其他业务时,造成数据丢包。

2. 端口故障

端口出现故障的原因一般包括三个方面,一是端口的插头出现松动或接触不良;二是端口插头没有使用标准定义制作网线,出现网络不稳定的现象;三是不同厂家网络设备的接口互联互通中不匹配,造成网络不稳定或不通。

3. 网络设备故障

路由器、交换机、防火墙、IP 保密设备是航天测控通信 IP 网的主要组成部分,在使用的过程中也是易出现网络故障的环节之一。由于长时间运行,违规操作、非正常电流冲击等,造成设备或板卡故障。

4. 主机或者相关硬件故障

主机出现故障主要体现在网卡在装载时出现松动或者无法正常进行装载

265

等。而硬件设备作为计算机运行的根本保证,如果出现故障,整个计算机在实际网络中无法正常运行。

9.2.1.2 系统级故障

1. 网络设备配置错误

网络设备的路由、组播、VPPR、QoS 等参数配置不当,造成链路不通或丢包率高。此外,对网络设备协议理解不透、不深,配置了错误的应用场景,也会造成 IP 数据收发不正常。网络设备配置不当引发的故障一般发生在通信状态建立或状态调整之初,一旦通信状态建立后,这类故障发生概率较低。

2. 操作系统引起的故障

终端使用的多网卡、不同的操作系统(Windows 2000、Windows XP、Windows 7 等),对 IP 业务支持程度不同,会引起不同的故障,如 Windows 2000 操作系统就不支持指定源组播,多网卡有时需要在 DOS 下指定传输路由,否则与对端不能正常通信。

3. 终端软件配置不当引起的故障

由于当前航天测控通信网中跨场区使用指定源业务较多,需要终端软件配置 IP 地址、组播地址和 UDP 端口号等参数,任何环节配置有误都可能出现单播正常而组播业务不通的情况。

4. 主机逻辑故障

对于主机 CPU 和缓存来说,如果利用率超出工作范围,或内存无法满足实际运行需求时,往往导致数据丢包率增加,造成计算机系统无法稳定运行;同时主机网卡由于安装问题无法正常使用或者参数配置错误,以及开启防火墙等,均会造成主机逻辑故障。

5. 计算机病毒引起的故障

计算机终端感染病毒导致合法数据无法正常接收。

9.2.2 处置方法

9.2.2.1 分层法

层次化故障分析方法有利于故障快速准确定位。例如,由于物理层不稳定,数据链路层经常会出现间歇性中断,直接表象是中心与远端节点的路由或者中心内各分系统之间的路由出现间歇性中断,运维人员第一反应就是路由协议出现故障,对所用路由协议进行大量故障诊断和配置,降低了故障排查和解决效率。利用分层法,可根据故障现象迅速判断产生故障的层级,快速定位和排除故障。

在分层的故障处理方法中,各层需要注意的事项如下:

1. 物理层

物理层主要实现以下功能：

（1）通过某种介质提供到另一设备的物理连接。

（2）进行端点间二进制流的发送与接收。

（3）完成与数据链路层的交互操作。

（4）在物理层，需要关注的因素包括电缆、连接头、信号电平、编码、时钟、组帧方式，这些都可能导致端口状态不能变为激活状态。

2. 数据链路层

数据链路层主要实现以下功能：

（1）在网络层与物理层之间进行信息传输。

（2）规定介质如何接入和共享。

（3）规定如何对站点进行标识。

（4）规定如何根据物理层接收的二进制数据建立帧。

数据链路层故障的最常见原因是封装不一致。

如果 display interface 命令显示的端口物理状态和协议状态均是 UP 时，通常可以认为数据链路层工作正常；但如果端口物理状态是 UP 而协议状态是 DOWN，则数据链路层存在故障。另一个常见的数据链路层故障原因是链路的利用率，如果数据量接近或大于链路带宽，也可能引起间歇性的连接失败或网络性能下降。

3. 网络层

网络层主要实现以下功能：

（1）对数据进行分段、打包、重组。

（2）发送差错报告。

（3）寻找通过网络的最佳路径来发送信息。

网络层故障常见的原因包括：

（1）地址错误和子网掩码错误。

（2）网络中的 IP 地址重复。

（3）路由协议错误。

排除网络层故障的基本方法是：沿源节点到目的节点的路径，查看各个网络设备上的路由表，同时检查路由器接口的 IP 地址。通常，如果路由没有在路由表中出现，应该检查是否已经配置了适当的静态路由、缺省路由或动态路由，如果没有配置所需路由表，则手工配置丢失的路由，或排除动态路由协议选择过程的故障，最终完成所需路由的建立和路由表更新。

9.2.2.2　分块法

分块法主要针对网络设备故障，将网络设备配置按照设备系统、端口、路由等分成不同的模块，分别诊断分析，排查故障。针对航天测控通信网的华为设备，通过

display current-configuration 命令可以梳理分析路由器配置文件的组织结构,该文件以全局配置、物理接口配置、逻辑接口配置、路由配置等方式编排,可分为以下几部分:

(1) 管理部分(路由器名称、口令、服务、日志等)。

(2) 端口部分(地址、封装、cost、认证等)。

(3) 路由协议部分(静态路由、RIP、OSPF、BGP、路由引入等)。

(4) 策略部分(路由策略、策略路由、安全配置等)。

(5) 接入部分(主控制台、Telnet 登录、拨号等)。

(6) 其他应用部分(VPN 配置、QoS 配置等)。

上述分类为故障定位提供了一个粗略的框架,当出现一个故障现象时,可以把它归入上述某一类或某几类中,从而缩小故障定位范围。

9.2.2.3 分段法

分段法主要面向全程通信故障,如当中心与远端站之间通信故障时,可以先粗略地将全程分为中心局域网、广域链路、远端站局域网三段,当确定为广域链路故障时,再根据地域进一步分段,缩小故障区间,直至明确定位故障点。

例如,当两台路由器间广域网链路传输故障时,可以采用分段故障处理法,依次考察以下区段是否发生故障:

(1) 主机到路由器的 LAN 接口。

(2) 路由器本身。

(3) 路由器到广域链路接口。

(4) 广域网电路。

9.2.2.4 替换法

替换法是判断硬件故障时最常用的方法。替换法通常是利用分块、分层、分段等方法将故障点初步确定为某一个硬件模块或一段物理线缆,此时为分析确认故障,更换一个确认正常的模块或线缆。例如,怀疑是路由器端口异常时,可更换另一个端口进行测试验证。针对不同情况,采用方法也不尽相同,对故障处理人员要求较高。

目前,航天测控通信网为各远端站关键设备和关键模块均配备了备品备件,用于通信故障时的快速替换恢复及故障排查。

9.3 常见故障处理流程

9.3.1 步骤和流程

9.3.1.1 基本步骤

网络故障处理的基本步骤是观察现象、收集信息、判断分析和原因排查。

1. 观察现象

当分析网络故障时,第一步要清楚故障现象。应详细分析故障现象和潜在原因,即先确定故障的具体现象,再确定造成这种故障现象的原因。

2. 收集信息

明确现象后,收集可能导致故障的各类信息,收集信息环节应从网络管理系统、协议分析跟踪、网络诊断命令的输出报告或软件说明书中多方位、多途径获取。该步工作可借助前文介绍的航天测控通信网常用诊断测试命令、工具及仪器仪表来完成。故障分析过程中要收集尽可能多的信息,进而才有可能减少故障的不确定因素。

3. 判断分析

根据收集到的信息,综合分析可能引起故障的原因,并根据已掌握信息分析某些故障原因。例如,根据某些信息可以排除硬件故障,则将注意力放在软件原因上,提高故障处置效率。

4. 原因排查

根据第三步得出的故障原因,制订有效的故障排查思路和计划。开始仅用一个最可能的故障原因进行诊断,这样可以容易恢复到故障的原始状态。如果同时考虑一个以上的故障原因,不利于返回故障原始状态。

执行故障排查计划,认真做好每一步测试和观察分析,直到故障现象消失。在故障排查过程中,每改变一个参数都要分析确认其结果。分析判断问题是否解决,如果没有解决,继续分析其他可能的原因,直到解决。

9.3.1.2　总体流程

在 OSI 模型体系中,数据的传输从应用层向下逐层封装,在物理层以数据流形式传输,如图 9-24 所示。

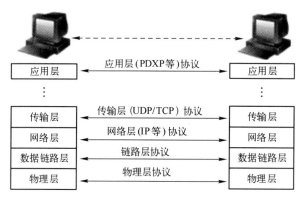

图 9-24　基于 OSI 网络模型的数据流程

从图9-24可知,数据的正常传输需要各个层级的相关应用、协议和参数配置正确。

航天测控通信网承载的业务包括IP数据、图像、调度等,都可归到单播或组播传输。图像和调度主要采用单播模式传输,IP数据主要采用组播模式传输,要保证业务数据稳定可靠传输,需要中心软件、远端站软件、终端计算机、通信网络各个环节均配置正确,且通信线路质量要满足传输指标要求。任何环节出现问题,都会引起数据丢包或中断。

航天测控通信网中数据传输环节多,各专业交叉多,故障处理协调繁杂,为提高网络故障处置的高效性,必须规范数据传输异常排查流程,针对航天测控通信网的结构及常见的故障类型,整合上章所述的四种故障处理方法,以快速、高效定位并解决故障。故障处理总体流程如图9-25所示。

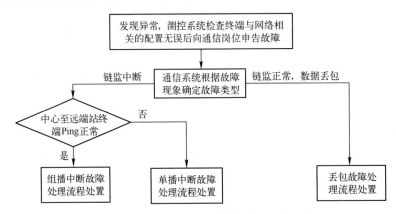

图9-25　航天测控通信网故障处置总体流程

结合航天测控通信网承载业务的特点,将故障分为三类:链路中断故障、组播中断故障和数据丢失故障。

9.3.2　链路中断处理流程

链路中断故障,即常见的单播链路不通的故障,这属于连通性问题的范畴。此类故障现象是:远端站或中心无法正常接收对方链监,终端计算机进行Ping测试,无法正常返回响应。链路中断故障是经常遇到也是必须最先处理的故障。结合航天测控通信网的结构,链路中断故障需要中心及远端站两端由近及远同时检查链路。中心与远端站检查链路的故障处理流程分别如图9-26和图9-27所示。

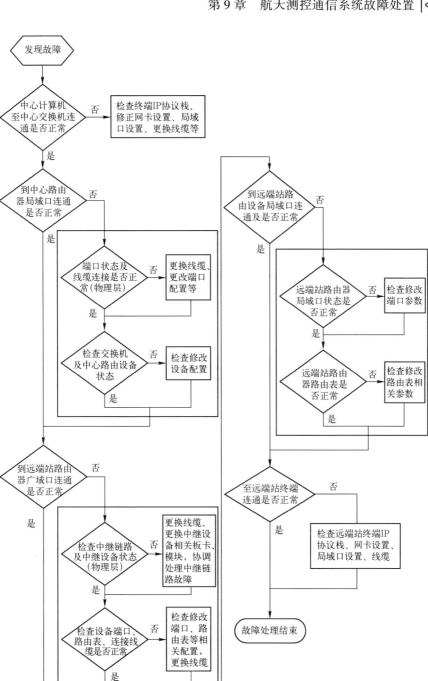

图 9-26　中心至远端站链路检查流程

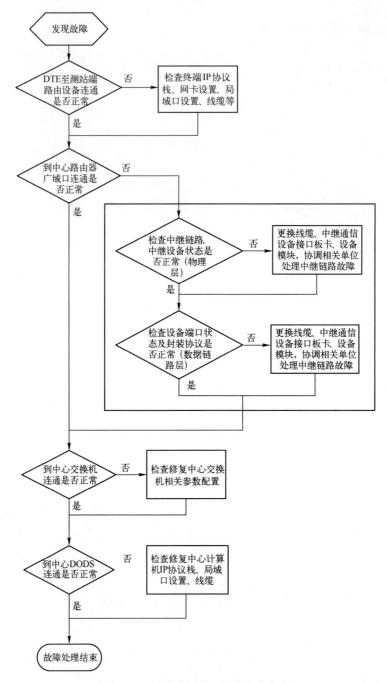

图 9-27　远端站至中心链路检查流程

9.3.3　组播中断处理流程

组播中断故障,是指在单播链路正常的情况下,组播数据收发异常的情况。此类故障现象是:远端站或中心无法正常接收对方链监,但此时终端计算机进行 Ping 测试,响应正常。

在单播链路故障处理完成后,如果数据收发仍不正常,这时需要分析是否为组播中断故障。该故障通常由设备组播相关配置错误造成,在查找通信链路组播配置信息故障之前,应先确认双方应用层的相关配置无误,如软件是否启动、组播地址及端口号是否填写正确、是否使用了正确的网卡等,上述信息确认无误后,检查路由设备相关配置,检查流程如图 9-28 所示。

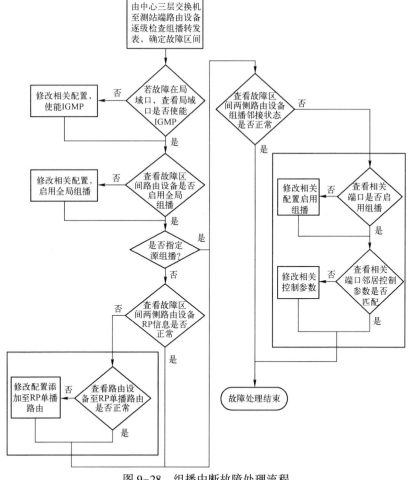

图 9-28　组播中断故障处理流程

这里需要注意的是,由于当前航天测控通信网主要使用的是指定源组播,而指定源组播不需要RP(汇聚点)因而在故障排查时无需进行RP相关的诊断。

9.3.4　数据丢包处理流程

数据丢包故障是指在单播链路和组播转发表均正常,但数据仍存在丢包现象,其属于性能问题,往往是由于中继链路和网络设备状态不稳定造成。处理此类故障,主要需确定故障区间,协调中心及远端节点、卫星用户,分区间进行Ping测试及误码测试,以确定数据丢包区间。其流程如图9-29所示。

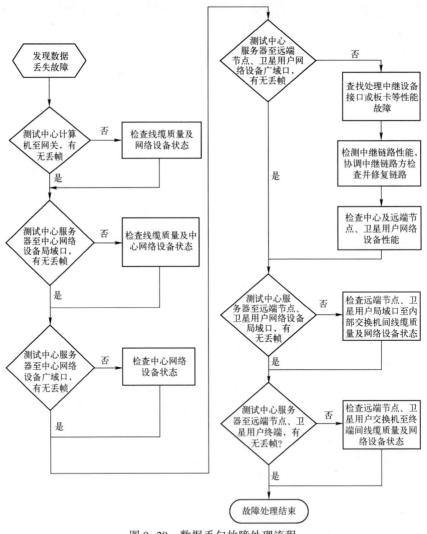

图9-29　数据丢包故障处理流程

9.4　典型故障案例

9.4.1　物理层

1. 2M 电路信道质量劣化,造成图像出现马赛克

1)故障现象

在航天测控通信网中,为了传输任务实时图像,经常在广域网上通过 MP-group 技术或者使用网桥,对多条 2M 电路进行绑定,从而增加广域网传输带宽。实际联试中中心收远端站图像出现马赛克。

2)处理过程

(1)远程登录到本地视频服务器上,使用 Ping 命令和 Tracert 命令,检查至对端视频服务器间电路的通断性和路由选择正确性,无异常发现。

(2)使用 Ping 命令持续对电路进行检查,发现个别 Ping 数据包丢失或时延很大时,相应的图像传输发生丢帧现象。

(3)远程登录到本地路由器上,使用 Ping 命令持续对广域网间电路进行检查,发现情况同上,初步可判定故障为双方广域网电路异常所致。

(4)使用误码仪对广域网电路进行测试,发现其中一条 2M 电路性能劣化,通过备用电路代通该异常电路后,故障消失。使用 Ping 命令检查全程电路,时延、抖动指标正常,图像传输正常。

3)处置小结

由于航天测控通信可靠性要求,需要经常选用不同物理路由的 2M 电路进行数据传输,但是也带来了一些问题,由于是不同路由,使各条电路的时延、抖动等网络指标也不相同,采用 MP-group 技术对多条 2M 电路进行绑定使用时,造成整个电路的抖动较大,特别是当其中某条 2M 电路中断或者性能劣化时,虽然不会使传输电路中断,但使整体传输性能有所下降,造成时延大,丢包等情况。解决多条 2M 电路因一条误码率高造成整条电路性能不稳定的解决方法是使用接口协议转换器将多条 2M 电路合并转换为以太网接口,再接入网络设备。接口协议转换器用于平滑各条电路的时延,对经过的数据进行缓存修正,有效消除多条 2M 电路绑定易出现丢包的问题。

2. 卫通载波干扰,造成数据传输丢包

1)故障现象

中心站与远端站经卫通路由传输数据过程中,中心站收远端站数据时有丢包。

2）处置过程

（1）远端站卫通与中心站卫通在各自的倒换开关数据口连接误码仪进行对测，远端站收中心站无误码，中心站收远端站有误码。

（2）远端站卫通与中心站卫通双方上星环回测试。中心站卫通上星环无误码，远端站卫通上星环有误码。

（3）远端站去掉倒换开关，误码仪直接接在卫星调制解调器数据口进行上星环回，仍有误码。检查调制解调器的设置均正确。

（4）为进一步验证，远端站上星环回进行长时间测试，无论加倒换开关与否，均有误码产生，有时测试到约 3min 时出现，有时测试到约 10min 时出现。误码产生没有规律，均为突发误码，出现误码时没有时钟滑动产生，倒换到站内其他调制解调器上进行测试，现象相同，说明远端站倒换开关和调制解调器没有问题，可能频点出现问题。

（5）中心站使用远端站的发频点进行上星环回测试，测试结果与远端站使用此频点相同，有突发误码产生。通过上述测试结果判断，远端站卫通的发频点存在问题。

（6）远端站更换新的发频点后再上星环回（加倒换开关），进行了多次长时间测试，误码均为 0。

（7）远端站使用新的发频点，与中心站对通测试，测试了两组，一组 2.5h，另一组为 5h，双方误码均为 0。

通过上述测试检查工作，进一步验证了远端站卫通的发频点有问题。

3）处置小结

频点出现问题有两种可能的原因，一是调制解调器的频率综合器性能下降，在靠近 88MHz 的频点附近滤波性能不好，引起突发误码，发生概率较小；另一种情况是载波受到干扰，产生突出误码，这种可能性较大。

（1）远端站调制解调器进行外部中频环回测试。分别测试靠近调制解调器上边缘 88MHz 附近的频点 87.5MHz、87.6MHz、87.7MHz、87.8MHz、87.9MHz，每组测试 20min，误码均为 0，从而表明突发误码不是设备原因产生的。

（2）为排查该频点受到干扰的原因，使用频谱仪进行监测。先关闭远端站的发载波，观察该频点的载波是否有干扰，长时间观察没有干扰信号出现，但发现远端站发载波右侧相邻的大载波电平很高，带宽为远端站发载波 2 倍，高出约 10dB，它对远端站的发载波造成了邻道干扰。

（3）与远端站联系后，降低大载波电平，基本与远端发载波电平相当，中心站与远端站卫通对测，无误码，双方终端数据收发正常。进一步验证频点干扰来自邻道干扰所致。

通过上述处置分析,卫通信道的误码在双方信噪比满足接收要求的情况下,既要使用测试手段,还需利用频谱仪监测载波工作情况,多用手段综合利有,更有利用故障的快速处置。

9.4.2 数据链路层

1. 环路引起的广播风暴

1) 故障现象

在航天测控通信网中,指挥调度系统通过与对应的交换机相连,完成 IP 指挥调度的开通。由于设备冗余性要求,指挥调度系统设计每 1 路板块都有 4 个同样功能的网络接口,连接其他网络设备,即相当于 1 个 4 口的 Hub。在使用初期,考虑可靠性要求,每个板块设计 2 根网线与交换机相连,造成交换机产生网络风暴,影响正常通信。

2) 处理步骤

(1) 远程登录到交换机上,检查策略配置正常。

(2) 利用 display cpu-usage 命令,检查 CPU 利用率(98%),利用 display interface brief 命令检查端口利用率(每个端口为 100%)。

(3) 观察交换机,所有端口指示灯频繁闪烁,断定为广播风暴引起的网络通信中断。

(4) 检查交换机拓扑连接,发现指挥调度系统与交换机连接的备份线造成的环路,引发网络风暴。拆除交换机与指挥调度系统备份线缆,重新启动交换机后,网络恢复正常。

3) 处置小结

在网络规划初期,网络管理人员必须要熟悉设备性能,防止网络拓扑规划不当形成故障隐患。

2. CRC 校验失败

1) 故障现象

在某次开通广域网电路路由时,路由器广域网接口 IP 地址配置完成后,使用 Ping 命令检查,发现双方直连路由不通。

2)诊断过程

(1) 使用测试仪表检查双方物理线路,无中断。

(2) 检查双方广域网端口 IP 地址配置正确。

(3) 检查双方广域网端口数据封装类型配置正确。

(4) 检查双方广域网端口 CRC 校验,发现一方是 CRC16 校验,一方是 CRC32 校验,不匹配。将双方 CRC 校验都设置成 CRC16,广域网链路 Ping 测试正常。

3）处置小结

在建立广域通信电路状态时，通常认为直连电路仅仅需要配置 IP 地址就可以互联互通即可。此案例中，由于双方网络设备型号的不同，一方使用的 NE20E 路由器仅有 CRC16 校验方式，而另一方使用的 NE40E 有 CRC16 和 CRC32 两种校验，造成了校验配置不匹配引起直连电路不通的故障。实际工作中配置网络设备端口时，需要注意以下几方面的配置信息：

（1）配置接口 IP 地址。

（2）配置接口的链路层协议。

（3）配置接口的时钟模式（可选）。

（4）配置接口的帧格式（可选）。

（5）配置接口的加扰功能（可选）。

（6）配置接口的 CRC 校验字长度（可选）。

（7）配置接口的 MTU（可选）。

9.4.3 网络层

1. 静态路由配置不当引起的中断

1）故障现象

在某次通信联调时，使用 Ping 命令检查链路时，发现与对方 A 网段测控设备测试正常，与对方 B 网段测控设备测试不正常。

2）诊断过程

（1）远程登录到远端路由器上，使用 Ping 命令、Tracert 命令检查本端内部链路，测试正常。

（2）登录到本端交换机，使用 Ping 命令、Tracert 命令检查至远端全程链路。发现 Ping 远端 A 网段测控设备测试正常，Ping 远端 B 网段测控设备失败。Tracert 远端 A 网段测控设备路由表正确，Tracert 对方 B 网段测控设备路由至核心交换机后中断。

（3）检查双方路由策略，发现在本地路由器上有两条路由策略，一条是到远端全网段路由策略，一条是到远端 A 网段路由策略。

（4）删除本地路由器到远端 A 网段路由策略后，双方两个不同网段测控设备通信正常。

3）处置小结

华为网络设备，在默认情况下，使用"最小匹配"原则完成路由策略的选择。案例中，发往 B 网段的数据，由于路由器上有更精确的 A 网段路由策略，从而数据全部转发至 A 网段,导致数据中断。

2. OSPF 邻居无法建立的故障

1) 故障现象

在某次网络联试中,使用三台路由器搭建一个三角形的通信网络平台,测试 OSPF 路由协议。三台路由器上分别配置端口 IP 地址、使能 OSPF,设置网络相同区域 area,宣告互联网络后,发现路由器 A 与路由器 C 无法建立 OSPF 邻居关系。

2) 诊断过程

(1) 使用 display ospf brief 命令查看 A、C 路由器的 Router ID,检查接口网段是否一致,如果一致,可能会产生路由振荡。

(2) 通过 display ospf interface,检查 A、C 路由器发送 Hello 报文、发送 Dead 报文一致。

(3) 通过 display current-configuration 命令,检查 A、C 路由器 OSPF 配置信息,发现由于误操作,使 A、C 路由器互连接口的 IP 地址,子网掩码不同,导致 OSPF 宣告的网络不同,所以没有建立邻居关系。

(4) 修改子网掩码配置,重新宣告网络,A、C 路由器 OSPF 邻居建立正常。

3) 处置小结

影响 OSPF 邻居建立的因素很多,维护人员需要注意以下关键参数的设置:端口网段是否一致、端口优先级是否为 0、Router ID 是否一致、TIMER 参数是否一致、端口认证信息是否一致。

3. 组播转发故障

1) 故障现象

在联调过程中,某方向收不到中心的组播数据。

2) 诊断过程

(1) 使用 Ping 命令检查端到端单播路由,测试正常。

(2) 使用 display multicastforwarding-table 命令,检查各网络设备上组播转发表,发现在核心交换机上转发表数据正常,但是在路由器上仅有转发路由表,没有数据。

(3) 使用 Wireshark 软件在核心交换机上捕获数据包,在 Internet Protocol 项中,发现数据的 TTL=1。

(4) 分析端对端数据流经由的三层网络设备数为 7,考虑后续中间会串接网络设备,需要预留一定余量,应用软件的 TTL 值修改为 13,端对端组播数据收发正常。

279

3) 处置小结

TTL 是 IP 协议包中的一个关键参数,它决定数据包经由不同网段的最大跳数,也就是包在被丢弃前最多能经过的路由器个数。数据包每经过一个路由器 TTL 值会减去 1,当值为 0 时还没有到达目的网段,该数据包会被路由器丢弃,并发送一个 ICMP 报文给最初的发送者。航天测控通信网中应用软件 TTL 值作为一个软件配置项,需要人工配置,结合实际网络结构,不能小于 12 个,但也不能太大,通过长期的测试验证,一般选取 20~30 之间的值。

缩　略　语

缩　写	英 文 全 称	中　文
AAA	Authentication Authorization Accounting	身份授权统计
ACL	Access Control List	访问控制列表
ACU	Antenna Control Unit	天线控制单元
ADCP	Advanced Data Control Procedure	高级数据控制程序
AID	Application-based Intrusion Detection	基于应用的入侵检测
AMI	Alternate Mark Inversion	交替传号反转码
ANSI	American National Standards Institute	美国国家标准学会
AS	Autonomous System	自治系统
ASM	Any-Source Multicast	任意源组播
BBE	Base Band Equipment	数字基带设备
BDR	Backup Designated Router	备份指定路由器
BFD	Bidirectional Forwarding Detection	双向转发检测
BGP	Border Gateway Protocol	边界网关协议
BSR	BootStrap Router	自举路由器
CAR	Committed Access Rate	承诺访问速率
C-BSR	Candidate-BootStrap Router	候选自举路由器
CIA	Confidentiality Integrity & Availability	保密性、完整性和可用性
CIDR	Classless Inter-Domain Routing	无差别域间路由

C-RP	Candidate-RP	候选汇聚点
CSMA/CA	Carrier Sense Multiple Access with Collision Avoidance	载波监听多路访问/冲突避免
CSMA/CD	Carrier Sense Multiple Access with Collision Detect	载波监听多路访问/冲突检测
CQ	Custom Queuing	定制队列
DDoS	Distributed Denial of Service Attack	分布式拒绝服务攻击
DES	Data Exchange System	数据交换系统
DM	Dense Mode	密集模式
DoS	Denial of Service Attack	拒绝服务攻击
DR	Designated Router	指定路由器
DSCP	DiffServ Coding Point	区分服务代码点
DTE	Data Transmit Equipment	数据传输分系统
DVRMP	Distance Vector Multicast Routing Protocol	距离矢量组播路由协议
ECMP	Equal Cost Multiple Path	等价负载分担
EGP	Extensive Gateway Protocol	外部网关协议
FDDI	Fiber Distributed Data Interface	光纤分布式数据接口
FE	Fast Ethernet	快速以太网
FIFO	First In First Out Queuing	先进先出队列
FTP	File Transfer Protocol	文件传输协议
GE	Gigabit Ethernet	千兆以太网
GTS	Generic Traffic Shaping	通用流量整形
GARP	Generic Attribute Registration Protocol	通用的属性注册协议
HDB3	High Density Bipolar of Order 3	三阶高密度双极性码
HDLC	High-Level Data-Link Control Protocol	高级数据链路控制协议
HID	Host-based Intrusion Detection	基于主机的入侵检测

HTTP	Hypertext Transport Protocol	超文本传送协议
IANA	Internet Assigned Numbers Authority	互联网数字分配机构
IETF	Internet Engineering Task Force	因特网工程任务组
ICMP	Internet Control Messages Protocol	因特网控制报文协议
IDU	Integrated Dispatch Unit	综合调度板
IETF	Internet Engineering Task Force	互联网工程任务组
IGMP	Internet Group Management Protocol	因特网组管理协议
IGP	Interior Gataway Protocol	内部网关协议
IP	Internet Protocol	因特网协议
IPTV	IP Television	网络电视系统
IS-IS	Intermediate System – to – Intermediate System	中间系统到中间系统
ISO	International Organization for Standardization	国际标准化组织
ITU-T	International Telecommunication Union	国际电信联盟
IXU	Integrated eXtend Unit	综合级联板
LR	Line Rate	接口速率
MOSPF	Multicast Extensions to Open Shortest Path First	组播扩展最短路径优先
MP	MultiLink PPP	多通道协议
MP-BGP	MultiProtocol Border Gateway Protocol	多协议边界网关协议
MPLS	Multi-Protocol Lable Switching	多协议标签交换
MSDP	Multicast Source Discovery Protocol	组播源发现协议
NID	Network-based Intrusion Detection	基于网络的入侵检测

MTU	Maximum Transmission Unit	最大传输单元
NBMA	Non Broadcast MultiAccess	非广播多路访问
OSI	Open System Interconnection	开放式系统互联
OSPF	Open Shortest Path First	开放最短路径优先协议
PCM	Pluse Code Modulation	脉冲编码调制
PIM	Protocol Independent Multicast	协议无关组播
PING	Packet Internet Group	因特网探索器
PIM-DM	Protocol Independent Multicast Dense Mode	协议无关组播-密集模式
PIM-SM	Protocol Independent Multicast-Sparse Mode	协议无关组播-稀疏模式
P2MP	Point-to-Multi Point	点到多点
P2P	Point-to-Point	点到点
PPP	Point-to-Point Protocol	点到点协议
PQ	Priority Queuing	优先队列
QoS	Quality of Service	服务质量
RED	Random Early Detection	随机早期检测
RIP	Routing Information Protocol	路由信息协议
RP	Rendezvous Point	汇聚点
RPF	Reverse Path Forwarding	逆向路径转发
RPT	Rendezvous Point Tree	共享树
RSVP	Resource Reservation Protocol	资源预留协议
RTP	Real-time Transport Protocol	实时传输协议
SDH	Synchronous Digital Hierarchy	同步数字体系
SDLC	Synchronous Data Link Control	同步数据链路控制规程
SLE	Space Link Extension	空间链路扩展
SLIP	Serial Line IP	串行线路 IP 协议
SM	Sparse Mode	稀疏模式
SNMP	Simple Network Management Protocol	简单网络管理协议

SMCU	System Monitor & Control Unit	系统监控台
SONET	Synchronous Optical Network	同步光学网络
SPT	Shortest Path Tree	最短路径树
SSM	Source-Specific Multicast	指定源组播
TCP	Transmission Control Protocol	传输控制协议
TDM	Time Division Multiplexing	时分多路复用
ToS	Type of Service	服务类型
TP	Traffic Policing	流量监管
TS	Traffic Shaping	流量整形
TS	Time Slot	时隙
TTL	Time to Live	生存时间
UCMP	Unequal Cost Multiple Path	非等价负载分担
UDP	User Datagram Protocol	用户数据报协议
URPF	Unicast Reverse Path Forwarding	单播逆向路径转发
VC	Virtual Container	虚拟容器
VLAN	Virtual LAN	虚拟局域网
VRRP	Virtual Router Redundancy Protocol	虚拟路由冗余协议
VTY	Virtual Teletype Terminal	虚拟终端
WDM	Wavelength Division Multiplexing	波分复用
WFQ	Weighted Fair Queuing	加权公平队列
WRED	Weighted Random Early Detection	加权随机早期检测

参 考 文 献

[1] 谢希仁. 计算机网络[M]. 7 版. 北京:电子工业出版社,2017.

[2] 刘勇,邹广慧. 计算机网络基础[M]. 北京:清华大学出版社,2016.

[3] 赵新胜,陈美娟. 路由与交换技术[M]. 北京:电子工业出版社,2018.

[4] 李华峰,陈虹. Wireshark 网络分析从入门到实践[M]. 北京:人民邮电出版社,2019.

[5] 朱仕耿. HCNP 路由交换学习指南[M]. 北京:人民邮电出版社,2017.

[6] 杨心强. 数据通信与计算机网络[M]. 5 版. 北京:电子工业出版社,2018.

[7] 刘建伟,王育民. 网络安全——技术与实践[M]. 3 版. 北京:清华大学出版社,2017.

[8] 左晓栋. 美国网络安全战略与政策二十年[M]. 北京:电子工业出版社,2018.

[9] 杨东晓,张锋,熊瑛,等. 防火墙技术及应用[M]. 北京:清华大学出版社,2019.

[10] 杨波. 现代密码学[M]. 4 版. 北京:清华大学出版社,2017.

[11] 乔西·洛夫莱斯. IP 组播(第 2 卷)[M]. 古宏霞,王涛,宣建国,等译. 北京:人民邮电出版
     社,2018.

[12] 张艳,沈亮,陆臻,等. 下一代安全隔离与信息交换产品原理与应用[M]. 北京:电子工业出版
     社,2016.

[13] 国家质量检验检疫总局. GB/T 20277-2015 信息安全技术网络和终端隔离产品测试评价方法 [S].
     北京:中国标准出版社,2015.

[14] 张睿. 无线通信仪表与测试应用[M]. 3 版. 北京:人民邮电出版社,2018.

[15] 何琳,冯江. 网络布线与测试[M]. 北京:机械工业出版社,2014.

[16] 罗昶,黎连业,潘朝阳,等. 计算机网络故障诊断与排除[M]. 3 版. 北京:清华大学出版社,2016.

[17] 孙国强,潘凯恩,刘彬. 网络测试和故障诊断[M]. 北京:电子工业出版社,2014.

[18] 罗俊星. 计算机通信网可靠性设计研究[D]. 漳州:漳州师范学院,2010.

[19] 罗景峰. 全终端计算机通信网络可靠性模型及算法研究[D]. 沈阳:沈阳工业大学,2007.

[20] 张志强. 综合通信网络设计与性能优化[D]. 大连:大连理工大学,2005.

[21] 杜研哲. 高性能网络流量采集和分析技术的实现[D]. 北京:北京邮电大学,2017.

[22] 邱良龙. 路由器功能模块初始化和热插拔技术的研究与实现[D]. 重庆:重庆大学,2014.

[23] 王磊. 关于计算机网络安全及防护策略探究[J]. 电脑知识与技术,2014,19:4414-4416.

[24] 王达. 华为交换机学习指南[M]. 北京:人民邮电出版社,2014.

内 容 简 介

本书在航天测控通信系统稳定运行多年的基础上,详细论述了航天测控通信网的相关概念和技术,从关键协议、设备、业务和安全等方面,阐述了基本原理,讲解了配置方法,精选了业务实例,并介绍了航天测控通信网络采用的主要技术,以及承载的主要应用和运维的主要方法。

本书读者对象为从事计算机网络和安全规划论证、工程设计和运行维护的技术人员和管理人员,以及高等院校计算机网络技术专业的教师和研究生。

This book discusses the related concepts and technologies of the space TT&C communication network in detail, based on the stable operation of the space TT&C communication system for many years. Basic principles, configuration methods, business examples are expounded from the aspects of key protocols, equipment, service and safety. Moreover, main technologies, applications and maintenance methods of the space TT&C communication network are introduced.

This book can be used by technicians and managers engaged in computer network and security planning demonstration, engineering design and operation and maintenance, as well as teachers and graduate students in computer network technology in colleges and universities.